Formelsammlung Kälte-, Wärmepumpen- und Klimatechnik

von

Christian Cramer

Hartwig Imsiecke

Martin Masbaum

Folker Steen

3., überarbeitete und erweiterte Auflage

Handwerk und Technik – Hamburg

Quellenhinweis:
Die Normblattangaben werden wiedergegeben mit Erlaubnis des DIN Deutsches Institut für Normung e.V. Maßgebend für das Anwenden der Norm ist deren Fassung mit dem neusten Ausgabedatum, die bei der DIN Media GmbH, Burggrafenstraße 6, 10787 Berlin, erhältlich ist.

Bildquellenverzeichnis:
Verfasser und Verlag danken den genannten Firmen, Institutionen und Privatpersonen für die Überlassung von Vorlagen und Abdruckgenehmigungen zu folgenden Abbildungen:
Armacell GmbH, Münster: S. 91/1
BITZER Kühlmaschinenbau GmbH, Sindelfingen: S. 54/1; 61/3
DAIKIN Refrigerant Software, Daikin Chemical Europe GmbH, Düsseldorf: S. 177–193; 195–211
Danfoss GmbH, Offenbach: S. 162/1–7; 163/1, 2
Deutscher Kälte- und Klimatechnischer Verein e.V. (DKV), Hannover: S. 55/2
Michele Di Gaspare – Render 3Dx, 50127 Bergheim: S. 52/1; 66/2
Glems – Technik GmbH, Ditzingen (Maik Würl – Double-YouMedia.de): S. 61/2; 65/1
IMI Hydronic Engineering Deutschland GmbH, Erwitte: S. 52/2
Landesinnung Kälte-Klima-Technik Hessen-Thüringen/Baden-Württemberg, Herr Reiner Mayers, Maintal: S. 79/3; 176; 194
mh-software GmbH, Karlsruhe: S. 87/1
Sanhua International Europe, S.L., S.S. Reyes Madrid-Spain: S. 67/1
stock.adobe.com: S. 81/1 (fizkes); 101/2 (iconshow)
VDE Verlag GmbH, Berlin: S. 49/3
Walter Roller GmbH & Co., Gerlingen: S. 61/1; 64/1, 2
© Wieland-Werke AG, Ulm: S. 61/4

ISBN 978-3-582-65326-0 Best.-Nr. 3149

Verlag Handwerk und Technik GmbH
Lademannbogen 135, 22339 Hamburg; Postfach 63 05 00, 22331 Hamburg – 2024
E-Mail: info@handwerk-technik.de – Internet: www.handwerk-technik.de

Herstellung: Hildegard Graf, 82110 Germering
Satz und Layout: FOXDESiGNER, 35085 Ebsdorfergrund
Umschlagmotive: Bild 1: Verlag Handwerk und Technik GmbH, Hamburg;
Bild 2: BITZER Kühlmaschinenbau GmbH, Sindelfingen
Illustrationen/Zeichnungen: as-illustration; Alexander Schmitt, 97222 Rimpar
Druck: Buchdruck-Zentrum, 54595 Prüm

Vorwort

Die Formelsammlung Kälte- und Klimatechnik richtet sich sowohl an Auszubildende zum Mechatroniker/in für Kälte- und Klimatechnik als auch an Lernende in Meister- und Technikerschulen.

Dieses umfassende Werk soll Lernenden, Studierenden sowie Handwerkern und Handwerkerinnen als wichtiges Hilfsmittel und Nachschlagewerk dienen.

Es sind Formeln und Tabellen aus der Kältetechnik, Klimatechnik und der Elektrotechnik aufgeführt, die nach sämtlichen Variablen umgestellt sind.

Zum besseren Verständnis wurden Abbildungen und Beispielaufgaben aufgeführt.

Die Formelsammlung ist in fünf Kapitel gegliedert, die im Inhaltsverzeichnis detailliert aufgeführt sind.

Das erste Kapitel beinhaltet allgemeine mathematische Grundlagen wie z. B. Flächen- und Volumenberechnung, aber auch physikalische Grundlagen wie Dichte, Kraft, Energie und Leistung.

Darauf folgen Formeln aus der Kälte-, Klima- und Elektrotechnik.

Am Schluss sind Tabellen aufgeführt, aus denen Fließbildsymbole, Stoffwerte oder Lagerbedingungen von Kühlgut entnommen werden können.

In der Fachliteratur werden als Formelzeichen der Temperatur sowohl t als auch ϑ verwendet. Mit dem Ziel einer Vereinheitlichung wurde in diesem Werk für die Temperatur möglichst durchgängig als Formelbuchstabe ϑ verwendet.

Die einzelnen Schlagworte sind am Ende der Formelsammlung im Sachwortverzeichnis aufgeführt und ermöglichen ein schnelles und präzises Auffinden der gesuchten Formeln für ein erfolgreiches Arbeiten.

Autoren und Verlag

Inhaltsübersicht

Grundlagen

Formelzeichen und Einheiten – Vorsätze und Einheiten – Griechisches Alphabet – SI-Einheiten – Römische Ziffern – ASCII-Codes – Umrechnen von Einheiten – Interpolieren – Dreisatz und Prozentrechnung – Periodensystem der Elemente – Flächen – Volumen – Winkelfunktionen – Gestreckte Länge – Dichte, Masse und Volumen – Bewegung, geradlinig – Kraft / Gewichtskraft – Arbeit, Energie – Leistung, Wirkungsgrad – Festigkeitslehre und Schraubenfestigkeit

1

Kältetechnik

Strömungslehre – Statischer und dynamischer Druck – Wärmelehre – Thermodynamik – Rohrleitungen – Hydraulik/Wärmepumpe – Verdichter – Kältemittelmassenstrom / Leistungen im Kältemittelkreislauf – Wärmeübertrager – Drosselorgane – Kältekreislauf – Kältemittel – Kältebedarf

2

Klimatechnik

Grundlagen – Außenluftvolumenstrom nach Luftwechselrate – Leistung der Register – Befeuchtung – Mischen von Luft – Kennzahlen für die Übertragung von Wärme und Feuchte – Kanalnetzberechnung – Ventilator – Filter – Akustik

3

Elektrotechnik

Grundlagen – Wechselspannung / Wechselstrom – Wechselspannungsgeräte – Leistung an Wechselspannungsgeräten – Wechselspannungsnetz und Drehstromnetz – Mechanische Größen eines Elektromotors – Schutz elektrischer Betriebsmittel – Leitungsinstallation – Normgerechte Darstellung von ausgewählten Betriebsmitteln – Druckschalter

4

Tabellen

Werkstoffe – Fließbildsymbole Kältetechnik – Fließbildsymbole für RLT-Anlagen, Luftverteilung – Fließbildsymbole für RLT-Anlagen, Luftbehandlung und Regelung – Symbole für Messen, Steuern und Regeln (Auswahl nach DIN EN 1861) – Widerstandsbeiwerte von kreisrunden Formstücken in RLT-Anlagen – Lagerung von Kühlgut – Spezifische Wärmekapazität, Schmelz- und Erstarrungsenthalpie, Normbedingungen – Wärmeleitfähigkeit (Wärmeleitkoeffizient) – Überschlagswerte für Wärmeübergangskoeffizienten – Strahlungskonstante C – Spezifische Gaskonstanten unterschiedlicher Stoffe – Einteilung der Kältemittel – Dampftafel R290 – Dampftafel R134a

5

Inhaltsverzeichnis

1 Grundlagen

Formelzeichen und Einheiten ... 1
Vorsätze und Einheiten ... 3
Griechisches Alphabet ... 3
SI-Einheiten ... 4
Römische Ziffern ... 4
ASCII-CODES ... 5
Umrechnen von Einheiten ... 6
Interpolieren ... 7
Dreisatz und Prozentrechnung ... 8
Periodensystem der Elemente ... 9
Flächen ... 10
Volumen ... 14
Winkelfunktionen ... 16
Gestreckte Länge ... 17
Dichte, Masse und Volumen ... 18
Bewegung, geradlinig ... 19
Kraft / Gewichtskraft ... 20
Arbeit, Energie ... 21
Leistung, Wirkungsgrad ... 23
Festigkeitslehre – Schraubenfestigkeit ... 24

2 Kältetechnik

Strömungslehre
Strömungsgeschwindigkeit – Volumenstrom ... 26
Kontinuitätsgesetz ... 27
Massenstrom ... 28
Statischer – Dynamischer Druck
Gesamtdruck – Statischer Druck – Dynamischer Druck ... 29
Wärmelehre
Wärmestrom – Wärmestromdichte ... 30
Erwärmen – Abkühlen ... 31
Erwärmungsdiagramm vom Wasser ... 32
Schmelzen – Verdampfen ... 33
Mischen von Stoffen ... 34
Wärmeübergang ... 35
Wärmeleitung durch ebene Wand ... 36
Wärmeleitung durch gekrümmte Wand (Rohrleitung) ... 37
Wärmedurchgang durch ebene Wand ... 38
Wärmedurchgang durch einschichtige gekrümmte Wand (Rohrleitung) ... 39
Wärmestrahlung ... 40
Wärmeübergangskoeffizient bei Strahlung ... 41
Thermodynamik
Druck ... 42
Hydrostatischer Druck ... 43
Gasgesetze ... 44
Adiabate Zustandsänderung ... 46
Spezifische Gaskonstante ... 47
Temperatur ... 48
Längenausdehnung und Temperaturdifferenzen in Kältemittelleitungen ... 49
Rohrleitungen
Druckverlust in Rohrleitungen ... 50
Rohrleitungsberechnung ... 51
Hydraulik / Wärmepumpe
Temperaturspreizung – k_v-Wert ... 52
Verdichter
Ansaugvolumen – Hubvolumenstrom ... 54
Liefergrad ... 55
Kältegewinn – Verdichterkälteleistung ... 56
Leistungszahlen ... 57
Kälteleistungszahl ... 58
Wärmeleistungszahl ... 59
Riemenantrieb ... 60
Kältemittelmassenstrom / Leistungen im Kältemittelkreislauf
Verdampfer – Verflüssiger – Verdichter – Rohrleitungen ... 61
Wärmeübertrager
Verdampfer ... 62
Verflüssiger ... 65
Interner Wärmeübertrager ... 66

Drosselorgane
Druckabfall – Nennleistung ... 67
Kältekreislauf
Kältekreislauf ... 68
Indizes ... 69
Kältemittel
TEWI DIN EN 378-1 ... 70
Klassifizierung von Kältemittel – Bestimmung der R-Nummern ... 71
Kältebedarf
Kühlgut ... 72
Wärmestrom vom Kühlgut ... 73
Atmungswärme – Luftwechsel ... 74
Transmission ... 75
Kälteleistung – Gesamtwärmestrom ... 77

3 Klimatechnik

Grundlagen ... 78
Außenluftvolumenstrom ... 80
Leistung der Register ... 82
Befeuchtung ... 83
Mischen von Luft ... 84
Kennzahlen für die Übertragung von Wärme und Feuchte ... 85
Kanalnetzberechnung ... 86
Ventilator ... 88
Filter ... 90
Akustik ... 91

4 Elektrotechnik

Grundlagen
Ohmsches Gesetz – Leiterwiderstand ... 92
Spezifischer Widerstand – Spezifischer Leitwert ... 93
Reihenschaltung von Widerständen ... 94
Parallelschaltung von Widerständen ... 95
Gemischte Schaltungen / Gruppenschaltungen ... 96
Knoten- und Maschenregel (1. und 2. Kirchhoffsche Regel) ... 97
Widerstand und Temperatur ... 98
Elektrische Leistung ... 99
Elektrische Arbeit ... 100
Kostenberechnung (Stromkosten) ... 101
Wirkungsgrad ... 102
Kondensator an Gleichspannung (Lade- Entladekurven) ... 103
Wechselspannung – Wechselstrom
Grundgrößen der Wechselspannung ... 104
Wechselspannungsgeräte
Kondensator – kapazitiver Blindwiderstand ... 106
Kondensatoren in Reihenschaltung ... 107
Kondensatoren in Parallelschaltung ... 108
Reihenschaltung aus Wirkwiderstand und Kapazität ... 109
Parallelschaltung aus Kondensator und Widerstand ... 110
Spule – Induktivität ... 111
Reihenschaltungen von Induktivitäten ... 112
Parallelschaltung von Induktivitäten ... 113
Reihenschaltung aus Wirkwiderstand und Induktivität ... 114
Parallelschaltung aus Wirkwiderstand und Induktivität ... 115
Reihenschaltung aus Wirkwiderstand, Induktivität und Kapazität ... 116
Parallelschaltung aus Wirkwiderstand, Induktivität und Kapazität ... 117
Transformator ... 118
Kurzschluss-Spannung, Dauerkurzschluss-Strom ... 119
Leistung an Wechselspannungsgeräten
Leistung an Ohmschen Lasten ... 120
Induktivitäten und Kapazitäten bei Wechselspannung ... 121
Induktivitäten und Kapazitäten bei Dreiphasenwechselspannung ... 122
Wechselspannungsnetz und Drehstromnetz
Strang- und Leitergrößen bei Stern- und Dreieckschaltung ... 123
Wechselspannungsnetze und Drehstromnetze
Einteilung der Netzspannungsbereiche ... 124
Aufbau der öffentlichen Stromversorgungsnetze ... 125
Spannungen im Dreiphasenwechselstromnetz (Drehstromnetz) ... 126
Spannungen im öffentlichen europäischen Stromnetz ... 127

Leiterkennzeichnung von Kabeln und Leitungen ... 128
Klemmbrett Drehstrommotor ... 129
Mechanische Größen eines Elektromotors
Schlupf bei Asynchronmotoren ... 130
Mechanische Leistung des Elektromotors ... 131
Schutz elektrischer Betriebsmittel
Schutzarten durch Gehäuse ... 132
Schutzklassen I bis III ... 133
Elektrische Leistung – Kurzzeichen für Leitungen ... 134
Auslösekennlinien von Überstrom-Schutzeinrichtungen ... 136
Sicherheitsregeln nach DIN VDE 0105-100 ... 137
Prüfen der Schutzmaßnahmen ... 138
Leitungsinstallation
Installationszonen und Vorzugsmaße ... 140
Hauptpotenzialausgleich ... 141
Spannungsabfall und Leitungsverlust auf belasteten Leitungen ... 142
Verlegearten von Kabeln und isolierten Leitungen ... 146
Strombelastbarkeit von Leitungen in Abhängigkeit von der Verlegeart ... 147
Strombelastbarkeit von isolierten Leitungen ... 148
Normgerechte Darstellung von ausgewählten Betriebsmitteln
Einbauposition und Einstellung von Sicherungen und Überstromrelais ... 150
Leitungen – Verbindungen – Sicherungen ... 152
Antriebe ... 153
Schaltglieder und Schaltgeräte ... 155
Meldegeräte – Anzeigegeräte – Dioden – Gleichrichter ... 156
Motoren ... 157
Widerstände – Heizungen – Kondensatoren – Spulen – Transformatoren ... 158
Anschlussbezeichnungen von Schaltgeräten DIN EN 50011 ... 159
Betriebsmittelkennzeichnung ... 160
Druckschalter
Niederdruckschalter – Hochdruckschalter ... 162
Öldruckdifferenzbegrenzer ... 163

5 Tabellen

Werkstoffe – Werkstoffwerte von Metallen ... 164
RI – Fließbildsymbole Kältetechnik ... 165
RI – Fließbildsymbole für RLT Anlagen, Luftverteilung ... 168
RI – Fließbildsymbole für RLT Anlagen, Luftbehandlung und Regelung ... 169
Symbole für Messen, Steuern und Regeln (Auswahl nach DIN EN 1861) ... 170
Widerstandsbeiwerte von kreisrunden Formstücken in RLT Anlagen ... 171
Lagerung von Kühlgut ... 172
Spezifische Wärmekapazität, Schmelz- und Erstarrungsenthalpie, Normbedingungen ... 173
Wärmeleitkoeffizient ... 173
Überschlagswerte für Wärmeübergangskoeffizienten ... 174
Strahlungskonstante C bei 20 °C ... 174
Spezifische Gaskonstanten unterschiedlicher Stoffe ... 175
Einteilung der Kältemittel ... 175
Dampftafel R290 ... 177
Dampftafel R134a ... 195

Anhang
Sachwortverzeichnis ... 212

Formelzeichen und Einheiten

Buchstabe	Benennung	Einheit	Buchstabe	Benennung	Einheit
a	Beschleunigung	m/s^2	h	Höhe	m
A	Fläche	m^2	η	Wirkungsgrad	–
b	Breite	m	i	Augenblickswert des Stromes	A
B_C	Kapazitiver Blindleitwert	S	I	Strom	A
C	Kapazität	F	l	Länge	m
c	spez. Wärmekapazität	kJ/(kg · K)	L_W	Schallleistungspegel	dB
COP	Coefficient of Performance	–	M	Drehmoment	Nm
$\cos \varphi$	Wirkfaktor	–	m	Masse	kg
C_S	Strahlungskonstante	$W/(m^2 \cdot K^4)$	$\dot{m}$	Massenstrom	kg/h
cz	Zählerkonstante	1/kWh	n	Anzahl	Pers
D	Außendurchmesser	m	n	Hubfrequenz	min^{-1}
d	Durchmesser	m	N	Windungszahl der Wicklung	–
D	Federkonstante	N/m	p	Druck	bar, Pa
d_{CO_2}	CO_2-Konzentration	ppm	P	Leistung	W
E_a	jährlicher Energiebedarf	kWh	Q	Wärmeenergie	Ws
EER	Energy Efficiency Ratio	–	q_{CO_2}	CO_2-Emissionsrate pro Person	$dm^3/(Pers. \cdot h)$
f	Frequenz	Hz	r	Radius	m
F	Kraft	N	R	tatsächliches Druckgefälle	Pa
g	Fallbeschleunigung	m/s	R	Widerstand	Ω
G	Leitwert	1/Ω	R_B	spezifische Gaskonstante	J/(kg · K)
g_N	Nachfüllquote	1/a	Re	Streckgrenze	N/mm^2
g_v	Gewinnquote b. Entsorgung	–	Rm	Zugfestigkeit	N/mm^2
GWP	Treibhauspotential	kg_{CO_2}/kg_R	S	Scheinleistung	VA
h	Enthalpie	kJ/kg	s	Seitenlänge	m

Formelzeichen und Einheiten

Buchstabe	Benennung	Einheit	Buchstabe	Benennung	Einheit
$\sin \varphi$	Blindfaktor	–	γ	Volumenausdehnungskoeffizient	1/K
T	absolute Temperatur	K	Δp	Druckdifferenz	Pa
τ bzw. t	Zeit	s	$\Delta \vartheta$	Temperaturdifferenz	K
$TEWI$	gesamter äquivalenter Erwärmungsbeitrag	kg_{CO_2}	ε_K	Kälteleistungszahl	–
U	Spannung	V	ε_{Ke}	effektive Kälteleistungszahl	–
U	Wärmedurchgangskoeffizient	$W/(m^2 \cdot K)$	ε_{We}	effektive Wärmeleistungszahl	–
v	spezifisches Volumen	m^3/kg	λ	Liefergrad des Verdichters	–
V	Volumen	m^3	λ	Rohrreibungszahl	1
$\dot{V}$	Volumenstrom	m^3/h	λ	Wärmeleitfähigkeit	$W/(m \cdot K)$
W	Arbeit	Nm	ν	Kinematische Viskosität	m^2/s
w	Geschwindigkeit	m/s	ν	Sicherheitszahl	–
w	spezifische Arbeit	kJ/kg	Π	Druckverhältnis	–
x	absolute Feuchte	g/kg	ϱ	Dichte	kh/m^3
X	Blindwiderstand	Ω	ϱ	spezifischer Widerstand	$\Omega \cdot mm^2/m$
Y	Scheinleitwert	S	σ	Zugspannung	N/mm^2
Z	Scheinwiderstand	Ω	Υ	elektrische Leitfähigkeit	$m/(\Omega \cdot mm^2)$
α	Wärmeübergangskoeffizient	$W/(m^2 \cdot K)$	φ	relative Feuchte	%
α	Temperaturkoeffizient	1/°C	ϕ	Phasenverschiebungswinkel	°
α	Längenausdehnungskoeffizient	1/K	ω	Kreisfrequenz	1/s
α, β, γ	Winkel	°	Ψ	Rückfeuchtezahl	–
β	Konversionsfaktor d. Energieerzeugung	kg_{CO_2}/kWh	Φ	Rückwärmezahl	–

Vorsätze und Einheiten (Auswahl)

Vorsatz	Zeichen	Potenzschreibweise		Bedeutung	Beispiel
Tera	T	10^{12}		billionenfach	1 Terabyte = 1 TB = 1 000 000 000 000 Byte
Giga	G	10^{9}		milliardenfach	1 Gigawatt = 1 GW = 1 000 000 000 W
Mega	M	10^{6}		millionenfach	1 Megajoule = 1 MJ = 1 000 000 J
Kilo	k	10^{3}		tausendfach	1 Kilogramm = 1 kg = 1000 g
Hekto	h	10^{2}		hundertfach	1 Hektopascal = 1 hPa = 100 Pa
Deka	da	10^{1}		zehnfach	1 Dekaliter = 1 daL = 10 L
Dezi	d	10^{-1}		Zehntel	1 Dezimeter = 1 dm = 0,1m
Zenti	c	10^{-2}	%	Hundertstel	1 Zentimeter = 1 cm = 0,01 m
Milli	m	10^{-3}	‰	Tausendstel	1 Milliohm = 1 mΩ = 0,001 Ω
Mikro	µ	10^{-6}	ppm	Millionstel	1 Mikrovolt = 1 µV = 0,000 001 V
Nano	n	10^{-9}	ppb	Milliardstel	1 Nanofarad = 1 nF = 0,000 000 001 F
Piko	p	10^{-12}		Billionstel	1 Pikocolumb = 1 pC 0,000 000 000 001 C

1

Griechisches Alphabet

Buchstabe	Verwendungsbeispiel	Buchstabe	Verwendungsbeispiel
Α α Alpha	Wärmeübergangskoeffizient	Ν ν Ny	kinematische Viskosität
Β β Beta	Winkel	Ξ ξ Xi	Schallauslenkung
Γ γ Gamma	Volumenausdehnungskoeffizient	Ο ο Omikron	
Δ δ Delta	Differenz	Π π Pi	Druckverhältnis, Kreiszahl
Ε ε Epsilon	Kälteleistungszahl	Ρ ϱ Rho	Dichte
Ζ ζ Zeta	Widerstandsbeiwertkoeffizient	Σ σ Sigma	Summe, mechan. Spannung
Η η Eta	Wirkungsgrad	Τ τ Tau	Zeit
Θ ϑ Theta	Celsiustemperatur	ϒ υ Ypsilon	
Ι ι Iota		Φ φ Phi	relative Luftfeuchte
Κ κ Kappa	Isentropenexponent	Χ χ Chi	
Λ λ Lambda	Wärmeleitfähigkeit	Ψ ψ Psi	Rückfeuchtezahl
Μ μ My	Vorsatz Mikro	Ω ω Omega	elektrischer Widerstand

SI-Einheiten

Basisgröße Name	Basisgröße Symbol	Basiseinheit Name	Basiseinheit Symbol
Länge	*l, s, d, h*	Meter	m
Masse	*m*	Kilogramm	kg
Zeit	*t*	Sekunde	s
Elektrische Stromstärke	*I*	Ampere	A
Thermodynamische Temperatur	*T*, ϑ	Kelvin	K
Stoffmenge	*n*	Mol	mol
Lichtstärke	I, I_v	Candela	cd

Römische Ziffern

1	I	10	X	100	C
2	II	20	XX	200	CC
3	III	30	XXX	300	CCC
4	IV	40	XL	400	CD
5	V	50	L	500	D
6	VI	60	LX	600	DC
7	VII	70	LXX	700	DCC
8	VIII	80	LXXX	800	DCCC
9	IX	90	XC	900	CM
				1000	M

ASCII-CODES

Symb.	*Bedeutung*	*Alt +*
Griechische Großbuchstaben groß		
Α	Alpha	913
Β	Beta	914
Γ	Gamma	915
Δ	Delta	916
Ε	Epsilon	917
Ζ	Zeta	918
Η	Eta	919
Θ	Theta	920
Ι	Iota	921
Κ	Kappa	922
Λ	Lambda	923
Μ	My	924
Ν	Ny	925
Ξ	Xi	926
Ο	Omikron	927
Π	Pi	928
Ρ	Rho	929
Σ	Sigma	931
Τ	Tau	932
Υ	Ypsilon	933
Φ	Phi	934
Χ	Chi	935
Ψ	Psi	936
Ω	Omega	937
Griechische Großbuchstaben klein		
α	Alpha	945
β	Beta	946
γ	Gamma	947
δ	Delta	948
ε	Epsilon	949

Symb.	*Bedeutung*	*Alt +*
ζ	Zeta	950
η	Eta	951
θ/ϑ	Theta	952/977
ι	Iota	953
κ	Kappa	954
λ	Lambda	955
μ	My	956
ν	Ny	957
ξ	Xi	958
ο	Omikron	959
π	Pi	960
ρ/ϱ	Rho	961/1009
σ	Sigma	963
τ	Tau	964
υ	Ypsilon	965
φ	Phi	966
χ	Chi	967
ψ	Psi	968
ω	Omega	969
Mathematische Ausdrücke		
·	Multiplikation	0183
˙	Punkt drüber	775
∫	Integral	8747
^{1}	hoch 1	0185
^{2}	hoch 2	0178
^{3}	hoch 3	0179
^{4}	hoch 4	8308
…	…	83...
^{9}	hoch 9	8313
$^-$	hoch minus	8315
^{n}	hoch n	8319

Symb.	*Bedeutung*	*Alt +*
$_1$	tief 1	8321
…	…	83..
$_9$	tief 9	8329
$_i$	tief i	7522
$_a$	tief a	8336
$_e$	tief e	8337
Sonstige		
%	Prozent	37
‰	Promille	0137
Ø	Durchmesser	157
§	Paragraph	0167
⤼	Drehung negativ	10556
⤽	Drehung positiv	10557
♂	Symbol männlich	11
♀	Symbol weiblich	12
⚥	Symbol Transgender	9893
➛	Pfeil	10139
↨	Pfeil rauf - runter	23
↑	Pfeil rauf	24
↓	Pfeil runter	25
→	Pfeil nach rechts	26
←	Pfeil nach links	27
☐	Kästchen	9744
☑	Kästchen mit Haken	9745
☒	Kästchen mit Kreuz	9746
✗	Kreuz	10007
✂	Schere	9986
✍	Stift in Hand	9997
✎	Stift	9998
☃	Schneemann	9924
❆	Schneeflocke	10054

Umrechnen von Einheiten

Längeneinheiten

Kilometer	→ · 1000	Meter	→ · 10	Dezimeter	→ · 10	Zentimeter	→ · 10	Millimeter
km	← : 1000	m	← : 10	dm	← : 10	cm	← : 10	mm

Flächeneinheiten

Quadratkilometer	→ · 100	Hektar	→ · 100	AR	→ · 100	Quadratmeter
km^2	← : 100	ha	← : 100	a	← : 100	m^2
Quadratmeter	→ · 100	Quadratdezimeter	→ · 100	Quadratzentimeter	→ · 100	Quadratmillimeter
m^2	← : 100	dm^2	← : 100	cm^2	← : 100	mm^2

Volumeneinheiten

Kubikmeter	→ · 1000	Kubikdezimeter, Liter	→ · 1000	Kubikzentimeter, Milliliter	→ · 1000	Kubikmillimeter
m^3	← : 1000	dm^3, l	← : 1000	cm^3, ml	← : 1000	mm^3

Masseneinheiten

Tonne	→ · 1000	Kilogramm	→ · 1000	Gramm	→ · 1000	Milligramm
t	← : 1000	kg	← : 1000	g	← : 1000	mg

Druckeinheiten

Megapascal	→ · 10	Bar	→ · 100 000	Pascal	→ : 100	Hektopascal, Millibar
MPa, N/mm^2	← : 10	bar	← : 100 000	Pa, $\frac{N}{m^2}$	← · 100	hPa, mbar

Energieeinheiten

Kilowattstunde	→ · 3600	Kilojoule, Kilowattsekunde	→ · 1000	Newtonmeter, Wattsekunde, Joule
kWh	← : 3600	kJ, kWs	← : 1000	Nm, Ws, J

Leistungseinheiten

Kilowatt, Kilowattsekunde pro Sekunde, Kilojoule pro Sekunde	→ · 86 400	Kilojoule pro Tag
kW, $\frac{kWs}{s}$, $\frac{kJ}{s}$	← : 86 400	$\frac{kJ}{d}$

Interpolieren

Linear	Logarithmisch
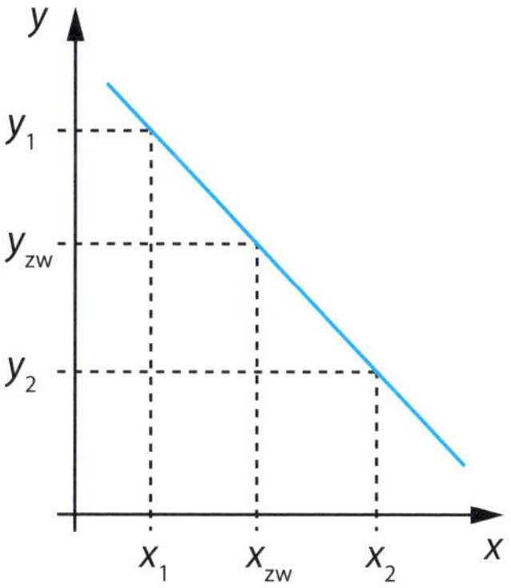	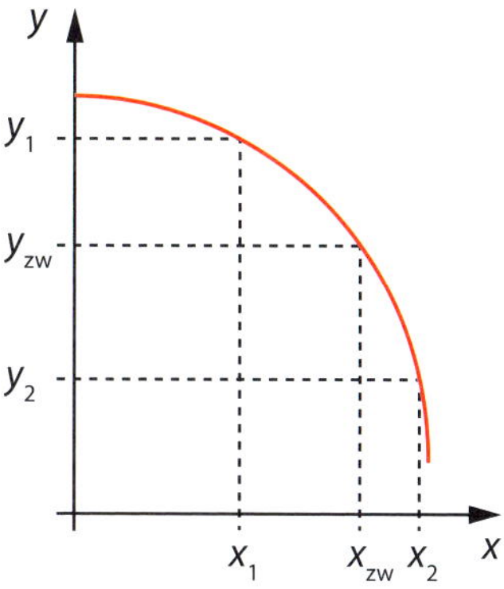
$x_{zw} = \frac{y_{zw} - y_1}{y_2 - y_1} \cdot (x_2 - x_1) + x_1$	$x_{zw} = 10^{\left(\frac{\lg(y_{zw}) - \lg(y_1)}{\lg(y_2) - \lg(y_1)} \cdot (\lg(x_2) - \lg(x_1)) + \lg(x_1)\right)}$
$y_{zw} = \frac{x_{zw} - x_1}{x_2 - x_1} \cdot (y_2 - y_1) + y_1$	$y_{zw} = 10^{\left(\frac{\lg(x_{zw}) - \lg(x_1)}{\lg(x_2) - \lg(x_1)} \cdot (\lg(y_2) - \lg(y_1)) + \lg(y_1)\right)}$

Beispiel:

Linear Interpolieren

x	y
ϑ	v
°C	dm³/kg
4	76,57
6	77,31
8	78,05

$x_1 = 4\,°C$ $\quad y_1 = 76{,}57\,\frac{dm^3}{kg}$

$x_2 = 6\,°C$ $\quad y_2 = 77{,}31\,\frac{dm^3}{kg}$

$x_{zw} = 5\,°C$ $\quad y_{zw} = ?$

$$y_{zw} = \frac{x_{zw} - x_1}{x_2 - x_1} \cdot (y_2 - y_1) + y_1$$

$$y_{zw} = \frac{5\,°C - 4\,°C}{6\,°C - 4\,°C} \cdot \left(77{,}31\,\frac{dm^3}{kg} - 76{,}57\,\frac{dm^3}{kg}\right) + 76{,}57\,\frac{dm^3}{kg}$$

$$\underline{\underline{y_{zw} = 76{,}94\,\frac{dm^3}{kg}}}$$

1

Dreisatz und Prozentrechnung

Abbildung	Formel / Formelumstellung	Einheiten und Formelzeichen

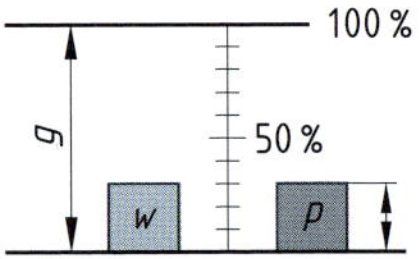

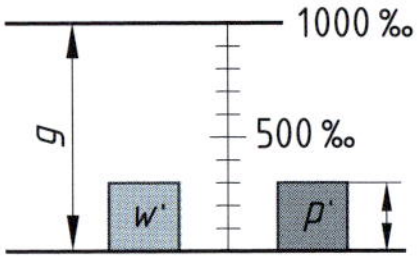

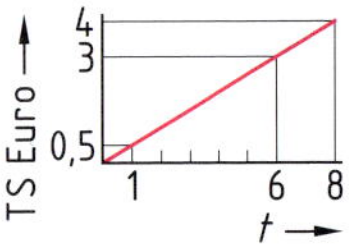

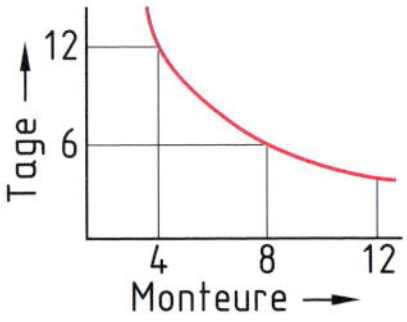

Prozentrechnung

$$G = \frac{100 \cdot W}{p} \qquad W = \frac{p \cdot G}{100} \qquad p = \frac{100 \cdot W}{G}$$

G	Grundwert = 100 %	
p	Prozentsatz	%
W	Prozentwert = Teilmenge	

Promillerechnung

$$G' = \frac{1000 \cdot W'}{p'} \qquad W' = \frac{p' \cdot G'}{1000} \qquad p' = \frac{1000 \cdot W'}{G'}$$

G'	Grundwert = 1000 ‰	
p'	Promillesatz	‰
W'	Promillewert = Teilmenge	

Dreisatzrechnung

Gleiches Verhältnis = direkt Proportional

1. Behauptungssatz:	2. Mittelsatz:	3. Schlusssatz
6 t Stahl kosten 3000 €	1 t Stahl kostet $\frac{3000\,€}{6}$	8 t Stahl kosten $\frac{3000\,€ \cdot 8}{6} = 4000\,€$

umgekehrtes Verhältnis = indirekt Proportional

1. Behauptungssatz:	2. Mittelsatz:	3. Schlusssatz
5 Monteure errichten eine Halle in 20 Tagen	1 Monteur errichtet eine Halle in 5 · 20 Tagen	10 Monteure errichten die Halle in $\frac{20\text{ Tage} \cdot 5}{10} = 10\text{ Tagen}$

Beispiel

$G = 32\,\text{kW}$

$W = 28\,\text{kW}$

$p = ?$

$$p = \frac{100 \cdot W}{G}$$

$$p = \frac{100 \cdot 28\,\text{kW}}{32\,\text{kW}} = \underline{\underline{87{,}5\,\%}}$$

Periodensystem der Elemente (Auszug)

Symbol

schwarz = Feststoff
blau = Flüssigkeit
rot = Gas

(Zahl unten im Feld = Atommasse)

Flächenfarbe

Alkalimetalle	Halbmetalle
Erdalkalimetalle	Nichtmetalle
Übergangsmetalle	Halogene
Metalle	Edelgase

1 H Wasserstoff 1,01														2 He Helium 4,00
3 Li Lithium 6,94	4 Be Beryllium 9,01								5 B Bor 10,81	6 C Kohlenstoff 12,01	7 N Stickstoff 14,01	8 O Sauerstoff 16,00	9 F Fluor 19,00	10 Ne Neon 20,18
11 Na Natrium 22,99	12 Mg Magnesium 24,31								13 Al Aluminium 26,98	14 Si Silicium 28,09	15 P Phosphor 30,97	16 S Schwefel 32,06	17 Cl Chlor 35,45	18 Ar Argon 39,95
19 K Kalium 39,10	20 Ca Calcium 40,08	24 Cr Chrom 52,00	25 Mn Mangan 54,94	26 Fe Eisen 55,85	27 Co Cobalt 58,93	28 Ni Nickel 58,69	29 Cu Kupfer 63,55	30 Zn Zink 65,38	31 Ga Gallium 69,72	32 Ge Germanium 72,63	33 As Arsen 74,92	34 Se Selen 78,97	35 Br Brom 79,90	36 Kr Krypton 83,80
37 Rb Rubidium 85,47	38 Sr Strontium 87,62	42 Mo Molybdän 95,95	43 Tc Technetium 96,91	44 Ru Ruthenium 101,07	45 Rh Rhodium 102,91	46 Pd Palladium 106,42	47 Ag Silber 107,87	48 Cd Cadmium 112,41	49 In Indium 114,82	50 Sn Zinn 118,71	51 Sb Antimon 121,76	52 Te Tellur 127,60	53 I Iod 126,9	54 Xe Xenon 131,29
55 Cs Caesium 132,91	56 Ba Barium 137,33	74 W Wolfram 183,84	75 Re Rhenium 186,21	76 Os Osmium 190,23	77 Ir Iridium 192,22	78 Pt Platin 195,08	79 Au Gold 196,97	80 Hg Quecksilber 200,59	81 Tl Thallium 204,38	82 Pb Blei 207,20	83 Bi Bismut 208,98	84 Po Polonium 209,98	85 At Astat 209,99	86 Rn Radon 222,02

Flächen

Abbildung	Formel / Formelumstellung	Formelzeichen / Einheiten
Quadrat 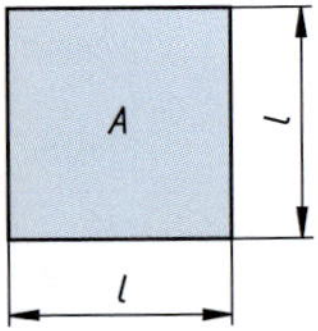 	$U = 4 \cdot l$ $l = \frac{U}{4}$ $A = l \cdot l = l^2$ $l = \sqrt{A}$	U Umfang m A Fläche m^2 l Länge m b Breite m
Rechteck 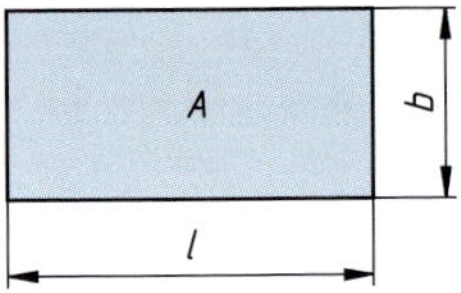 	$U = 2 \cdot l + 2 \cdot b$ $l = \frac{U}{2} - b$ $b = \frac{U}{2} - l$ $A = l \cdot b$ $l = \frac{A}{b}$ $b = \frac{A}{l}$	

Beispiel

Rechteck	$A = l \cdot b$
$l = 200\,\text{mm}$	$A = 200\,\text{mm} \cdot 150\,\text{mm}$
$b = 150\,\text{mm}$	$\underline{\underline{A = 30\,000\,\text{mm}^2}}$
$A = ?$	

Flächen

Formelzeichen / Einheiten	Formel / Formelumstellung	Abbildung
U Umfang m A Fläche m^2 l Länge m b Breite m h Höhe m	$U = 2 \cdot l + 2 \cdot b$ $l = \frac{U}{2} - b$ $b = \frac{U}{2} - l$ $A = l \cdot h$ $l = \frac{A}{h}$ $h = \frac{A}{b}$	**Parallelogramm** 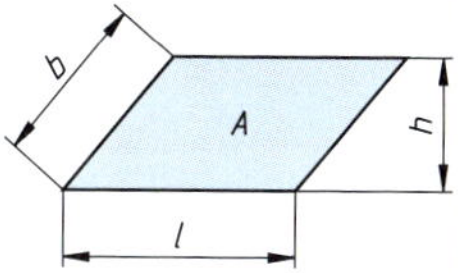
U Umfang m A Fläche m^2 l jew. Länge m s jew. Seite m	$U = l_1 + l_2 + s_1 + s_2$ $A = \frac{s_1 + s_2}{2} \cdot h$ $h = \frac{2 \cdot A}{s_1 + s_2}$	**Trapez** 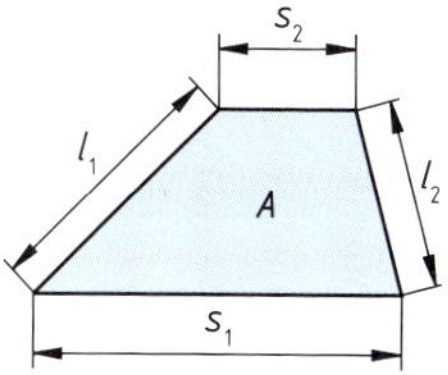

Beispiel

Trapez

$s_1 = 15\,\text{cm}$ $\quad s_2 = 10\,\text{cm}$

$h = 8\,\text{cm}$

$A = ?$

$$A = \frac{s_1 + s_2}{2} \cdot h$$

$$A = \frac{15\,\text{cm} + 10\,\text{cm}}{2} \cdot 8\,\text{cm}$$

$$\underline{\underline{A = 100\,\text{cm}^2}}$$

1

Flächen

Abbildung	Formel / Formelumstellung	Formelzeichen / Einheiten
Dreieck allgemein 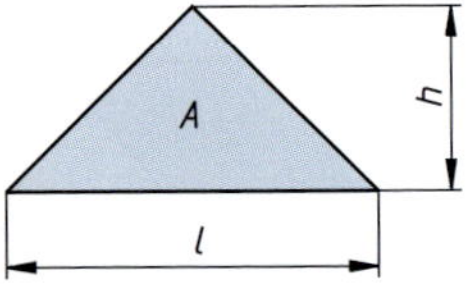	$A = \frac{l \cdot h}{2}$ $\quad l = \frac{2 \cdot A}{h}$ $\quad h = \frac{2 \cdot A}{l}$	A Fläche m^2 l Länge m h Höhe m
Dreieck rechtwinklig 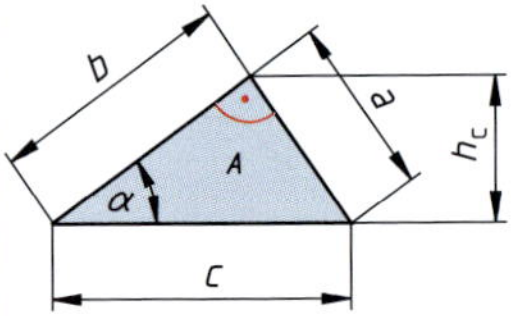	$A = \frac{a \cdot b}{2}$ $\quad a = \frac{2 \cdot A}{b}$ $\quad b = \frac{2 \cdot A}{a}$	A Fläche m^2 a Gegenkathete zu α m b Ankathete zu α m c Hypotenuse m Winkel ° h_c Höhe über c m
Satz des Pythagoras 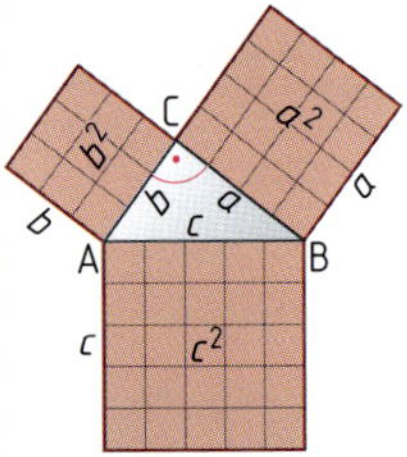	$c^2 = a^2 + b^2$ $a = \sqrt{c^2 - b^2}$ $b = \sqrt{c^2 + a^2}$ $c = \sqrt{a^2 + b^2}$	

Beispiel

Satz des Pythagoras

$b = 3\,m \qquad c = 5\,m$

$a = ?$

$$a = \sqrt{c^2 - b^2} = \sqrt{(5\,cm)^2 - (3\,cm)^2}$$

$$a = \sqrt{25\,cm^2 - 9\,cm^2} = \sqrt{16\,cm}$$

$$\underline{\underline{a = 4\,cm^2}}$$

Flächen

Formelzeichen / Einheiten	Formel / Formelumstellung	Abbildung
A Fläche m^2 U Umfang m d Durchmesser m r Radius m	$A = \frac{d^2 \cdot \pi}{4}$ bzw. $A = r^2 \cdot \pi$ $\quad d = \sqrt{\frac{4 \cdot A}{\pi}}$ $U = d \cdot \pi$ bzw. $U = 2 \cdot r \cdot \pi$ $\quad d = \frac{U}{\pi}$	**Kreis** 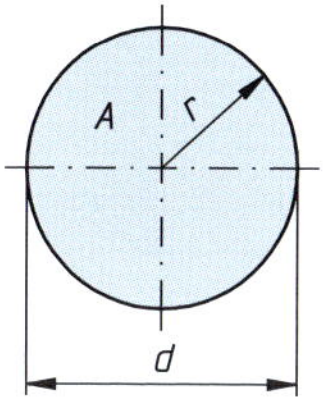
A Fläche m^2 D Außendurchmesser m d Innendurchmesser m s Dicke des Ringes m d_m mittlerer Durchmesser m	$A = \frac{(D^2 - d^2) \cdot \pi}{4}$ $\quad d = \sqrt{D^2 - \frac{4 \cdot A}{\pi}}$ $D = \sqrt{d^2 + \frac{4 \cdot A}{\pi}}$ $s = \frac{D - d}{2}$ $\quad D = 2 \cdot s + d$ $d = D - 2 \cdot s$	**Kreisring** 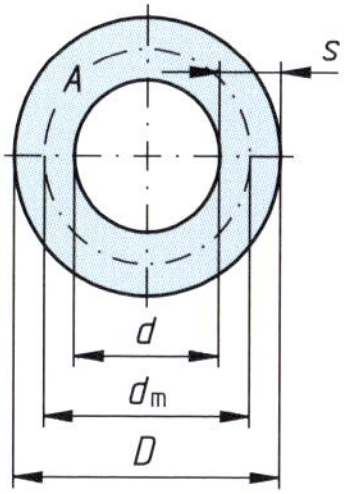

Beispiel

Kreisring

$D = 22\,\text{mm}$

$s = 1\,\text{mm}$

$A = ?$

$$A = \frac{\left(D^2 - d^2\right) \cdot \pi}{4} = \frac{\left((22\,\text{mm})^2 - (20\,\text{mm})^2\right) \cdot \pi}{4}$$

$$\underline{\underline{A = 65{,}97\,\text{mm}^2}}$$

NR:

$d = D - 2 \cdot s = 22\,\text{mm} - 2 \cdot 1\,\text{mm} = 20\,\text{mm}$

Volumen

Abbildung	Formel / Formelumstellung	Formelzeichen / Einheiten
Würfel 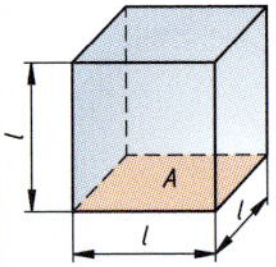	$V = l^3$ $\quad l = \sqrt[3]{V}$ $A_M = 4 \cdot l^2$ $\quad l = \sqrt{\frac{A_M}{4}}$ $A_O = 6 \cdot l^2$ $\quad l = \sqrt{\frac{A_O}{6}}$	V Volumen m^3 A_M Mantelfläche m^2 A_O Oberfläche m^2 l Länge m
Quader 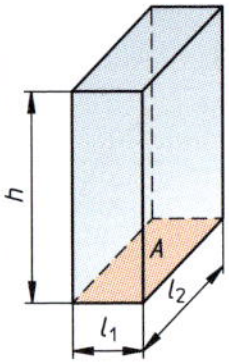	$V = l_1 \cdot l_2 \cdot h$ $\quad l_1 = \frac{V}{l_2 \cdot h}$ $\quad l_2 = \frac{V}{l_1 \cdot h}$ $\quad h = \frac{V}{l_1 \cdot l_2}$ $A_M = 2 \cdot (l_1 \cdot h + l_2 \cdot h)$ $A_O = 2 \cdot (l_1 \cdot l_2 + l_1 \cdot h + l_2 \cdot h)$ $\quad l_1 = \frac{A_O - 2 \cdot l_2 \cdot h}{2 \cdot (l_2 + h)}$	V Volumen m^3 A_M Mantelfläche m^2 A_O Oberfläche m^2 l_1, l_2 jeweilige Länge m h Höhe m
Kegel 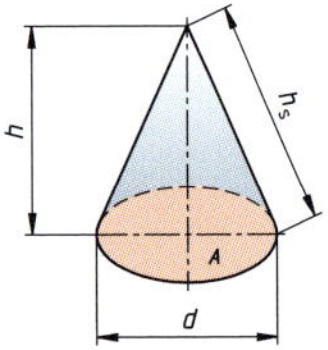	$V = \frac{\pi}{12} \cdot d^2 \cdot h$ $\quad d = \sqrt{\frac{12 \cdot V}{h \cdot \pi}}$ $\quad h = \frac{12 \cdot V}{d^2 \cdot \pi}$ $A_M = \frac{\pi}{2} \cdot d \cdot h_s$ $\quad d = \frac{2 \cdot A_M}{h_s \cdot \pi}$ $\quad h_s = \frac{2 \cdot A_M}{d \cdot \pi}$ $A_O = \frac{\pi}{4} \cdot d^2 + \frac{\pi}{2} \cdot d \cdot h_s$	V Volumen m^3 A_M Mantelfläche m^2 A_O Oberfläche m^2 d Durchmesser m h Höhe m h_s Seitenhöhe m

Beispiel

Quader	$V = l_1 \cdot l_2 \cdot h$
$l_1 = 0{,}1\,m$; $l_2 = 0{,}3\,m$	$V = 0{,}1\,m \cdot 0{,}3\,m \cdot 0{,}5\,m$
$h = 0{,}5\,m$	$\underline{\underline{V = 0{,}015\,m^3}}$
$V = ?$	

Volumen

Formelzeichen / Einheiten	Formel / Formelumstellung	Abbildung
V Volumen m^3 A_M Mantelfläche m^2 A_O Oberfläche m^2 d Durchmesser m h Höhe m	$V = \frac{\pi}{4} \cdot d^2 \cdot h$ $A_M = d \cdot \pi \cdot h$ $A_O = \pi \cdot d \cdot \left(\frac{d}{2} + h\right)$	**Zylinder** 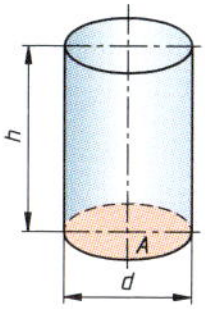
V Volumen m^3 A_M Mantelfläche m^2 A_O Oberfläche m^2 h Höhe m D Außendurchmesser m d Innendurchmesser m	$V = \frac{\pi}{4} \cdot h \cdot \left(D^2 - d^2\right)$ $A_M = (D + d) \cdot \pi \cdot h$ $A_O = \frac{\pi}{2} \cdot (D + d) \cdot (2 \cdot h + D - d)$	**Hohlzylinder** 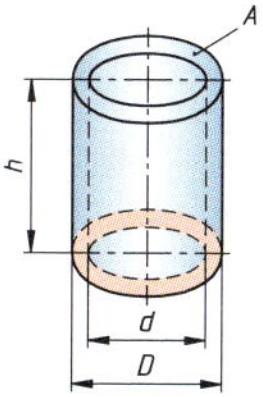
V Volumen m^3 A_O Oberfläche m^2 d Durchmesser m	$V = \frac{\pi}{6} \cdot d^3$ $A_O = d^2 \cdot \pi$	**Kugel** 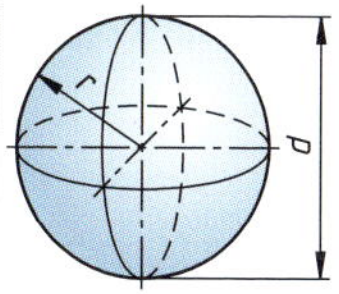

Beispiel

Hohlzylinder = Rohr

$D = 18\,mm$; $d = 16\,mm$

$h = 1000\,mm$

$V = ?$

$$V = \frac{\pi}{4} \cdot h \cdot \left(D^2 - d^2\right)$$

$$V = \frac{\pi}{4} \cdot 1000\,mm \cdot \left(18^2 mm^2 - 16^2 mm^2\right) = 53\,407{,}075\,mm^3$$

$$\underline{\underline{V = \frac{\pi}{4} \cdot 10\,dm \cdot \left(0{,}18^2 dm^2 - 0{,}16^2 dm^2\right) = 0{,}053\,dm^3 = 0{,}053\,l}}$$

1

Winkelfunktionen

Abbildung	Formel / Formelumstellung	Formelzeichen / Einheiten
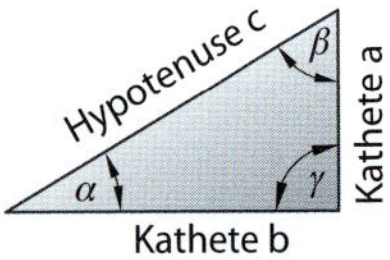 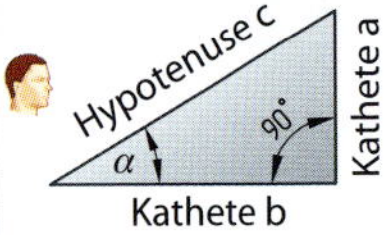 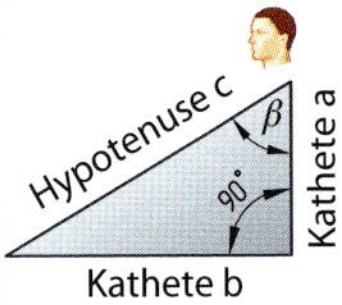 	**Berechnung der Winkel:** $\sin\alpha = \frac{a}{c}$ $\tan\alpha = \frac{a}{b}$ $\cos\alpha = \frac{b}{c}$ $\cot\alpha = \frac{b}{a}$ $\sin\beta = \frac{b}{c}$ $\tan\beta = \frac{b}{a}$ $\cos\beta = \frac{a}{c}$ $\cot\beta = \frac{a}{b}$ **Berechnung der Seiten:** $a = b \cdot \tan\alpha$ $a = b \cdot \cot\beta$ $a = c \cdot \sin\alpha$ $a = c \cdot \cos\beta$ $b = \frac{a}{\tan\alpha}$ $b = a \cdot \cot\alpha$ $b = c \cdot \sin\beta$ $c = c \cdot \cos\alpha$ $c = \frac{a}{\sin\alpha}$ $c = \frac{a}{\cos\beta}$ $c = \frac{b}{\cos\alpha}$ $c = \frac{b}{\sin\beta}$	a, b Katheten mm, cm, m c Hypotenuse mm, cm, m α, β, γ Winkel ° sin Sinus cos Cosinus tan Tangens cot Cotangens

Beispiel

$b = 30\,\text{cm}$	$a = b \cdot \tan\alpha$
$\alpha = 40°$	$a = 30\,\text{cm} \cdot \tan 40° = 30\,\text{cm} \cdot 0{,}84$
$a = ?$	$\underline{\underline{a = 25{,}17\,\text{cm}}}$

Gestreckte Länge

Formelzeichen / Einheiten			Formel / Formelumstellung	Abbildung
L	Gesamtlänge	m	$L = l_2 + l_b$	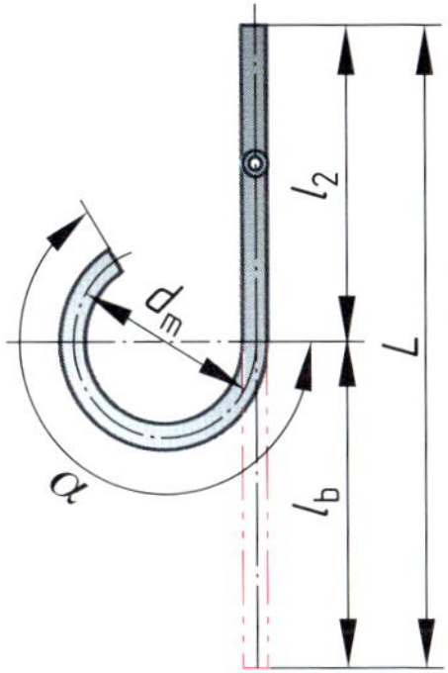
l_b	Bogenlänge	m	$l_b = d_m \cdot \pi \cdot \frac{\alpha}{360°}$	
d_m	mittlerer Durchmesser	m	$l_2 = L - d_m \cdot \pi \cdot \frac{\alpha}{360°}$	
d_a	Außendurchmesser	m	$d_m = \frac{L - l_2}{\pi \cdot \alpha} \cdot 360°$	
d_i	Innendurchmesser	m	$d_m = \frac{d_a + d_i}{2}$	
α	Biegewinkel	°		

Beispiel

$l_2 = 250\,\text{mm}$

$d_m = 30\,\text{mm}$

$\alpha = 270°$

$L = ?$

$$L = l_2 + d_m \cdot \pi \cdot \frac{\alpha}{360°}$$

$$L = 250\,\text{mm} + 30\,\text{mm} \cdot \pi \cdot \frac{270°}{360°}$$

$$\underline{\underline{L = 320{,}7\,\text{mm}}}$$

1

Dichte, Masse und Volumen

Abbildung	Formel / Formelumstellung	Formelzeichen / Einheiten
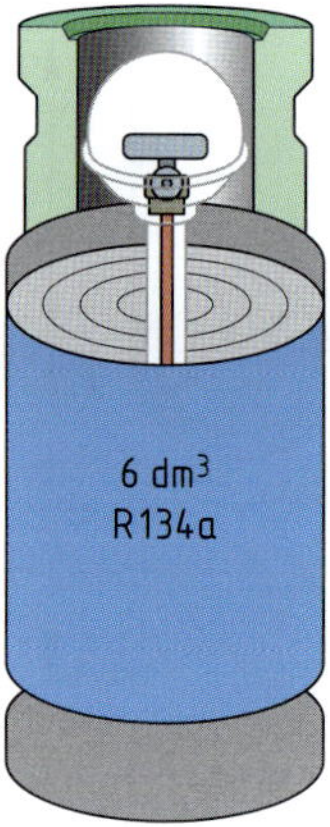	**Dichte** $\varrho = \frac{m}{V}$ $m = V \cdot \varrho$ $V = \frac{m}{\varrho}$ **Spezifisches Volumen** $v = \frac{1}{\varrho}$ $v = \frac{V}{m}$ $m = \frac{V}{v}$ $V = v \cdot m$	ϱ Dichte $\frac{kg}{m^3}$ m Masse kg V Volumen m^3, l v spezifisches Volumen $\frac{m^3}{kg}$

Beispiel

$V_R = 6\,dm^3$

$\varrho = 1225{,}3\,\frac{kg}{m^3}$

$m = ?$

$m = V \cdot \varrho$

$m = 6\,\cancel{dm^3} \cdot 1225{,}3\,\frac{kg}{\cancel{m^3}} \cdot \frac{1\,\cancel{m^3}}{1000\,\cancel{dm^3}}$

$\underline{\underline{m = 7{,}35\,kg}}$

Bewegung, geradlinig

Formelzeichen / Einheiten	Formel / Formelumstellung	Abbildung
w Geschwindigkeit $\frac{\text{m}}{\text{s}}$ s Weg m τ Zeit s a Beschleunigung $\frac{\text{m}}{\text{s}^2}$	$w = \frac{s}{\tau}$ $\quad s = w \cdot \tau$ $\quad \tau = \frac{s}{w}$	**gleichförmig** 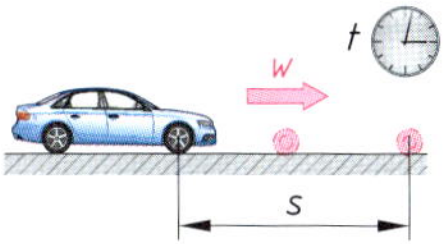
	$w = a \cdot \tau$ $\quad a = \frac{w}{\tau}$ $\quad \tau = \frac{w}{a}$ $w = \sqrt{2 \cdot a \cdot s}$ $\quad a = \frac{w^2}{2 \cdot s}$ $\quad s = \frac{w^2}{2 \cdot a}$ $w = \frac{2 \cdot s}{\tau}$ $\quad s = \frac{w \cdot \tau}{2}$ $\quad \tau = \frac{2 \cdot s}{w}$	**beschleunigt / aus dem Stand** 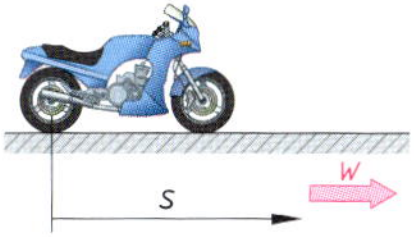

Beispiel

$s = 50\,\text{m}$

$a = 0{,}49\,\frac{\text{m}}{\text{s}^2}$

$w = ?$

$$w = \sqrt{2 \cdot a \cdot s}$$

$$w = \sqrt{2 \cdot 0{,}49\,\frac{\text{m}}{\text{s}^2} \cdot 50\,\text{m}}$$

$$w = \sqrt{49\,\frac{\text{m}^2}{\text{s}^2}}$$

$$\underline{\underline{w = 7\,\frac{\text{m}}{\text{s}}}}$$

Kraft / Gewichtskraft

Abbildung	Formel / Formelumstellung	Formelzeichen / Einheiten
Allgemein 	$F = m \cdot a$ $m = \frac{F}{a}$ $a = \frac{F}{m}$	F Kraft N m Masse kg a Beschleunigung $\frac{\text{m}}{\text{s}^2}$
Gewichtskraft 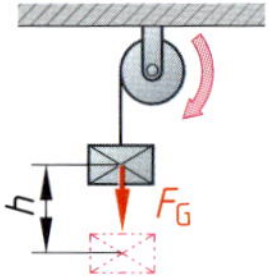	$F = m \cdot g$ $m = \frac{F}{g}$	F Kraft N m Masse kg g Fallbeschleunigung $9{,}81\ \frac{\text{m}}{\text{s}^2}, \frac{\text{N}}{\text{kg}}$ $1\ \frac{\text{kg} \cdot \text{m}}{\text{s}^2} = 1\ \text{N}$

Beispiel

Gewichtskraft	$F = m \cdot g$
$m = 52\,\text{kg}$	$F = 52\,\text{kg} \cdot 9{,}81 \frac{\text{m}}{\text{s}^2} = 510{,}12 \frac{\text{kg} \cdot \text{m}}{\text{s}^2}$
$g = 9{,}81 \frac{\text{m}}{\text{s}^2}$	
$F = ?$	$\underline{\underline{F = 510{,}12\,\text{N}}}$

Arbeit, Energie

Arbeit / Energie allgemein

Formelzeichen / Einheiten

W	Arbeit	Nm, J, Ws
F	Kraft	N
m	Masse	kg
s	Strecke	m
a	Beschleunigung	$\frac{m}{s^2}$

Formel / Formelumstellung

$$W = F \cdot s \qquad F = \frac{W}{s} \qquad s = \frac{W}{F}$$

$$W = m \cdot a \cdot s \qquad m = \frac{W}{a \cdot s} \qquad s = \frac{W}{a \cdot m}$$

Abbildung

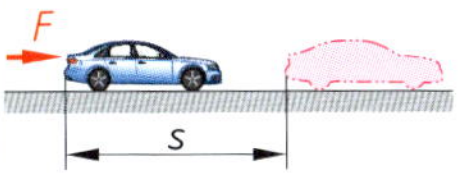

Potentielle Arbeit / Lage-Energie

W	potentielle Arbeit	Nm
F	Kraft	N
m	Masse	kg
h	Höhe	m
g	Fallbeschleunigung	9,81 $\frac{m}{s^2}$, $\frac{N}{kg}$

$$W = F \cdot h \qquad F = \frac{W}{h} \qquad h = \frac{W}{F}$$

$$W = m \cdot g \cdot h \qquad m = \frac{W}{g \cdot h} \qquad h = \frac{W}{g \cdot m}$$

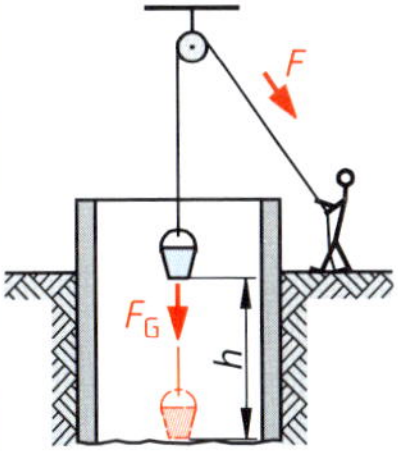

$$1\,\frac{kg \cdot m^2}{s^2} = 1\,Nm = 1\,Ws = 1\,J$$

Beispiel

$m = 10\,kg$

$h = 52\,m$

$g = 9{,}81\,\frac{m}{s^2}$

$W = ?$

$$W = m \cdot g \cdot h$$

$$W = 10\,kg \cdot 9{,}81\,\frac{m}{s^2} \cdot 52\,m$$

$$W = 5101{,}2\,\frac{kg \cdot m^2}{s^2} = 5101{,}2\,Nm$$

1

Arbeit, Energie

Abbildung	Formel / Formelumstellung	Formelzeichen / Einheiten
Elastische Arbeit/ Verformungs-Energie 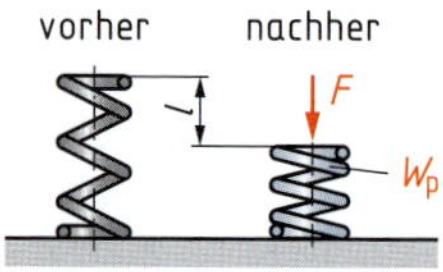	$W = \frac{1}{2} \cdot D \cdot l^2$ $l = \sqrt{\frac{2 \cdot W}{D}}$	W elastische Arbeit Nm D Federkonstante $\frac{\text{N}}{\text{m}}$ l Federlänge m
Kinetische Arbeit/ Bewegungs-Energie 	$W = \frac{1}{2} \cdot m \cdot w^2$ $w = \sqrt{\frac{2 \cdot W}{m}}$	W kinetische Arbeit Nm m Masse kg w Geschwindigkeit $\frac{\text{m}}{\text{s}}$

Beispiel

$D = 1200\,\frac{\text{N}}{\text{m}}$

$l = 20\,\text{mm}$

$W = ?$

$$W = \frac{1}{2} \cdot D \cdot l^2$$

$$W = \frac{1}{2} \cdot 1200\,\frac{\text{N}}{\text{m}} \cdot \left(20\,\cancel{\text{mm}} \cdot \frac{1\,\text{m}}{1000\,\cancel{\text{mm}}}\right)^2$$

$$\underline{\underline{W = 0{,}24\,\text{Nm} = 0{,}24\,\text{J}}}$$

Leistung, Wirkungsgrad

Formelzeichen / Einheiten

P	Leistung	W
W	Arbeit	Ws, Nm, J
τ	Zeit	s
a	Beschleunigung	$\frac{m}{s^2}$
g	Fallbeschleunigung 9,81 $\frac{m}{s^2}$, $\frac{N}{kg}$	
η	Wirkungsgrad	
P_{ing}	zugeführte Leistung (früher P_{zu})	W
P_{exi}	abgegebene Leistung (früher P_{ab})	W
P_{dis}	Verlustleistung (früher P_{verl})	W

Indizes:

exi → exit

ing → in going

dis → dissipation

$$1\frac{Nm}{s} = 1\frac{J}{s} = 1\frac{Ws}{s} = 1W$$

$$1\,\frac{kNm}{s} = 1\,\frac{kJ}{s} = 1\,\frac{kWs}{s} = 1\,kW$$

Formel / Formelumstellung

$$P = \frac{W}{\tau} \quad \text{oder} \quad P = \frac{F \cdot s}{\tau} \quad \text{oder} \quad P = \frac{m \cdot g \cdot s}{\tau}$$

$$W = P \cdot \tau$$

$$\tau = \frac{W}{P}$$

$$\eta = \frac{P_{exi}}{P_{ing}} \qquad P_{exi} = P_{ing} \cdot \eta \qquad P_{ing} = \frac{P_{exi}}{\eta}$$

$$P_{dis} = P_{ing} - P_{exi} \qquad P_{ing} = P_{dis} + P_{exi} \qquad P_{exi} = P_{ing} - P_{dis}$$

Abbildung

Leistung

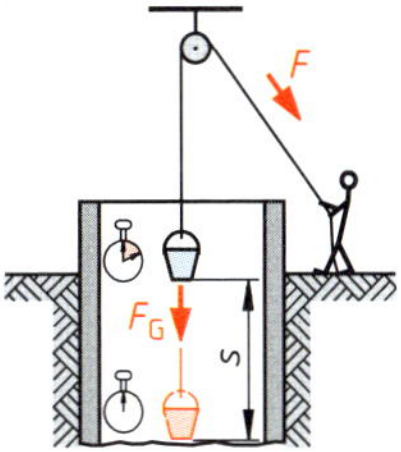

Wirkungsgrad

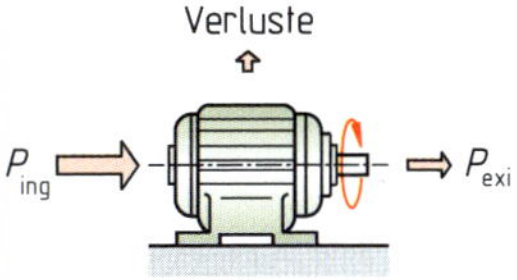

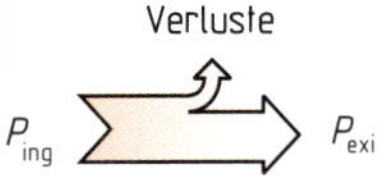

Beispiel

$P_{exi} = 1200\,W$

$P_{ing} = 1500\,W$

$\eta = ?$

$$\eta = \frac{P_{exi}}{P_{ing}}$$

$$\eta = \frac{1200\,\cancel{W}}{1500\,\cancel{W}}$$

$$\underline{\underline{\eta = 0{,}8 = 80\,\%}}$$

Festigkeitslehre – Schraubenfestigkeit

Abbildung	Formel / Formelumstellung	Formelzeichen / Einheiten
Drehmoment 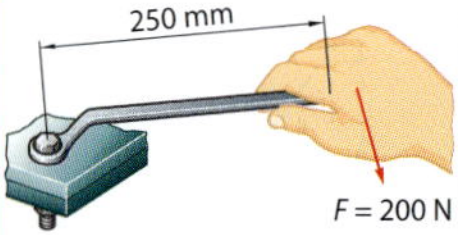	$M = F \cdot l$ $F = \frac{M}{l}$ $l = \frac{M}{F}$ $F_1 \cdot l_1 = F_2 \cdot l_2$ $F_1 = \frac{F_2 \cdot l_2}{l_1}$ $l_1 = \frac{F_2 \cdot l_2}{F_1}$ $F_2 = \frac{F_1 \cdot l_1}{l_2}$ $l_2 = \frac{F_1 \cdot l_1}{F_2}$	M Drehmoment Nm F Kraft am Hebel N l Hebellänge m
Zweiseitiger Hebel 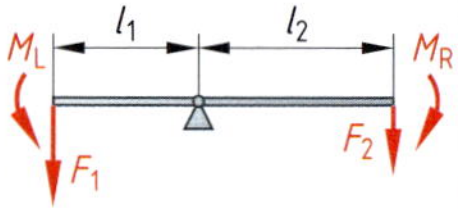		
Spannungs-Dehnungs-Kurve 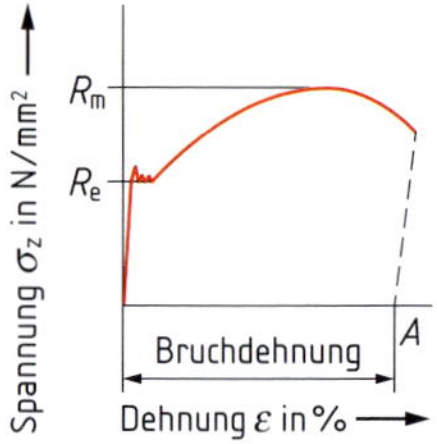	$\sigma_{zul} = \frac{F_{zul}}{A_0}$ $F_{zul} = \sigma_{zul} \cdot A_0$ $A_0 = \frac{F_{zul}}{\sigma_{zul}}$ $\sigma_{vorh} = \frac{F_{vorh}}{A_0}$ $F_{vorh} = \sigma_{vorh} \cdot A_0$ $A_0 = \frac{F_{vorh}}{\sigma_{vorh}}$	σ_{zul} zulässige Zugspannung $\frac{N}{mm^2}$ σ_{vorh} vorhandene Zugspannung $\frac{N}{mm^2}$ F_{zul} zulässige Zugkraft N F_{vorh} vorhandene Zugkraft N A_0 Querschnittsfläche mm^2

Beispiel

$F = 200\,N$	$M = F \cdot l$
$l = 250\,mm$	$M = 200\,N \cdot 250\,mm$
$M = ?$	$\underline{\underline{M = 50\,000\,Nmm = 50\,Nm}}$

Festigkeitslehre – Schraubenfestigkeit

Formelzeichen / Einheiten

R_e	Streckgrenze	$\frac{N}{mm^2}$
R_m	Zugfestigkeit	$\frac{N}{mm^2}$
F_e	elastische Zugkraft	N
F_m	maximale Zugkraft	N
A_s	Spannungsquerschnitt	mm^2
σ_{zul}	zulässige Zugspannung	$\frac{N}{mm^2}$
σ_{vorh}	vorhandene Zugspannung	$\frac{N}{mm^2}$
v	Sicherheitszahl	

Formel / Formelumstellung

$$R_e = \frac{F_e}{A_s} \qquad F_e = R_e \cdot A_s \qquad A_s = \frac{F_e}{R_e}$$

$$R_m = \frac{F_m}{A_s} \qquad F_m = R_m \cdot A_s \qquad A_s = \frac{F_m}{R_m}$$

$$v = \frac{\sigma_{zul}}{\sigma_{vorh}} \qquad \sigma_{zul} = \sigma_{vorh} \cdot v \qquad \sigma_{vorh} = \frac{\sigma_{zul}}{v}$$

Sicherheitszahlen:
- übliche Werte: 1,2 … 1,8
- bei Materialien mit großen Schwankungen ihrer Eigenschaften (z. B. Holz): 3

Abbildung

Zugbeanspruchung

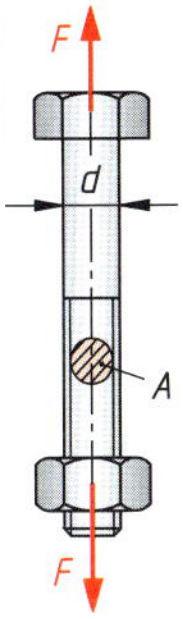

1

Beispiel

$\sigma_{vorh} = 17{,}5 \frac{N}{mm^2}$

$v = 1{,}3$

$\sigma_{zul} = ?$

$$\sigma_{zul} = \sigma_{vorh} \cdot v$$

$$\sigma_{zul} = 17{,}5 \frac{N}{mm^2} \cdot 1{,}3$$

$$\underline{\underline{\sigma_{zul} = 22{,}5 \frac{N}{mm^2}}}$$

Strömungslehre

Abbildung	Formel / Formelumstellung	Formelzeichen / Einheiten
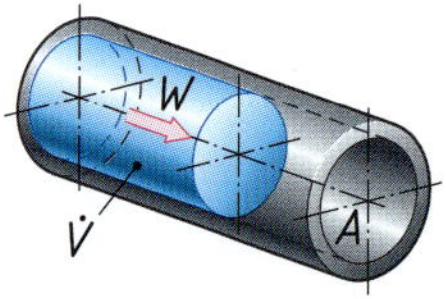	**Strömungsgeschwindigkeit** $w = \frac{s}{\tau}$ $\tau = \frac{s}{w}$ $s = w \cdot \tau$	w Geschwindigkeit $\frac{m}{s}$ s Weg m τ Zeit s
	Volumenstrom $\dot{V} = \frac{V}{\tau}$ $\tau = \frac{V}{\dot{V}}$ $V = \dot{V} \cdot \tau$ $\dot{V} = A \cdot w$ $A = \frac{\dot{V}}{w}$ $w = \frac{\dot{V}}{A}$	$\dot{V}$ Volumenstrom $\frac{m^3}{s}$ V Volumen m^3 A Fläche m^2
	Hinweis: Die Strömungsgeschwindigkeit wird in der Kältetechnik mit w und nicht mit v bezeichnet.	

Beispiel

$d = 40\,mm$

$w = 9\,\frac{m}{s}$

$\dot{V} = ?$

$\dot{V} = A \cdot w$

$\dot{V} = 0{,}0013\,m^2 \cdot 9\,\frac{m}{s}$

$\dot{V} = 0{,}012\,\frac{m^3}{s}$

NR:

$A = \frac{\pi \cdot d^2}{4}$

$A = \frac{\pi \cdot (0{,}04\,m)^2}{4}$

$A = 0{,}0013\,m^2$

2

Strömungslehre

Formelzeichen / Einheiten

$\dot{V}$	Volumenstrom	$\frac{m^3}{s}$
A	Strömungsquerschnitt	m^2
w	Strömungsgeschwindigkeit	$\frac{m}{s}$
$\dot{m}$	Massenstrom	$\frac{kg}{s}$
ϱ	Dichte	$\frac{kg}{m^3}$
d	Rohrdurchmesser	mm

Indizes:

1 = Zustand großer Durchmesser

2 = Zustand kleiner Durchmesser

Formel / Formelumstellung

Kontinuitätsgesetz

Flüssigkeiten (inkompressibel)

$$\dot{V}_1 = \dot{V}_2$$

$$A_1 \cdot w_1 = A_2 \cdot w_2$$

$$\frac{A_1}{A_2} = \frac{w_2}{w_1} \qquad w_2 = \frac{A_1}{A_2} \cdot w_1 \qquad w_1 = \frac{A_2}{A_1} \cdot w_2$$

Gase (kompressibel)

$$\dot{m}_1 = \dot{m}_2$$

$$A_1 \cdot w_1 \cdot \varrho_1 = A_2 \cdot w_2 \cdot \varrho_2$$

Bei runden Rohrleitungen

$$d_1^2 \cdot w_1 = d_2^2 \cdot w_2 \qquad \frac{d_1^{\,2}}{d_2^{\,2}} = \frac{w_2}{w_1}$$

$$w_1 = \frac{d_2^{\,2} \cdot w_2}{d_1^{\,2}} \qquad w_2 = \frac{d_1^{\,2} \cdot w_1}{d_2^{\,2}}$$

$$d_1 = \sqrt{\frac{w_2}{w_1} \cdot d_2^{\,2}} \qquad d_2 = \sqrt{\frac{w_1}{w_2} \cdot d_1^{\,2}}$$

Abbildung

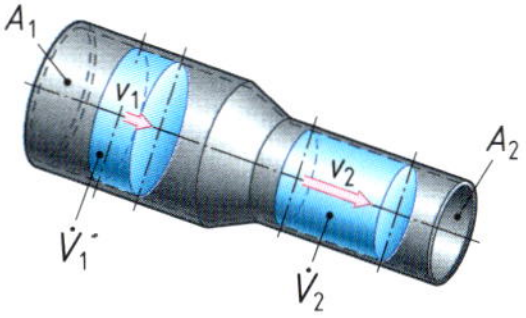

Beispiel

$w_1 = 3{,}19 \frac{m}{s}$

$w_2 = 4{,}17 \frac{m}{s}$

$d_2 = 14\,mm$

$d_1 = ?$

$$d_1 = \sqrt{\frac{w_2}{w_1} \cdot d_2^{\,2}}$$

$$d_1 = \sqrt{\frac{4{,}17 \frac{\cancel{m}}{\cancel{s}}}{3{,}19 \frac{\cancel{m}}{\cancel{s}}} \cdot (14\,mm)^2} = \underline{\underline{16\,mm}}$$

Strömungslehre

Abbildung	Formel / Formelumstellung	Formelzeichen / Einheiten
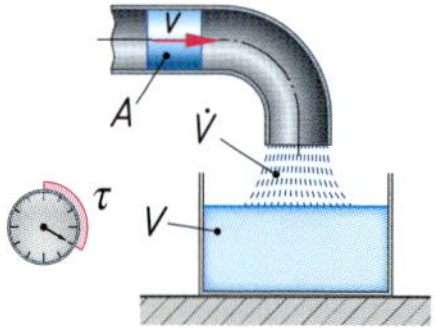		

Massenstrom

$\dot{m} = \frac{m}{\tau}$ $\quad \tau = \frac{m}{\dot{m}}$ $\quad m = \dot{m} \cdot \tau$

$\dot{m} = \varrho \cdot \dot{V}$ $\quad \dot{V} = \frac{\dot{m}}{\varrho}$ $\quad \varrho = \frac{\dot{m}}{\dot{V}}$

$\dot{m} = \frac{\dot{V}}{v}$

$\dot{m} = \varrho \cdot A \cdot w$ $\quad A = \frac{\dot{m}}{\varrho \cdot w}$ $\quad w = \frac{\dot{m}}{\varrho \cdot A}$

Hinweis:
Das spezifische Volumen (v) ist der Kehrwert der Dichte (ϱ).

Formelzeichen	Bedeutung	Einheit
$\dot{m}$	Massenstrom	$\frac{\text{kg}}{\text{s}}$
m	Masse	kg
τ	Zeit	s
ϱ	Dichte	$\frac{\text{kg}}{\text{m}^3}$
$\dot{V}$	Volumenstrom	$\frac{\text{m}^3}{\text{s}}$
v	spez. Volumen	$\frac{\text{m}^3}{\text{kg}}$
A	Fläche	m^2
w	Geschwindigkeit	$\frac{\text{m}}{\text{s}}$

Beispiel

$\varrho = 1{,}2 \frac{\text{kg}}{\text{dm}^3}$

$\dot{m} = 0{,}0545 \frac{\text{kg}}{\text{s}}$

$\dot{V} = ?$

$\dot{V} = \frac{\dot{m}}{\varrho}$

$\dot{V} = \frac{0{,}0545 \frac{\text{kg}}{\text{s}}}{1{,}2 \frac{\text{kg}}{\text{dm}^3}}$

$\underline{\underline{\dot{V} = 0{,}0454 \frac{\text{dm}^3}{\text{s}}}}$

Statischer – Dynamischer Druck

Formelzeichen / Einheiten	Formel / Formelumstellung	Abbildung
p_{ges} Gesamtdruck Pa p_{stat} statischer Druck Pa p_{dyn} Gesamtdruck Pa w Strömungsgeschwindigkeit $\frac{m}{s}$ ϱ Dichte $\frac{kg}{m^3}$ h Höhe m g Fallbeschleunigung $9{,}81\,\frac{m}{s^2}, \frac{N}{kg}$ $1\,\frac{kg \cdot m}{s^2} = 1\,N$	**Gesamtdruck** $p_{ges} = p_{stat} + p_{dyn}$ **Statischer Druck** $p_{stat} = \varrho \cdot g \cdot h$ **Dynamischer Druck** $p_{dyn} = \frac{(\varrho \cdot w^2)}{2}$	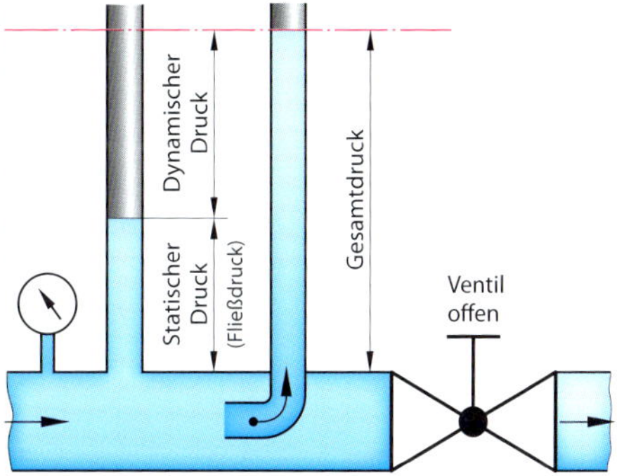 Fließzustand: Statischer und dynamischer Druck

2

Beispiel

$\varrho = 1{,}2\,\frac{kg}{m^3}$

$w = 4{,}17\,\frac{m}{s}$

$p_{dyn} = ?$

$$p_{dyn} = \frac{(\varrho \cdot w^2)}{2}$$

$$p_{dyn} = \frac{\left(1{,}2\,\frac{kg}{m^3} \cdot \left(4{,}17\,\frac{m}{s}\right)^2\right)}{2}$$

$$p_{dyn} = 10{,}43\,\frac{kg \cdot \cancel{m^2}}{m^{\cancel{3}} \cdot s^2} = 10{,}43\,\frac{kg}{m \cdot s^2}$$

$$p_{dyn} = 10{,}43\,\frac{N}{m^2} = 10{,}43\,Pa$$

Wärmelehre

Abbildung	Formel / Formelumstellung	Formelzeichen / Einheiten
Wärmestrom / Wärmestromdichte 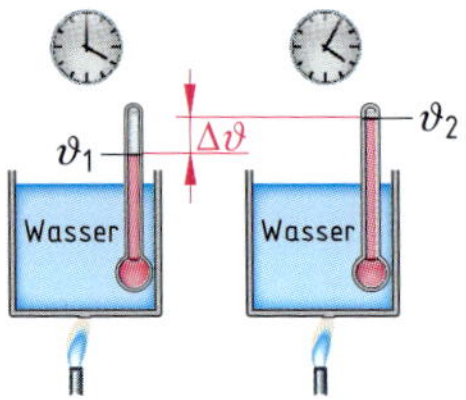	$\dot{Q} = \frac{Q}{\tau}$ $\quad Q = \dot{Q} \cdot \tau \quad \tau = \frac{Q}{\dot{Q}}$ $\dot{q} = \frac{\dot{Q}}{A}$ $\quad \dot{Q} = \dot{q} \cdot A \quad A = \frac{\dot{Q}}{\dot{q}}$	$\dot{Q}$ Wärmestrom W, $\frac{J}{s}$ Q Wärmeenergie Ws, J τ Zeit s $\dot{q}$ Wärmestromdichte $\frac{W}{m^2}$ A Fläche m^2

Beispiel

$Q = 1300\,Ws$

$\tau = 120\,s$

$\dot{Q} = ?$

$$\dot{Q} = \frac{Q}{\tau}$$

$$\dot{Q} = \frac{1300\,W\cancel{s}}{120\,\cancel{s}}$$

$$\underline{\underline{\dot{Q} = 10{,}83\,W}}$$

Wärmelehre

Formelzeichen / Einheiten			Formel / Formelumstellung	Abbildung
Q	Energie / Wärme	kJ	$Q = m \cdot c \cdot \Delta\vartheta$ $\quad m = \frac{Q}{c \cdot \Delta\vartheta}$ $\quad \Delta\vartheta = \frac{Q}{c \cdot m}$	**Erwärmen / Abkühlen** 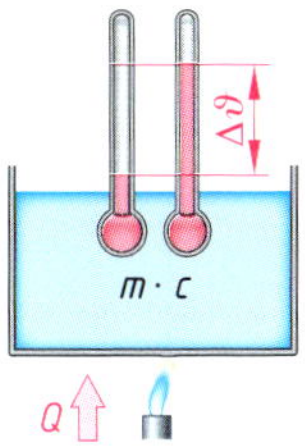
m	Masse	kg		
c	spez. Wärmekapazität	$\frac{\text{kJ}}{\text{kg} \cdot \text{K}}$		
$\Delta\vartheta$	Temperaturdifferenz	K		
			Hinweis: Spezifische Wärmekapazitäten siehe Tabelle S. 173	

Beispiel

$Q = 196\,\text{kJ}$

$c = 0{,}13\,\frac{\text{kJ}}{\text{kg} \cdot \text{K}}$

$\Delta\vartheta = 15\,\text{K}$

$m = ?$

$$m = \frac{Q}{c \cdot \Delta\vartheta}$$

$$m = \frac{196\,\text{kJ} \cdot \text{kg} \cdot \text{K}}{0{,}13\,\text{kJ} \cdot 15\,\text{K}}$$

$$\underline{\underline{m = 100{,}51\,\text{kg}}}$$

2

Wärmelehre

Erwärmungsdiagramm vom Wasser

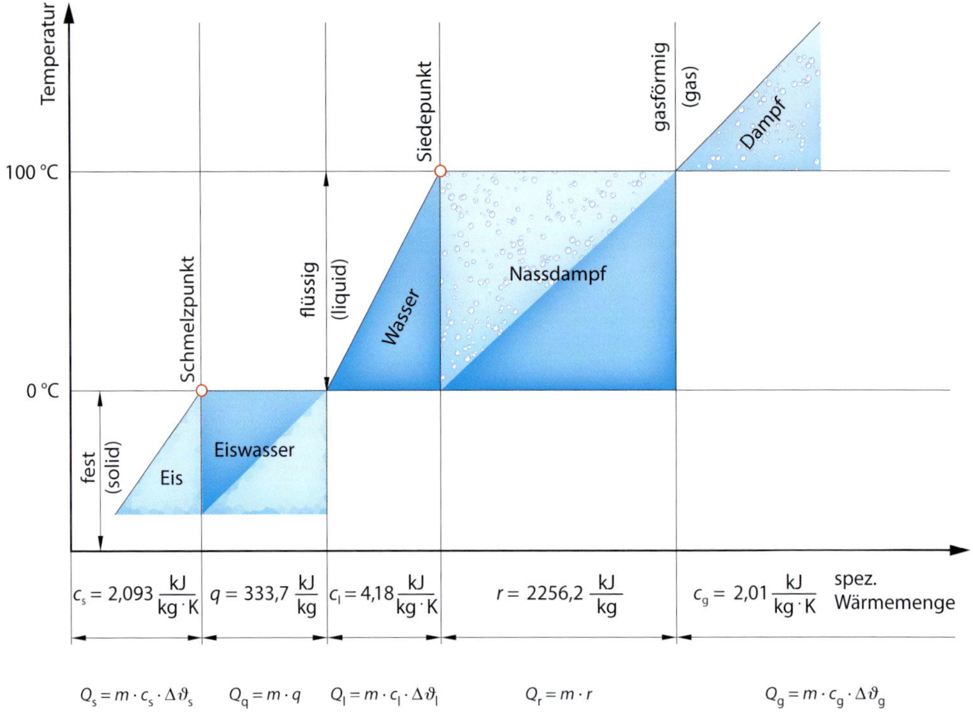

bei Atmosphärendruck 1013 mbar

Wärmelehre

Formelzeichen / Einheiten

Q	Energie/Wärme	kJ
m	Masse	kg
q	Schmelzenthalpie	$\frac{\text{kJ}}{\text{kg}}$
r	Verdampfungsenthalpie	$\frac{\text{kJ}}{\text{kg}}$
c	spez. Wärmekapazität	$\frac{\text{kJ}}{\text{kg} \cdot \text{K}}$
$\Delta\vartheta$	Temperaturdifferenz	K

Indizes:

fest:	s = solid
flüssig:	l = liquid
gasförmig:	g = gas

Formel / Formelumstellung

Schmelzen

$$Q = m \cdot q \qquad m = \frac{Q}{q} \qquad q = \frac{Q}{m}$$

Verdampfen

$$Q = m \cdot r \qquad m = \frac{Q}{r} \qquad r = \frac{Q}{m}$$

Übergang von gefroren (unterkühlt) nach Dampf (überhitzt)

$$Q_{ges} = Q_s + Q_q + Q_l + Q_r + Q_g$$

$$Q_{ges} = m \cdot (c_s \cdot \Delta\vartheta_s + q + c_l \cdot \Delta\vartheta_l + r + c_g \cdot \Delta\vartheta_g)$$

Abbildung

Schmelzen / Verdampfen

Abbildung siehe S. 32

Beispiel

Eis $\vartheta_s = -5\,°\text{C}$

zu Wasser $\vartheta_l = 80\,°\text{C}$

$m = 1{,}5\,\text{kg}$

$c_s = 2{,}093\ (\text{kJ/kg} \cdot \text{K})$

$c_l = 4{,}18\ (\text{kJ/kg} \cdot \text{K})$

$q = 333{,}7\ (\text{kJ/kg} \cdot \text{K})$

$Q_{ges} = ?$

$$Q_{ges} = m \cdot (c_s \cdot \Delta\vartheta_s + q + c_l \cdot \Delta\vartheta_l)$$

$$Q_{ges} = 1{,}5\,\text{kg} \cdot \left(2{,}093\,\frac{\text{kJ}}{\text{kg} \cdot \cancel{\text{K}}} \cdot 5\,\cancel{\text{K}} + 333{,}7\,\frac{\text{kJ}}{\text{kg}} + 4{,}18\,\frac{\text{kJ}}{\text{kg} \cdot \cancel{\text{K}}} \cdot 80\,\cancel{\text{K}}\right)$$

$$= 1{,}5\,\cancel{\text{kg}} \cdot 678{,}565\,\frac{\text{kJ}}{\cancel{\text{kg}}}$$

$$\underline{\underline{Q_{ges} = 1017{,}85\,\text{kJ}}}$$

Wärmelehre

Abbildung	Formel / Formelumstellung	Formelzeichen / Einheiten

Abbildung

Mischen von Stoffen

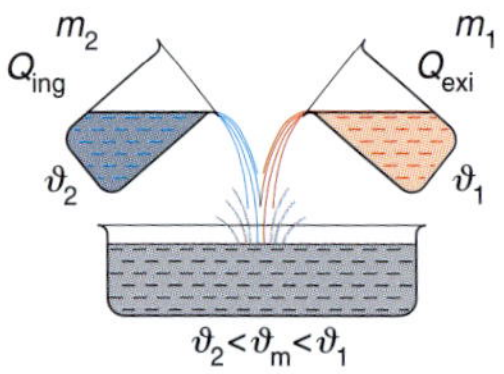

Formel / Formelumstellung

$$Q_{ing} = Q_{exi}$$

$$\vartheta_M = \frac{c_1 \cdot m_1 \cdot \vartheta_1 + c_2 \cdot m_2 \cdot \vartheta_2}{c_1 \cdot m_1 + c_2 \cdot m_2}$$

$$m_1 = \frac{c_2 \cdot m_2 \cdot (\vartheta_M - \vartheta_2)}{c_1 \cdot (\vartheta_1 - \vartheta_M)}$$

$$m_2 = \frac{c_1 \cdot m_1 \cdot (\vartheta_1 - \vartheta_M)}{c_2 \cdot (\vartheta_M - \vartheta_2)}$$

$$\vartheta_1 = \vartheta_M + \frac{c_2 \cdot m_2 \cdot (\vartheta_M - \vartheta_2)}{c_1 \cdot m_1}$$

$$\vartheta_2 = \vartheta_M + \frac{c_1 \cdot m_1 \cdot (\vartheta_M - \vartheta_1)}{c_2 \cdot m_2}$$

Formelzeichen / Einheiten

Q_{ing}	aufgenommene Energie	kJ
Q_{exi}	abgegebene Energie	kJ
ϑ_M	Mischtemperatur	°C
c	spezifische Wärmekapazität	$\frac{\text{kJ}}{\text{kg} \cdot \text{K}}$
m	Masse	kg
ϑ_1	Temperatur Stoff 1 höhere Temperatur	°C
ϑ_2	Temperatur Stoff 2 niedrige Temperatur	°C

Indizes:

exi → exit

ing → in going

Beispiel

Wasser: $c_1 = c_2 = 4{,}18\,\frac{\text{kJ}}{\text{kg} \cdot \text{K}}$

$m_1 = 11\,\text{kg}$

$m_2 = 23\,\text{kg}$

$\vartheta_1 = 68\,°\text{C}$

$\vartheta_2 = 3\,°\text{C}$

$\vartheta_M = ?$

$$\vartheta_M = \frac{c_1 \cdot m_1 \cdot \vartheta_1 + c_2 \cdot m_2 \cdot \vartheta_2}{c_1 \cdot m_1 + c_2 \cdot m_2}$$

$$\vartheta_M = \frac{4{,}18\,\frac{\text{kJ}}{\cancel{\text{kg}} \cdot \text{K}} \cdot 11\,\cancel{\text{kg}} \cdot 68\,°\text{C} + 4{,}18\,\frac{\text{kJ}}{\cancel{\text{kg}} \cdot \text{K}} \cdot 23\,\cancel{\text{kg}} \cdot 3\,°\text{C}}{4{,}18\,\frac{\text{kJ}}{\cancel{\text{kg}} \cdot \text{K}} \cdot 11\,\cancel{\text{kg}} + 4{,}18\,\frac{\text{kJ}}{\cancel{\text{kg}} \cdot \text{K}} \cdot 23\,\cancel{\text{kg}}}$$

$$\vartheta_M = \frac{3415{,}06\,\frac{\cancel{\text{kJ}}\,°\text{C}}{\cancel{\text{K}}}}{142{,}12\,\frac{\cancel{\text{kJ}}}{\cancel{\text{K}}}}$$

$$\vartheta_M = \underline{\underline{24{,}03\,°\text{C}}}$$

Wärmelehre

Formelzeichen / Einheiten			Formel / Formelumstellung	Abbildung
$\dot{Q}$	Wärmestrom	W, $\frac{J}{s}$	$\dot{Q} = \alpha \cdot A \cdot \Delta\vartheta$	**Wärmeübergang**
$\Delta\vartheta$	Temperaturdifferenz	K	$A = \frac{\dot{Q}}{\alpha \cdot \Delta\vartheta}$	
A	Oberfläche der Wand	m^2	$\Delta\vartheta = \frac{\dot{Q}}{\alpha \cdot A}$	
α	Wärmeübergangskoeffizient	$\frac{W}{m^2 \cdot K}$		

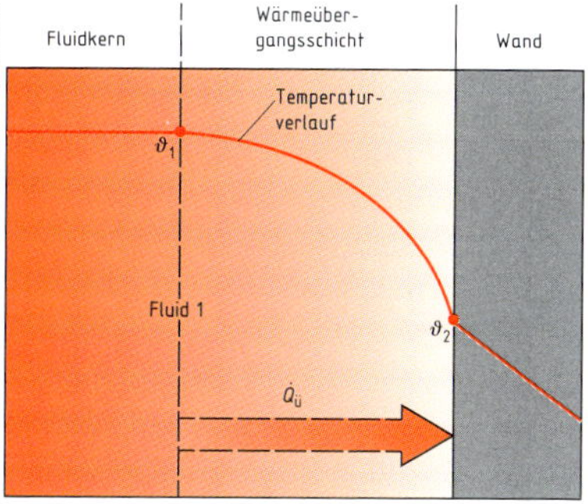

Beispiel

$A = 55\,m^2$

$\Delta\vartheta = 35\,K$

$\alpha = 1500\,\frac{W}{m^2 \cdot K}$

$\dot{Q} = ?$

$$\dot{Q} = \alpha \cdot A \cdot \Delta\vartheta$$

$$\dot{Q} = 1500\,\frac{W}{\cancel{m^2} \cdot \cancel{K}} \cdot 55\,\cancel{m^2} \cdot 35\,\cancel{K} = 2\,887\,500\,W = \underline{\underline{2887{,}5\,kW}}$$

Wärmelehre

Abbildung	Formel / Formelumstellung	Formelzeichen / Einheiten
Wärmeleitung durch ebene Wand	**Einschichtige Wand**	
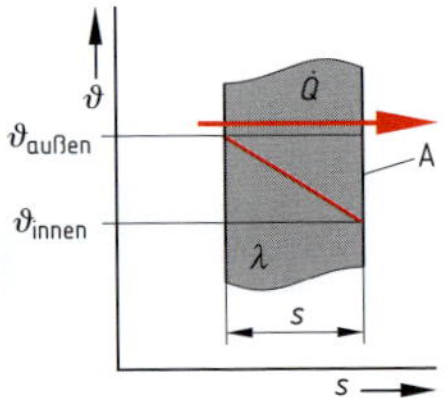	$\dot{Q} = \frac{\lambda}{s} \cdot A \cdot \Delta\vartheta$ $\Delta\vartheta = \vartheta_i - \vartheta_a$	$\dot{Q}$ Wärmestrom W, $\frac{J}{s}$ $\Delta\vartheta$ Temperaturdifferenz K A Oberfläche der Wand m^2 s Wanddicke der jew. Wand m λ Wärmeleitfähigkeit der jew. Wand $\frac{W}{m \cdot K}$
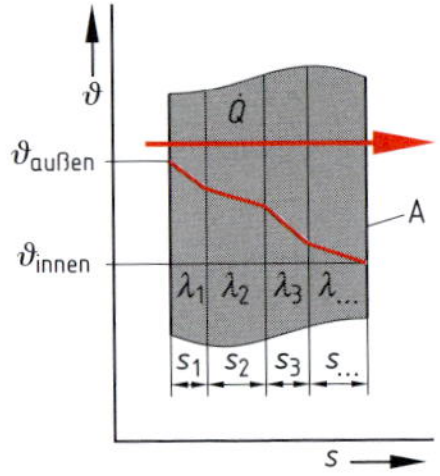	**Mehrschichtige Wand** $\dot{Q} = \frac{\Delta\vartheta \cdot A}{\frac{s_1}{\lambda_1} + \frac{s_2}{\lambda_2} + \frac{s_3}{\lambda_3} + \ldots}$ $\Delta\vartheta = \vartheta_i - \vartheta_a$ $A = \frac{\dot{Q}}{\Delta\vartheta} \cdot \left(\frac{s_1}{\lambda_1} + \frac{s_2}{\lambda_2} + \frac{s_3}{\lambda_3} + \ldots\right)$ $\Delta\vartheta = \frac{\dot{Q}}{A} \cdot \left(\frac{s_1}{\lambda_1} + \frac{s_2}{\lambda_2} + \frac{s_3}{\lambda_3} + \ldots\right)$ Hinweis: Wärmeleitfähigkeiten wichtiger Stoffe siehe Tabelle S. 173	Indizes: i: innen a: außen

Beispiel

$A = 55\,m^2$

$\Delta\vartheta = 35\,K$

$s = 15\,mm = 0{,}015\,m$

$\lambda = 0{,}035\,\frac{W}{m \cdot K}$

$\dot{Q} = ?$

$$\dot{Q} = \frac{\lambda}{s} \cdot A \cdot \Delta\vartheta$$

$$\dot{Q} = \frac{0{,}035\,W}{\cancel{m} \cdot \cancel{K} \cdot 0{,}015\,\cancel{m}} \cdot 55\,\cancel{m^2} \cdot 35\,\cancel{K}$$

$$\underline{\underline{\dot{Q} = 4491{,}67\,W = 4{,}5\,kW}}$$

Wärmelehre

Formelzeichen / Einheiten

$\dot{Q}$	Wärmestrom	W, $\frac{J}{s}$
$\Delta\vartheta$	Temperaturdifferenz	K
l	Länge der Rohrleitung	m
d	jew. Rohrdurchmesser	m
λ	Wärmeleitfähigkeit	$\frac{W}{m \cdot K}$

Indizes:
i: innen
a: außen

Formel / Formelumstellung

Einschichtig

$$\dot{Q} = \frac{2 \cdot \pi \cdot l \cdot \lambda \cdot \Delta\vartheta}{\ln\left(\frac{d_a}{d_i}\right)}$$

$$\Delta\vartheta = \vartheta_i - \vartheta_a$$

$$\Delta\vartheta = \frac{\dot{Q}}{2 \cdot \pi \cdot l \cdot \lambda} \cdot \ln\left(\frac{d_a}{d_i}\right) \qquad l = \frac{\dot{Q}}{2 \cdot \pi \cdot \Delta\vartheta \cdot \lambda} \cdot \ln\left(\frac{d_a}{d_i}\right)$$

Mehrschichtig

$$\dot{Q} = \frac{2 \cdot \pi \cdot l \cdot \Delta\vartheta}{\frac{1}{\lambda_1} \cdot \ln\left(\frac{d_2}{d_1}\right) + \frac{1}{\lambda_2} \cdot \ln\left(\frac{d_3}{d_2}\right) + \ldots}$$

$$\Delta\vartheta = \vartheta_i - \vartheta_a$$

$$\Delta\vartheta = \frac{\dot{Q}}{2 \cdot \pi \cdot l} \cdot \left(\frac{1}{\lambda_1} \cdot \ln\left(\frac{d_2}{d_1}\right) + \frac{1}{\lambda_2} \cdot \ln\left(\frac{d_3}{d_2}\right) + \ldots\right)$$

$$l = \frac{\dot{Q}}{2 \cdot \pi \cdot \Delta\vartheta} \cdot \left(\frac{1}{\lambda_1} \cdot \ln\left(\frac{d_2}{d_1}\right) + \frac{1}{\lambda_2} \cdot \ln\left(\frac{d_3}{d_2}\right) + \ldots\right)$$

Abbildung

Wärmeleitung durch gekrümmte Wand (Rohrleitung)

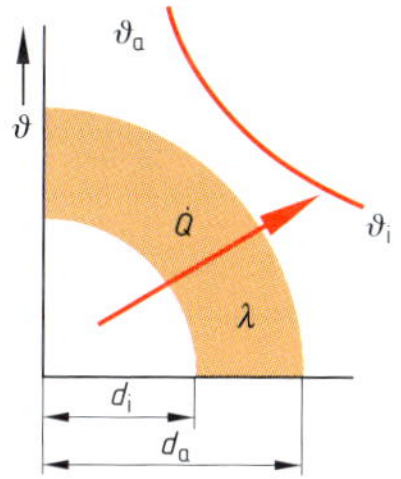

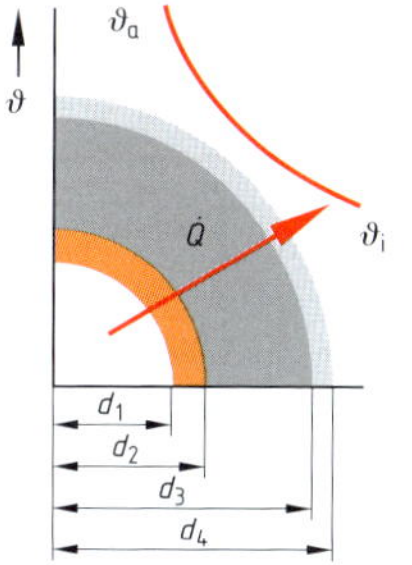

Beispiel

$\dot{Q} = 116\,\text{W}$; $l = 1{,}5\,\text{m}$

$d_a = 12\,\text{mm}$; $d_i = 10\,\text{mm}$

$\lambda = 0{,}15\,\frac{W}{m \cdot K}$ $\Delta\vartheta = ?$

$$\Delta\vartheta = \frac{\dot{Q}}{2 \cdot \pi \cdot l \cdot \lambda} \cdot \ln\left(\frac{d_a}{d_i}\right)$$

$$\Delta\vartheta = \frac{116\,\cancel{W} \cdot \cancel{m} \cdot K}{2 \cdot \pi \cdot 1{,}5\,\cancel{m} \cdot 0{,}15\,\cancel{W}} \cdot \ln\left(\frac{12\,\cancel{mm}}{10\,\cancel{mm}}\right)$$

$$\underline{\underline{\Delta\vartheta = 14{,}96\,\text{K}}}$$

Wärmelehre

Abbildung	Formel / Formelumstellung	Formelzeichen / Einheiten
Wärmedurchgang durch ebene Wand 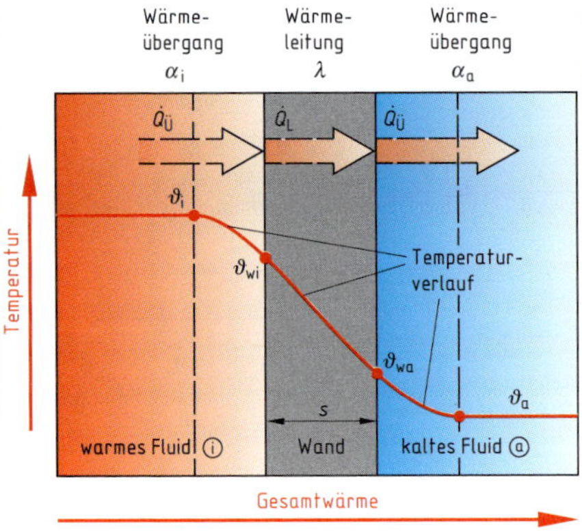	$\dot{Q} = U \cdot A \cdot \Delta\vartheta$ $\quad \Delta\vartheta = \vartheta_i - \vartheta_a$ $A = \frac{\dot{Q}}{U \cdot \Delta\vartheta}$ $U = \frac{\dot{Q}}{A \cdot \Delta\vartheta}$ $\Delta\vartheta = \frac{\dot{Q}}{A \cdot U}$ **Einschichtige Wand** $U = \frac{1}{\frac{1}{\alpha_i} + \frac{s}{\lambda} + \frac{1}{\alpha_a}}$ **Mehrschichtige Wand** $U = \frac{1}{\frac{1}{\alpha_i} + \frac{s_1}{\lambda_1} + \frac{s_2}{\lambda_2} + \frac{s_3}{\lambda_3} + \ldots + \frac{1}{\alpha_a}}$	$\dot{Q}$ Wärmestrom W, $\frac{J}{s}$ A Wandfläche m^2 U Wärmedurchgangszahl (k-Wert) $\frac{W}{m^2 \cdot K}$ $\Delta\vartheta$ Temperaturdifferenz K α Wärmeübergangskoeffizient $\frac{W}{m^2 \cdot K}$ s Dicke der jew. Wand m λ Wärmeleitfähigkeit der jew. Wand $\frac{W}{m \cdot K}$ Indizes: i: innen a: außen

Beispiel

$U = 1{,}2\,\frac{W}{m^2 \cdot K}$

$A = 12\,m^2$

$\Delta\vartheta = 25\,K$

$\dot{Q} = ?$

$\dot{Q} = U \cdot A \cdot \Delta\vartheta$

$\dot{Q} = 1{,}2\,\frac{W}{\cancel{m^2} \cdot \cancel{K}} \cdot 12\,\cancel{m^2} \cdot 25\,\cancel{K}$

$\underline{\underline{\dot{Q} = 360\,W}}$

Wärmelehre

Formelzeichen / Einheiten			Formel / Formelumstellung	Abbildung
$\dot{Q}$	Wärmestrom	$\mathrm{W}, \frac{\mathrm{J}}{\mathrm{s}}$	$\dot{Q} = \dfrac{2 \cdot \pi \cdot l \cdot \Delta\vartheta}{\dfrac{2}{\alpha_i \cdot d_i} + \dfrac{1}{\lambda} \cdot \ln\left(\dfrac{d_a}{d_i}\right) + \dfrac{2}{\alpha_a \cdot d_a}}$	**Wärmedurchgang durch einschichtige gekrümmte Wand (Rohrleitung)**
l	Länge der Rohrleitung	m	$\Delta\vartheta = \dfrac{\dot{Q} \cdot \dfrac{2}{\alpha_i \cdot d_i} + \dfrac{1}{\lambda} \cdot \ln\left(\dfrac{d_a}{d_i}\right) + \dfrac{2}{\alpha_a \cdot d_a}}{2 \cdot \pi \cdot l}$	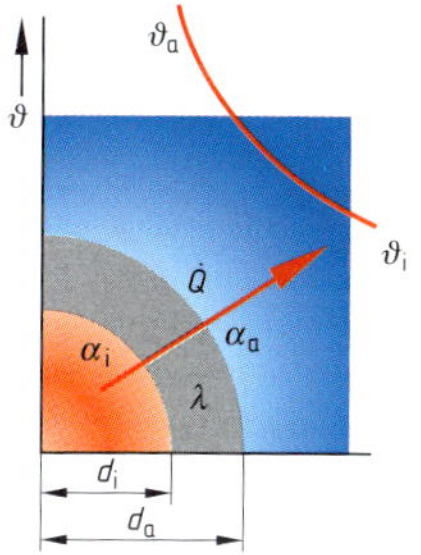
d	Durchmesser der Rohrleitung	m, mm	$l = \dfrac{\dot{Q} \cdot \dfrac{2}{\alpha_i \cdot d_i} + \dfrac{1}{\lambda} \cdot \ln\left(\dfrac{d_a}{d_i}\right) + \dfrac{2}{\alpha_a \cdot d_a}}{2 \cdot \pi \cdot \Delta\vartheta}$	
$\Delta\vartheta$	Temperaturdifferenz	K		
α	Wärmeübergangskoeffizient	$\frac{\mathrm{W}}{\mathrm{m}^2 \cdot \mathrm{K}}$		
λ	Wärmeleitfähigkeit	$\frac{\mathrm{W}}{\mathrm{m} \cdot \mathrm{K}}$		
Indizes: i: innen a: außen				

Wärmelehre

Abbildung	Formel / Formelumstellung	Formelzeichen / Einheiten
Wärmestrahlung 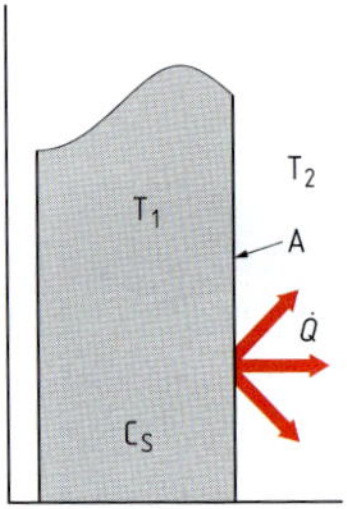	$\dot{Q} = C_S \cdot A \cdot \left(T_1^4 - T_2^4\right)$ $A = \frac{\dot{Q}}{C_S \cdot \left(T_1^4 - T_2^4\right)}$ $T_1 = \sqrt[4]{\frac{\dot{Q}}{C_S \cdot A} + T_2^4}$ $T_2 = \sqrt[4]{T^4 - \frac{\dot{Q}}{C_S \cdot A}}$ Hinweis: Strahlungskonstanten siehe Tabelle S. 174	$\dot{Q}$ Wärmestrom $\mathrm{W}, \frac{\mathrm{J}}{\mathrm{s}}$ C_S Strahlungskonstante $\frac{\mathrm{W}}{\mathrm{m}^2 \cdot \mathrm{K}^4}$ A Fläche m^2 T_1 absolute Temperatur Körper K T_2 absolute Temperatur Umgebungstemperatur K

Beispiel

$C_S = 0{,}23 \cdot 10^{-8}\,\frac{\mathrm{W}}{\mathrm{m}^2 \cdot \mathrm{K}^4}$

$A = 2\,\mathrm{m}^2$

$T_1 = 315{,}15\,\mathrm{K}$

$T_2 = 283{,}15\,\mathrm{K}$

$\dot{Q} = ?$

$$\dot{Q} = C_S \cdot A \cdot \left(T_1^4 - T_2^4\right)$$

$$\dot{Q} = 0{,}23 \cdot 10^{-8}\,\frac{\mathrm{W}}{\cancel{\mathrm{m}^2} \cdot \cancel{\mathrm{K}^4}} \cdot 2\,\cancel{\mathrm{m}^2} \cdot \left((315{,}15\,\cancel{\mathrm{K})^4} - (283{,}15\,\cancel{\mathrm{K})^4}\right)$$

$$\underline{\underline{\dot{Q} = 14{,}72\ \mathrm{W}}}$$

Wärmelehre

Formelzeichen / Einheiten

α_{Str}	Wärmeübergangs-koeffizient bei Strahlung	$\frac{W}{m^2 \cdot K}$
C_1	Strahlungskonstante der jew. Fläche	$\frac{W}{m^2 \cdot K^4}$
$C_{1,2}$	Strahlungskonstanten der im Austausch stehenden Flächen	$\frac{W}{m^2 \cdot K^4}$
C_S	Strahlungskonstante der absolut schwarzen Fläche	$\frac{W}{m^2 \cdot K^4}$
A	Fläche	m^2
T	absolute Temperatur	K

Formel / Formelumstellung

$$\alpha_{Str} = \frac{T_1^4 - T_2^4}{T_1 - T_2} \cdot C_{1,2}$$

zwischen parallelen Flächen:

$$C_{1,2} = \frac{1}{\frac{1}{C_1} + \frac{1}{C_2} - \frac{1}{C_S}}$$

zwischen umhüllenden Flächen:

$$C_{1,2} = \frac{1}{\frac{1}{C_1} + \frac{A_1}{A_2} \cdot \left(\frac{1}{C_2} - \frac{1}{C_S}\right)}$$

Hinweis:
Strahlungskonstanten siehe Tabelle S. 174

Abbildung

Wärmeübergangskoeffizient bei Strahlung

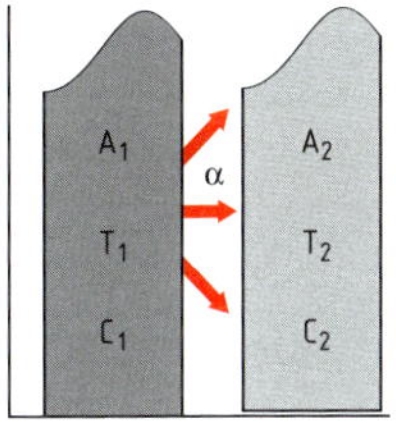

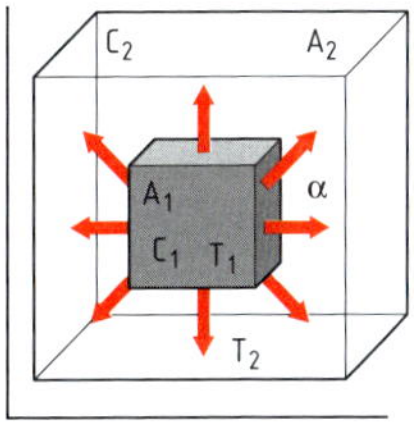

Beispiel

$C_1 = 0{,}23 \cdot 10^{-8}\ \frac{W}{m^2 \cdot K^4}$

$C_2 = 1{,}31 \cdot 10^{-8}\ \frac{W}{m^2 \cdot K^4}$

$C_S = 5{,}77 \cdot 10^{-8}\ \frac{W}{m^2 \cdot K^4}$

$C_{1,2} = ?$

$$C_{1,2} = \frac{1}{\frac{1}{C_1} + \frac{1}{C_2} - \frac{1}{C_S}}$$

$$C_{1,2} = \frac{1}{\frac{m^2 \cdot K^4}{0{,}23 \cdot 10^{-8}\ W} + \frac{m^2 \cdot K^4}{1{,}31 \cdot 10^{-8}\ W} - \frac{m^2 \cdot K^4}{5{,}77 \cdot 10^{-8}\ W}}$$

$$\underline{\underline{C_{1,2} = 0{,}203 \cdot 10^{-8}\ \frac{W}{m^2 \cdot K^4}}}$$

2

Thermodynamik

Abbildung	Formel / Formelumstellung	Formelzeichen / Einheiten
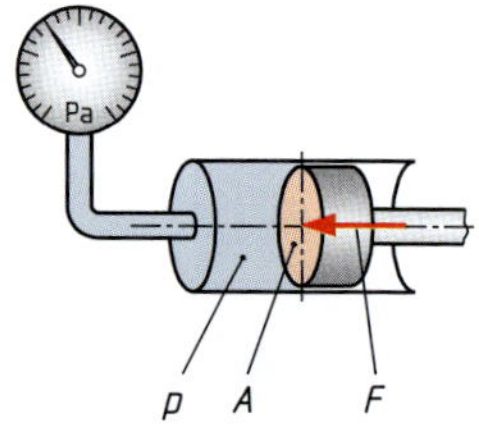	**Druck** $p = \frac{F}{A}$ $A = \frac{F}{p}$ $F = p \cdot A$	p Druck $\frac{N}{m^2}$, bar, Pa F Kraft N A Fläche m^2
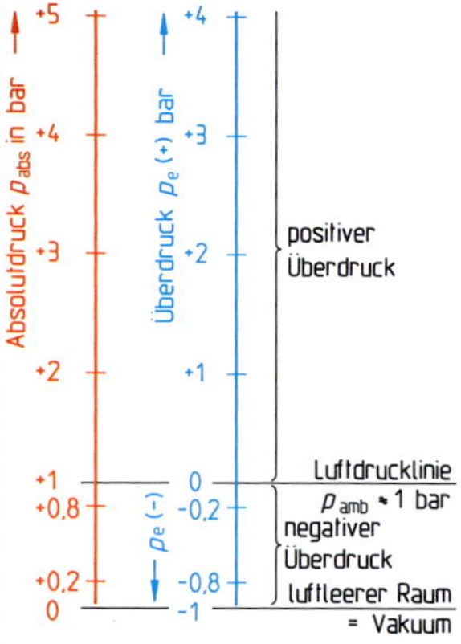	$p_{abs} = p_{amb} + p_e$ $p_{amb} = p_{abs} - p_e$ $p_e = p_{abs} - p_{amb}$ Hinweis: $p_{amb} = 1{,}01325\,\text{bar}$	p_{abs} absoluter Druck bar p_{amb} Umgebungsdruck bar p_e Überdruck bar $N = \frac{kg \cdot m}{s^2}$

Beispiel

$m = 15\,\text{kg}$

$A = 25\,\text{cm}^2$

$p = ?$

$$p = \frac{F}{A}$$

$$p = \frac{147{,}15\,\text{N}}{25\,\text{cm}^2}$$

$$p = 5{,}886\,\frac{\text{N}}{\text{cm}^2}$$

$$\underline{\underline{p = 0{,}589\,\text{bar}}}$$

NR:

$$F_G = m \cdot g$$

$$F_G = 15\,\text{kg} \cdot 9{,}81\,\frac{\text{m}}{\text{s}^2}$$

$$F_G = 147{,}15\,\text{N}$$

Thermodynamik

Formelzeichen / Einheiten			Formel / Formelumstellung	Abbildung
p	Druck	$\frac{N}{m^2}$	**Hydrostatischer Druck** Druck in einem Fluid $p = \varrho \cdot g \cdot h$	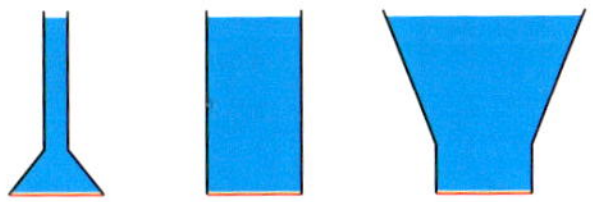
h	Höhe	m		
ϱ	Dichte	$\frac{kg}{m^3}$	$h = \frac{p}{\varrho \cdot g}$	**Hydrostatisches Paradoxon** Der Bodendruck ist jeweils *gleich*, er wird durch die Höhe und die Dichte der Flüssigkeit bestimmt.
p_0	Luftdruck	$\frac{N}{m^2}$, Pa	$\varrho = \frac{p}{h \cdot g}$	
ϱ_0	Dichte in Meeresnähe	$\frac{kg}{m^3}$		
g	Fallbeschleunigung	$9{,}81 \frac{m}{s^2}$	Barometrische Höhenformel $p = p_0 \cdot e^{\frac{\varrho_0 \cdot g}{p_0}} \cdot h$	
h	Höhe über dem Meeresspiegel	m		

$1 \frac{kg \cdot m}{s^2} = 1\,N$

Beispiel

$KM = R134a$

$\vartheta = 20\,°C$

$h = 5\,m$

(Höhenunterschied zwischen Sammler und E-Ventil)

$\Delta p = ?$

$\Delta p = \varrho \cdot g \cdot h$

$\Delta p = 1225 \frac{kg}{m^{3}} \cdot 9{,}81 \frac{m}{s^2} \cdot 5\,m$

$\Delta p = 60086{,}25 \frac{N}{m^2}$

$\underline{\underline{\Delta p = 0{,}6\,bar}}$

NR:
nach der Dampfdrucktabelle für R134a bei 20 °C beträgt

$v' = 0{,}816 \frac{dm^3}{kg} \rightarrow \varrho = \frac{1}{v'}$

$\varrho = \frac{1}{0{,}816 \frac{dm^3}{kg}} = 1{,}225 \frac{kg}{dm^3}$

2

2

Thermodynamik

Abbildung	Formel / Formelumstellung	Formelzeichen / Einheiten

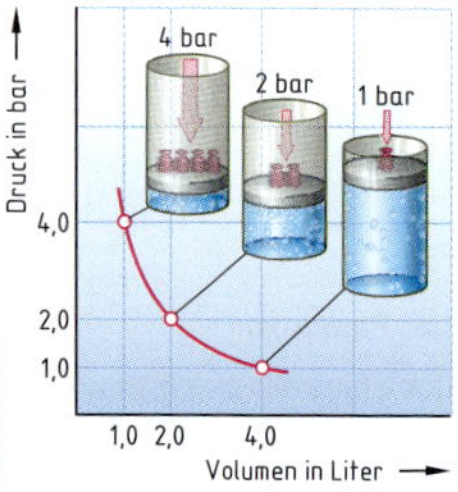

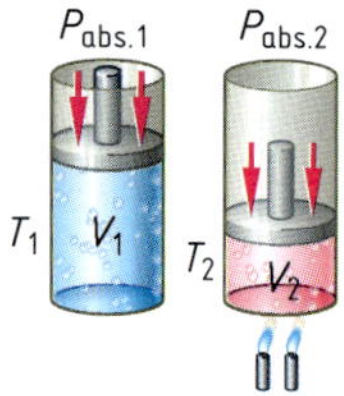

Allgemeines Gasgesetz

$$\frac{p_1 \cdot V_1}{T_1} = \frac{p_2 \cdot V_2}{T_2}$$

Zustand 1:	*Zustand 2:*
$p_1 = \frac{p_2 \cdot V_2 \cdot T_1}{V_1 \cdot T_2}$	$p_2 = \frac{p_1 \cdot V_1 \cdot T_2}{V_2 \cdot T_1}$
$V_1 = \frac{p_2 \cdot V_2 \cdot T_1}{p_1 \cdot T_2}$	$V_2 = \frac{p_1 \cdot V_1 \cdot T_2}{p_2 \cdot T_1}$
$T_1 = \frac{p_1 \cdot V_1 \cdot T_2}{p_2 \cdot V_2}$	$T_2 = \frac{p_2 \cdot V_2 \cdot T_1}{p_1 \cdot V_1}$

Hinweis:
In der Praxis werden die Drücke i. d. R. als Überdruck (p_e) aufgenommen. Daher muss dieser Wert auf Absolutdruck umgerechnet werden (s. S. 42).

Zustand 1: Vor der Veränderung

p_1	*absoluter* Druck	bar
V_1	Volumen	m^3, l, dm^3
T_1	Temperatur (absolut)	K

Zustand 2: Nach der Veränderung

p_2	*absoluter* Druck	bar
V_2	Volumen	m^3, l, dm^3
T_2	Temperatur (absolut)	K

$p_{amb} = 1{,}01325\,\text{bar}$

$0\,°C = 273{,}15\,K$

$1\,\text{bar} = 10\,N/cm^2 = 100\,000\,Pa$

Beispiel

$p_{e1} = 14\,\text{bar}$
$V_1 = 10\,dm^3$
$V_2 = 13\,dm^3$
$\vartheta_1 = 20\,°C$
$\vartheta_2 = 40\,°C$
$p_{e2} = ?$

$$p_2 = \frac{p_1 \cdot V_1 \cdot T_2}{V_2 \cdot T_1}$$

$$p_2 = \frac{15{,}013\,\text{bar} \cdot 10\,\cancel{dm^3} \cdot 313{,}15\,\cancel{K}}{13\,\cancel{dm^3} \cdot 293{,}15\,\cancel{K}}$$

$$\underline{\underline{p_2 = 12{,}336\,\text{bar}}}$$

$$\underline{\underline{p_{e2} = 11{,}323\,\text{bar}}}$$

NR:

$p_1 = p_{e1} + p_{amb}$
$p_1 = 14\,\text{bar} + 1{,}013\,\text{bar}$
$p_1 = 15{,}013\,\text{bar}$

$T = \vartheta \cdot \frac{K}{°C} + 273{,}15\,K$
$T_1 = 20\,\cancel{°C} \cdot \frac{K}{\cancel{°C}} + 273{,}15\,K$
$T_1 = 293{,}15\,K$

$T_2 = 40\,\cancel{°C} \cdot \frac{K}{\cancel{°C}} + 273{,}15\,K$
$T_2 = 313{,}15\,K$

Thermodynamik

Formelzeichen / Einheiten	Formel / Formelumstellung	Abbildung
Zustand 1: Vor der Veränderung p_1 *absoluter* Druck bar V_1 Volumen m^3, l, dm^3 T_1 Temperatur (absolut) K	**Gesetz von Boyle Mariotte** – Isotherme Zustandsänderung Für T = konstant gilt: $p_1 \cdot V_1 = p_2 \cdot V_2$	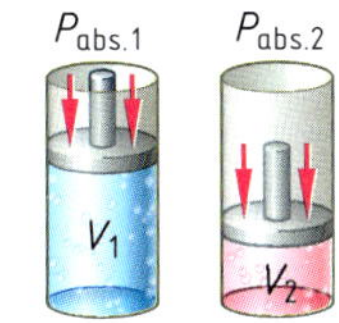
Zustand 2: Nach der Veränderung p_2 *absoluter* Druck bar V_2 Volumen m^3, l, dm^3 T_2 Temperatur (absolut) K	**Gesetz von Gay-Lussac** – Isobare Zustandsänderung Für p = konstant $\frac{V_1}{T_1} = \frac{V_2}{T_2}$	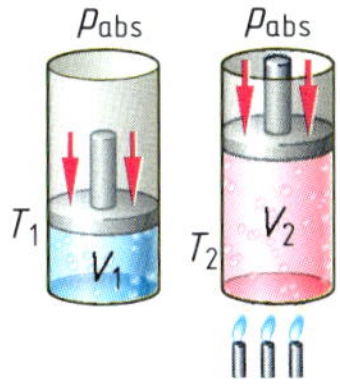
	Gesetz von Amontons – Isochore Zustandsänderung Für V = konstant $\frac{p_1}{T_1} = \frac{p_2}{T_2}$	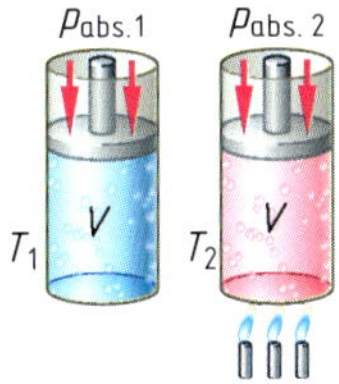

Beispiel

$p_{e1} = 200\,\text{bar}$

V = konstant

$\vartheta_1 = 20\,°\text{C}$

$\vartheta_2 = 40\,°\text{C}$

$T_1 = 293{,}15\,\text{K}$

$T_2 = 313{,}15\,\text{K}$

$p_{e2} = ?$

$$\frac{p_1}{T_1} = \frac{p_2}{T_2}$$

$$p_2 = \frac{p_1 \cdot T_2}{T_1}$$

$$p_2 = \frac{201{,}013\,\text{bar} \cdot 313{,}15\,\cancel{\text{K}}}{293{,}15\,\cancel{\text{K}}}$$

$$\underline{\underline{p_2 = 214{,}73\,\text{bar}}}$$

$$P_{e2} = p_2 - p_{amb}$$

$$P_{e2} = 214{,}73\,\text{bar} - 1{,}013\,\text{bar}$$

$$\underline{\underline{P_{e2} = 213{,}72\,\text{bar}}}$$

NR:

$p_1 = p_{e1} + p_{amb}$

$p_1 = 200\,\text{bar} + 1{,}013\,\text{bar}$

$p_1 = 201{,}013\,\text{bar}$

2

Thermodynamik

Abbildung	Formel / Formelumstellung	Formelzeichen / Einheiten

Adiabate Zustandsänderung

$p \cdot V =$ konstant   Wärmemenge $Q = 0$

$$\frac{T_1}{T_2} = \left(\frac{p_1}{p_2}\right)^{\frac{\kappa-1}{\kappa}} \qquad T_2 = \frac{1}{T_1} \cdot \left(\frac{p_1}{p_2}\right)^{\frac{\kappa-1}{\kappa}} \qquad p_2 = \frac{1}{p_1} \cdot \left(\frac{T_1}{T_2}\right)^{\frac{\kappa-1}{\kappa}}$$

$$\frac{T_1}{T_2} = \left(\frac{V_2}{V_1}\right)^{\kappa-1} \qquad T_2 = \left(\frac{V_2}{V_1}\right)^{\kappa-1} \cdot \frac{1}{T_1} \qquad V_2 = V_1 \cdot \sqrt[\kappa-1]{\frac{T_1}{T_2}}$$

Der **Isentropenexponent** ist das Verhältnis der Wärmekapazität von Gasen bei konstantem Druck und bei konstantem Volumen.

$$\kappa = \frac{C_p}{C_v}$$

Zustand 1: Vor der Veränderung

p_1	*absoluter* Druck	bar
V_1	Volumen	m^3, l, dm^3
T_1	Temperatur	K

Zustand 2: Nach der Veränderung

p_2	*absoluter* Druck	bar
V_2	Volumen	m^3, l, dm^3
T_2	Temperatur	K
κ	Adiabatenexponent / Isentropenexponent	
Q	Wärmemenge	J, kJ

Kältemittel	Isentropenexponent κ[1]	Verdampfungsenthalpie R (kJ / kg)[1]	Verdichtungsendtemperatur ϑ_{V2} (°C)[2]
R 404A / R507	1,02	168,3	≈ 70
R 134a	1,06	198,8	≈ 77
R 407C	1,09	214,0	≈ 85
R 290 (Propan)	1,07	374,5	≈ 75
R 717 (NH_3)	1,29	1262,2	≈ 165

(1) bei $\vartheta = 0$ °C (Angaben nach Daikin Refrigerant Software)

(2) bei $t\vartheta_0 / \vartheta_c / \vartheta_{oh} = -10$ °C / +40 °C / +5 °C (offene Hubkolbenverdichter, Verdichterkopf ungekühlt)

Thermodynamik

Formelzeichen / Einheiten			Formel / Formelumstellung	Abbildung
			Spezifische Gaskonstante	
R_B	spez. Gaskonstante	$\frac{J}{kg \cdot K}$	$R_B = \frac{p \cdot v}{T}$ $T = \frac{p \cdot v}{R_B}$	
p	*absoluter* Druck in	$\frac{N}{m^2}$		
v	spez. Volumen in	$\frac{m^3}{kg}$	$R_B = \frac{p}{\varrho \cdot T}$ $T = \frac{p}{R_B \cdot \varrho}$	
ϱ	Dichte	$\frac{kg}{m^3}$		
T	absolute Temperatur	K	Allgemeine Zustandsgleichung	
V	Volumen	m^3	$p \cdot V = m \cdot R_B \cdot T$	
m	Masse	kg		
Nm = J			Hinweis: Gaskonstanten siehe Tabelle S. 175	

Beispiel

Stickstoff N_2

$\vartheta = 20\,°C$

$V = 50\,l$

$p_e = 200\,bar$

$m = ?$

$$p \cdot V = m \cdot R_B \cdot T$$

$$m = \frac{p \cdot V}{R_B \cdot T}$$

$$m = \frac{20\,101\,325\,\frac{N}{m^2} \cdot 0{,}05\,m^3}{296{,}839\,\frac{J}{kg \cdot K} \cdot 293{,}15\,K}$$

$$\underline{\underline{m = 11{,}55\,kg}}$$

NR:

$$T = \vartheta \cdot \frac{K}{°C} + 273{,}15\,K$$

$$T = 20\,°C \cdot \frac{K}{°C} + 273{,}15\,K$$

$$T = 293{,}15\,K$$

Thermodynamik

Abbildung	Formel / Formelumstellung	Formelzeichen / Einheiten
Temperatur		

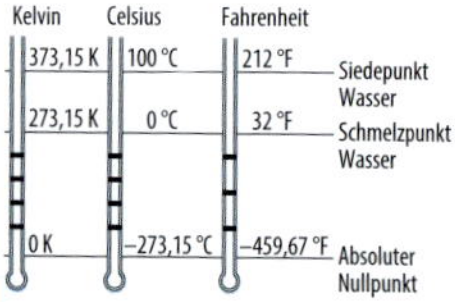

Formel / Formelumstellung

$$T = \vartheta \cdot \frac{\text{K}}{\text{°C}} + 273{,}15\,\text{K} \qquad \vartheta = T \cdot \frac{\text{°C}}{\text{K}} - 273{,}15\,\text{K}$$

$$\vartheta_F = \frac{9\,\text{°F}}{5\,\text{°C}} \cdot \vartheta + 32\,\text{°F} \qquad \vartheta = \frac{5\,\text{°C}}{9\,\text{°F}} \cdot \left(\vartheta_F - 32\,\text{°F}\right)$$

$$T = \vartheta \cdot \frac{\text{K}}{\text{°C}} + 273{,}15\,\text{K}$$

$$\vartheta = T \cdot \frac{\text{°C}}{\text{K}} - 273{,}15\,\text{K}$$

Formelzeichen / Einheiten

T	Temperatur (absolut)	K
ϑ	Temperatur	°C
ϑ_F	Temperatur	°F

Beispiel

$\vartheta = 20\,\text{°C}$

$T = ?$

$$T = \vartheta \cdot \frac{\text{K}}{\text{°C}} + 273{,}15\,\text{K}$$

$$T = 20\,\text{°C} \cdot \frac{\text{K}}{\text{°C}} + 273{,}15\,\text{K}$$

$$T = 293{,}15\,\text{K}$$

Thermodynamik

Formelzeichen / Einheiten			Formel / Formelumstellung			Abbildung

Formelzeichen / Einheiten

Zeichen	Bedeutung	Einheit
Δl	Längenänderung	m
l	Länge	m
$\Delta\vartheta$	Temperaturdifferenz	K
ΔV	Volumenänderung	m^3
α	Längenausdehnungskoeffizient	$\frac{1}{K}$
γ	Volumenausdehnungskoeffizient	$\frac{1}{K}$

Formel / Formelumstellung

Längenausdehnung und Temperaturdifferenzen in Kältemittelleitungen

$$\Delta l = \alpha \cdot l \cdot \Delta\vartheta \qquad l = \frac{\Delta l}{\alpha \cdot \Delta\vartheta} \qquad \Delta\vartheta = \frac{\Delta l}{\alpha \cdot l}$$

$$\Delta V = \gamma \cdot V \cdot \Delta\vartheta \qquad V = \frac{\Delta V}{\gamma \cdot \Delta\vartheta} \qquad \Delta\vartheta = \frac{\Delta V}{\gamma \cdot V}$$

Abbildung

Längenänderung

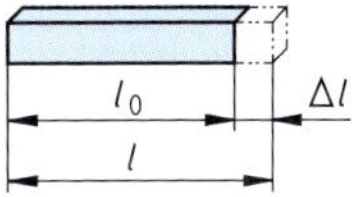

Volumenänderung

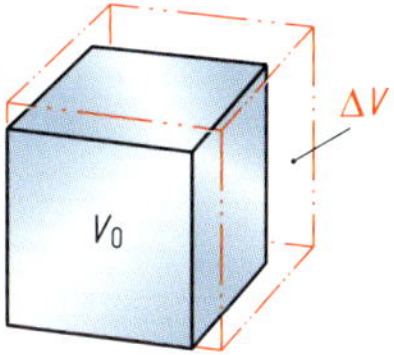

Bei HFKWs sind folgende Temperaturdifferenzen (Montage- / Betriebstemperatur) zu erwarten
Ansatz Montagetemperatur ca. 15 °C

Normalkühlung	Saugleitung	$\Delta\vartheta$	etwa 30 K
Tiefkühlung	Saugleitung	$\Delta\vartheta$	etwa 50 K
Normalkühlung	Flüssigkeitsleitung	$\Delta\vartheta$	etwa 10 K
Tiefkühlung	Flüssigkeitsleitung	$\Delta\vartheta$	etwa 20 K
Druckleitung		$\Delta\vartheta$	etwa 55 K
Heißgasabtauleitung		$\Delta\vartheta$	etwa 50 K

Beispiel

Kupfer

$\alpha = 16{,}8 \cdot 10^{-6}\,\frac{1}{K}$

$l = 5\,m$

$\vartheta_1 = 15\,°C$

$\vartheta_2 = 75\,°C$

$\Delta l = ?$

$$\Delta l = \alpha \cdot l \cdot \Delta\vartheta$$

$$\Delta l = 0{,}0000168\,\frac{1}{\cancel{K}} \cdot 5000\,mm \cdot 60\,\cancel{K}$$

$$\underline{\underline{\Delta l = 5{,}04\,mm}}$$

NR:

$\Delta\vartheta = \Delta\vartheta_2 - \Delta\vartheta_1$

$\Delta\vartheta = 60\,K$

Rohrleitungen

Abbildung	Formel / Formelumstellung	Formelzeichen / Einheiten
Druckverlust in Rohrleitungen	**Statischer Druckverlust** $$\Delta p_\lambda = \lambda \cdot \frac{\left(l + l_{äq}\right)}{d_i} \cdot \frac{\varrho}{2} \cdot w^2$$ Hinweis: – Die Rohrreibungszahl λ wird bei Kupfer mit 0,03 angesetzt – Der Kehrwert der Dichte ist das spez. Volumen $$v = \frac{1}{\varrho} \qquad \varrho = \frac{1}{v}$$ **Druckverlust durch Höhenunterschied** $$\Delta p_h = g \cdot \varrho \cdot \Delta h$$ **Gesamtdruckverlust** $$\Delta p = \; p_\lambda + \Delta p_h$$	λ Rohrreibungszahl l Länge der Leitung m $l_{äq}$ äquivalente Rohrlänge m d_i Innendurchmesser m ϱ Dichte $\frac{kg}{m^3}$ v spez. Volumen $\frac{m^3}{kg}$ w Strömungsgeschwindigkeit $\frac{m}{s}$ Δh Höhenunterschied m g Fallbeschleunigung $9{,}81\,\frac{m}{s^2}$ $1\,\frac{kg \cdot m}{s^2} = 1\,N$

Beispiel
(hier für Saugleitung, SL)

$\lambda = 0{,}03$

$l = 10\,m$

$l_{äq} = 2{,}5\,m$

$d_{iSL} = 16\,mm$

$\varrho = 9{,}26\,\frac{kg}{m^3}$

$w_{SL} = 9\,\frac{m}{s}$

$\Delta p_\lambda = ?$ in bar

$$\Delta p_\lambda = \lambda \cdot \frac{\left(l + l_{äq}\right)}{d_i} \cdot \frac{\varrho}{2} \cdot w^2$$

$$\Delta p_\lambda = 0{,}03 \cdot \frac{(10\,\cancel{m} + 2{,}5\,\cancel{m})}{0{,}016\,\cancel{m}} \cdot \frac{9{,}26\,\frac{kg}{m^3}}{2} \cdot \left(9\,\frac{m}{s}\right)^2$$

$$\Delta p_\lambda = 8789{,}76\,\frac{N}{m^2}$$

$$= \underline{\underline{0{,}0879\,bar}}$$

Rohrleitungen

Formelzeichen / Einheiten		
d_i	Innendurchmesser	m
$\dot{Q}_0$	Kälteleistung	kW
v	spez. Volumen	$\frac{m^3}{kg}$
q_{0e}	spezifische Verdampferarbeit (Kältegewinn)	$\frac{kJ}{kg}$
w	Strömungsgeschwindigkeit	$\frac{m}{s}$
$\dot{m}_R$	Massenstrom KM	$\frac{kg}{s}$
ϱ	Dichte	$\frac{kg}{m^3}$
A	Fläche	m^2

$1\,W = 1\,\frac{J}{s}$

Formel / Formelumstellung

Rohrleitungsberechnung

Berechnung des Innendurchmessers

$$d_i = \sqrt{\frac{\dot{Q}_0 \cdot 4 \cdot v}{q_{0e} \cdot w \cdot \pi}} \qquad d_i = \sqrt{\frac{\dot{m}_R \cdot 4 \cdot v}{w \cdot \pi}}$$

$$w = \frac{\dot{m}_R \cdot 4 \cdot v}{\pi \cdot d_i^2} \qquad \dot{m}_R = \frac{w \cdot \pi \cdot d_i^2}{4 \cdot v}$$

Für v das jeweilige spez. Volumen einzusetzen:

v_{V1} für SL (Verdichtereingang)
v_{V2} für DL (Verdichterausgang)
v_{E1} für FL (Eingang E-Ventil)

Richtwerte für Strömungsgeschwindigkeit in $\frac{m}{s}$

	R 134a	CO_2 R 744	Propan R 290	Ammoniak R 717
Saugleitung SL	8–12	6–10	10–14	15–22
Druckleitung DL	6–10	6–10	6–10	15–25
Flüssigkeitsleitung FL	0,3–0,5	0,3–0,5	0,4–0,6	0,3–0,6

Beispiel:

KM: R 134a

$\dot{Q} = 2{,}5\,kW$

$q_{0e} = 243\,\frac{kJ}{kg}$

$v_{V1} = 0{,}108\,\frac{m^3}{kg}$

$w_{SL} = 10\,\frac{m}{s}$

$d_{iSL} = ?$

$$d_{iSL} = \sqrt{\frac{\dot{Q}_0 \cdot 4 \cdot v}{q_{0e} \cdot w_{SL} \cdot \pi}}$$

$$d_{iSL} = \sqrt{\frac{2{,}5\,\frac{kJ}{s} \cdot 4 \cdot 0{,}108\,\frac{m^{3\,2}}{kg}}{243\,\frac{kJ}{kg} \cdot 10\,\frac{m}{s} \cdot \pi}}$$

$$\underline{\underline{d_{iSL} = 0{,}021\,m}}$$

Hydraulik / Wärmepumpe

Abbildung	Formel / Formelumstellung	Formelzeichen / Einheiten

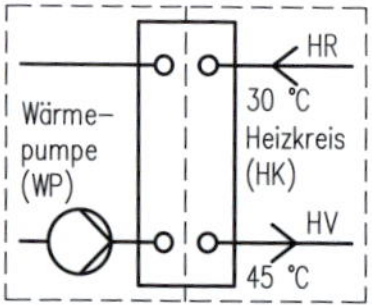

Temperaturspreizung

$$\dot{m}_w = \frac{\dot{Q}_{WA}}{c_w \cdot \Delta\vartheta}$$

$$\dot{Q}_{WA} = (\dot{Q}_{HL} + \dot{Q}_{TW}) \cdot f$$

$$\dot{Q}_{TW} = 0{,}25\,\frac{\text{kW}}{\text{Person}} \cdot \text{Personenanzahl}$$

$$c_w = 4{,}18\,\frac{\text{kJ}}{\text{kg K}} = 1{,}163\,\frac{\text{Wh}}{\text{kg}}$$

$\dot{m}_w$	Massenstrom	$\frac{kg}{s}$, kW
$\dot{Q}_{WA}$	Wärmeabgabeleistung (Verflüssigerleistung)	
c_w	spezifische Wärmekapazität	
$\Delta\vartheta$	Temperaturdifferenz zwischen Vor- und Rücklauf	
$\dot{Q}_{HL}$	Gebäude Normheizlast	kW
$\dot{Q}_{TW}$	Zuschlag für Trinkwassererwärmung	kW
f	Sperrzeitenzuschlagsfaktor	

Sperrzeit	*f*	
	Altbau mit HK	*Neubau mit FBH*
1 × 2 Stunden	1,10	1,05
2 × 2 Stunden	1,20	1,10
3 × 2 Stunden	1,33	1,15

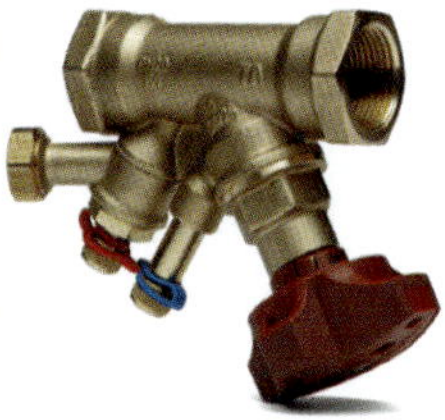

k_v-Wert

$$k_v = \frac{\dot{V}}{\sqrt{\frac{\Delta p_v}{p_{amb}}}}$$

$$a = \frac{\Delta p_v}{\Delta p}$$

k_v	Ventilkenngröße bei einer bestimmten Regeldifferenz	$\frac{m^3}{h}$
$\dot{V}$	Volumenstrom	$\frac{m^3}{h}$
Δp_v	Druckverlust des Ventils	bar, Pa
p_{amb}	atmosphärischer Druck	1,013 bar
a	Ventilautorität	
Δp	Gesamtdruckverlust der Anlage	mbar, Pa

Hydraulik / Wärmepumpe

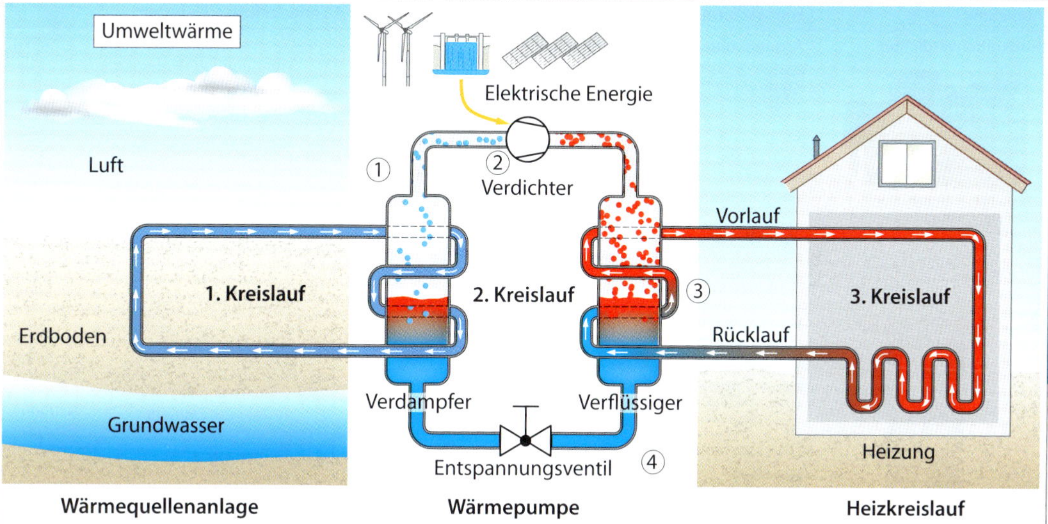

Verdichter

Abbildung	Formel / Formelumstellung	Formelzeichen / Einheiten
Hubkolbenverdichter  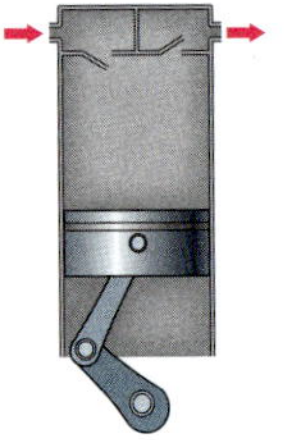	**Ansaugvolumen des Verdichters** $\dot{V}_{V1} = \dot{m}_R \cdot v_{V1}$ $\dot{m}_R = \frac{\dot{V}_{V1}}{v_{V1}}$ $\quad v_{V1} = \frac{\dot{V}_{V1}}{\dot{m}_R}$ $\dot{V}_{V1} = \dot{V}_g \cdot \lambda$ $\quad \lambda = \frac{\dot{V}_{V1}}{\dot{V}_g}$ $\quad \dot{V}_g = \frac{\dot{V}_{V1}}{\lambda}$ **Geometrischer Hubvolumenstrom des Verdichters** $\dot{V}_g = \frac{d^2 \cdot \pi}{4} \cdot l_h \cdot i \cdot n$ **Druckverhältnis** $\Pi = \frac{p_c}{p_0}$ **Optimaler Zwischendruck bei zweistufiger Verdichtung** $p_z = \sqrt{p_c \cdot p_0}$	$\dot{V}_{V1}$ (tatsächlicher) Hubvolumenstrom am Eingang des Verdichters $\frac{m^3}{s}$ $\dot{m}_R$ Kältemittelmassenstrom $\frac{kg}{s}$ v_{V1} spez. Volumen des KM am Verdichtereingang $\frac{m^3}{kg}$ λ Liefergrad des Verdichters $\dot{V}_g$ geometrischer Hubvolumenstrom $\frac{m^3}{s}$ d Zylinderbohrung m l_h Kolbenhub m i Anzahl der Zylinder n Hubfrequenz $\frac{1}{s}$ Π Druckverhältnis p_c Verflüssigungsdruck bar p_0 Verdampfungsdruck bar p_z optimaler Zwischendruck bei zweistufiger Verdichtung bar

Beispiel

$\dot{m}_R = 0{,}0278 \frac{kg}{s}$

$v_{V1} = 0{,}106 \frac{m^3}{kg}$

$\dot{V}_{V1} = ?$

$$\dot{V}_{V1} = \dot{m}_R \cdot v_{V1}$$

$$\dot{V}_{V1} = 0{,}0278 \frac{\cancel{kg}}{s} \cdot 0{,}106 \frac{m^3}{\cancel{kg}}$$

$$\underline{\underline{\dot{V}_{V1} = 0{,}0029468 \frac{m^3}{s}}}$$

Verdichter

Formelzeichen / Einheiten

Formelzeichen	Bedeutung	Einheit
λ	Liefergrad des Verdichters	
p_c	Verflüssigungsdruck	bar
p_0	Verdampfungsdruck	bar
η_v	volumetrischer Wirkungsgrad	
$(1-\eta_w)$	Wandungsverlust	
c	Korrekturfaktor für Verdampfung < –25 °C	
η_i	indizierter Wirkungsgrad	
w_{is}	isentrope Antriebsarbeit	$\frac{kJ}{kg}$
h_{V2s}	Enthalpie am Verdichteraustritt bei isentroper Verdichtung	$\frac{kJ}{kg}$
h_{V1}	Enthalpie am Verdichtereintritt	$\frac{kJ}{kg}$
w_i	polytrope Antriebsarbeit	$\frac{kJ}{kg}$
h_{V2}	Enthalpie am Verdichteraustritt bei polytroper Verdichtung	$\frac{kJ}{kg}$

Formel / Formelumstellung

Liefergrad

Anhaltswert für den Liefergrad des Verdichters

$$\lambda = 0{,}93 - 0{,}06\left(\frac{p_c}{p_0} - 1\right)$$

Liefergrad des Verdichters lt. DKV Arbeitsblatt 3-01

$$\lambda = \left[\eta_v - \left(1 - \eta_w\right)\right] \cdot c$$

$$\eta_i = \frac{\eta_i}{\lambda} \cdot \lambda$$

η_v, $(1 - \eta_w)$ und $\frac{\eta_i}{\lambda}$ sind dem DKV-Arbeitsblatt zu entnehmen.

Isentrope Verdichterarbeit (*ohne* Verluste)

$$w_{is} = h_{V2s} - h_{V1}$$

Polytrope Verdichterarbeit (*mit* Verlusten)

$$w_i = \frac{w_{is}}{\eta_i} \qquad \eta_i = \frac{w_{is}}{w_i}$$

Abbildung

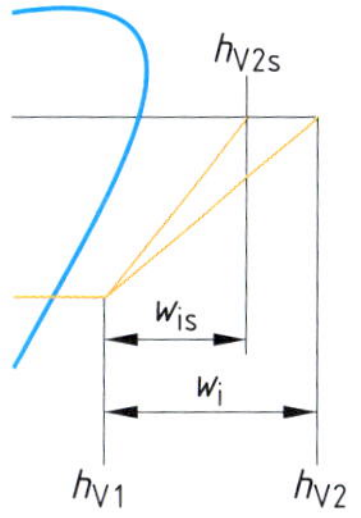

DKV Arbeitsblatt

Beispiel

$h_{V1} = 403 \frac{kJ}{kg}$

$h_{V2S} = 424 \frac{kJ}{kg}$

$w_{is} = ?$

$$w_{is} = h_{V2s} - h_{V1}$$

$$w_{is} = 424 \frac{kJ}{kg} - 403 \frac{kJ}{kg}$$

$$\underline{\underline{w_{is} = 21 \frac{kJ}{kg}}}$$

2

Verdichter

Formel / Formelumstellung

Volumetrischer Kältegewinn / Kälteleistung

$$q_{0v} = \frac{q_{0e}}{v_{V1}}$$

$$q_{0v} = \frac{\dot{Q}_0}{v_{V1} \cdot \dot{m}_R} = \frac{\dot{Q}_0}{\dot{V}_{V1}} = \frac{\dot{Q}_0}{\dot{V}_g \cdot \lambda}$$

Verdichterkälteleistung

$$\dot{Q}_{0V} = \dot{V}_{V1} \cdot q_{0v}$$

Verdichterleistung und Wirkungsgrade

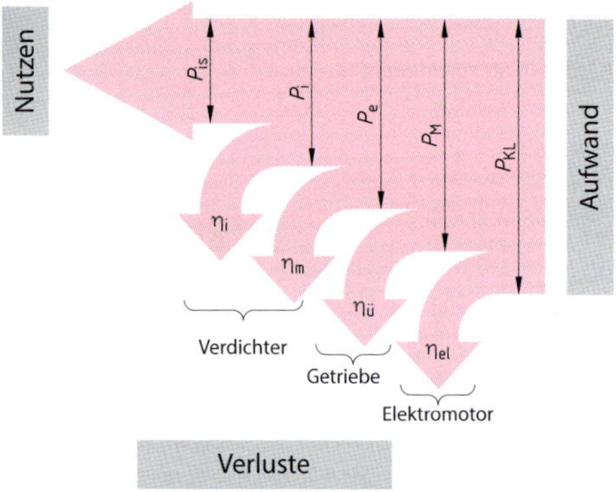

Formelzeichen / Einheiten

q_{0v}	volumetrische Kältegewinn	$\frac{kJ}{m^3}$
q_{0e}	spez. Verdampferarbeit (Kältegewinn)	$\frac{kJ}{kg}$
v_{V1}	spez. Volumen des KM am Verdichtereingang	$\frac{m^3}{kg}$
$\dot{m}_R$	Kältemittelmassenstrom	$\frac{kg}{s}$
$\dot{V}_g$	geometrischer Hubvolumenstrom	$\frac{m^3}{s}$
λ	Liefergrad des Verdichters	
$\dot{Q}_{0V}$	Verdichterkälteleistung	$\frac{kJ}{s}$, kW
$\dot{V}_{V1}$	Ansaugvolumenstrom des Verdichters	$\frac{m^3}{s}$

Indizes:

i: indiziert

m: mechanisch

ü: Übertragung/Übersetzung

el: elektrisch

Beispiel

$q_{0e} = 183 \frac{kJ}{kg}$

$v_{V1} = 0{,}106 \frac{m^3}{kg}$

$q_{0v} = ?$

$$q_{0v} = \frac{q_{0e}}{v_{V1}} \qquad q_{0v} = \frac{183 \frac{kJ}{\cancel{kg}}}{0{,}106 \frac{m^3}{\cancel{kg}}} \qquad \underline{\underline{q_{0v} = 1726{,}42 \frac{kJ}{m^3}}}$$

Verdichter

Formelzeichen / Einheiten

P_{is}	isentrope Antriebsleistung	kW
w_{is}	isentrope Verdichterarbeit	$\frac{kJ}{kg}$
$\dot{m}_R$	Kältemittelmassenstrom	$\frac{kg}{s}$
P_i	indizierte Antriebsleistung	kW
w_i	polytrope Antriebsarbeit	$\frac{kJ}{kg}$
η_i	indizierter Wirkungsgrad	
P_e	effektive Antriebsleistung	kW
η_m	mechanischer Wirkungsgrad	
P_M	Wellenleistung	kW
$\eta_ü$	Wirkungsgrad der Übersetzung	
P_{KL}	Klemmleistung	kW
η_{el}	elektrischer Wirkungsgrad	

Formel / Formelumstellung

Antriebsleistung

Isentrope Antriebsleistung (verlustfrei)

$$P_{is} = \dot{m}_R \cdot w_{is}$$

Indizierte Antriebsleistung

$$P_i = \dot{m}_R \cdot w_i = \frac{P_{is}}{\eta_i}$$

Effektive Antriebsleistung

$$P_e = \frac{P_i}{\eta_m} = \frac{\dot{m}_R \cdot w_i}{\eta_m}$$

Wellenleistung [1]

$$P_M = \frac{P_e}{\eta_ü} = \frac{\dot{m}_R \cdot w_i}{\eta_m \cdot \eta_ü}$$

Klemmleistung [1]

$$P_{KL} = \frac{P_M}{\eta_{el}} = \frac{\dot{m}_R \cdot w_i}{\eta_m \cdot \eta_ü \cdot \eta_{el}}$$

[1] Bei direkt gekoppelten Verdichtern entfällt $\eta_ü$.

Abbildung

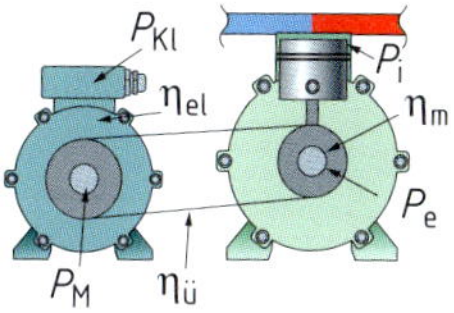

Beispiel

$w_i = 40\,\frac{kJ}{kg}$

$\dot{m}_R = 0{,}0235\,\frac{kg}{s}$

$\eta_m = 0{,}9$

$P_e = ?$

$$P_e = \frac{\dot{m}_R \cdot w_i}{\eta_m}$$

$$P_e = \frac{0{,}0235\,\frac{kg}{s} \cdot 40\,\frac{kJ}{kg}}{0{,}9}$$

$$\underline{\underline{P_e = 1{,}04\,\frac{kJ}{s} = 1{,}04\,kW}}$$

Verdichter

Formel / Formelumstellung	Formelzeichen / Einheiten

Kälteleistungszahl bei Kälteanlagen

Kälteleistungszahl nach Carnot

$$\varepsilon_{KC} = \frac{T_0}{T_c - T_0}$$

Isentrope Kälteleistungszahl

$$\varepsilon_{Kis} = \frac{q_{0e}}{w_{is}} = \frac{\dot{Q}_0}{P_{is}}$$

Effektive Kälteleistungszahl

$$\varepsilon_{Ke} = \frac{q_{0e}}{w_e} = \frac{\dot{Q}_0}{P_e}$$

EER (Energy Efficiency Ratio)

$$EER = \frac{\dot{Q}_0}{P_{KL}} \qquad P_{KL} = \frac{\dot{Q}_0}{EER} \qquad \dot{Q}_0 = EER \cdot P_{KL}$$

ESEER (European Seasonal Energy Efficiency Ratio)

$$ESEER = \frac{(3 \cdot EER_{100\%} + 33 \cdot EER_{75\%} + 41 \cdot EER_{50\%} + 23 \cdot EER_{25\%})}{100}$$

	Teillastfaktor	Lufttemperatur °C	Wassertemperatur °C	Bewertungsanteil
EER A	100 %	35	30	3 %
EER B	75 %	30	26	33 %
EER C	50 %	25	22	41 %
EER D	25 %	20	18	23 %

Formelzeichen / Einheiten

ε_{Kc}	Kälteleistungszahl nach Carnot	
T_0	Verdampfungstemperatur absolut	K
T_c	Verflüssigungstemperatur absolut	K
ε_{Kis}	isentrope Kälteleistungszahl	
q_{0e}	spez. Verdampferarbeit	$\frac{kJ}{kg}$
w_{is}	isentrope Verdichterarbeit	$\frac{kJ}{kg}$
$\dot{Q}_0$	Verdampferleistung	kW
P_{is}	isentrope Antriebsleistung	kW
ε_{Ke}	effektive Kälteleistungszahl	
w_e	effektive Verdichterarbeit	$\frac{kJ}{kg}$
P_e	effektive Antriebsleistung	kW
P_{KL}	elektrische Leistungsaufnahme	kW

EER = Energy Efficiency Ratio

ESEER = European Seasonal Energy Efficiency Ratio

Beispiel

$\dot{Q}_0 = 5\,kW$

$P_{KL} = 1{,}67\,kW$

$EER = ?$

$$EER = \frac{\dot{Q}_0}{P_{KL}}$$

$$EER = \frac{5\,\cancel{kW}}{1{,}67\,\cancel{kW}}$$

$$\underline{\underline{EER = 2{,}99}}$$

Verdichter

Formelzeichen / Einheiten

ε_{wc}	Wärmeleistungszahl nach Carnot	
T_0	Verdampfungstemperatur absolut	K
T_c	Verflüssigungstemperatur absolut	K
ε_{We}	effektive Wärmeleistungszahl	
q_c	spez eff. Verflüssigerarbeit	$\frac{kJ}{kg}$
w_e	spez eff. Verdichterarbeit	$\frac{kJ}{kg}$
$\dot{Q}_c$	Verflüssigerleistung	kW
P_e	effektive Antriebsleistung	kW
P_{KL}	elektrische Leistungsaufnahme	kW

Formel / Formelumstellung

Wärmeleistungszahl

Bei Wärmepumpen:

Wärmeleistungszahl nach Carnot

$$\varepsilon_{WC} = \frac{T_c}{T_c - T_0}$$

Effektive Wärmeleistungszahl

$$\varepsilon_{We} = \frac{q_c}{w_e} = \frac{\dot{Q}_c}{P_e}$$

COP (Coefficient of Performance)

$$COP = \frac{\dot{Q}_c}{P_{KL}}$$

Abbildung

Bei Kälteanlagen

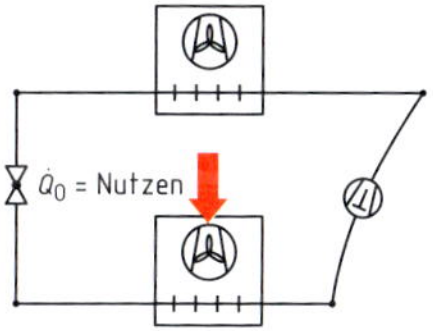

Bei Wärmepumpen

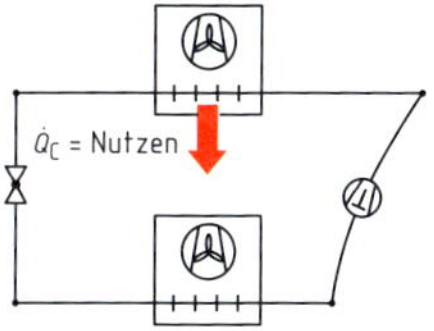

Beispiel

$q_c = 207 \frac{kJ}{kg}$

$w_e = 35 \frac{kJ}{kg}$

$\varepsilon_{We} = ?$

$$\varepsilon_{We} = \frac{q_c}{w_e}$$

$$\varepsilon_{We} = \frac{207 \frac{kJ}{kg}}{35 \frac{kJ}{kg}}$$

$$\underline{\underline{\varepsilon_{We} = 5{,}91}}$$

Verdichter

Abbildung	Formel / Formelumstellung	Formelzeichen / Einheiten
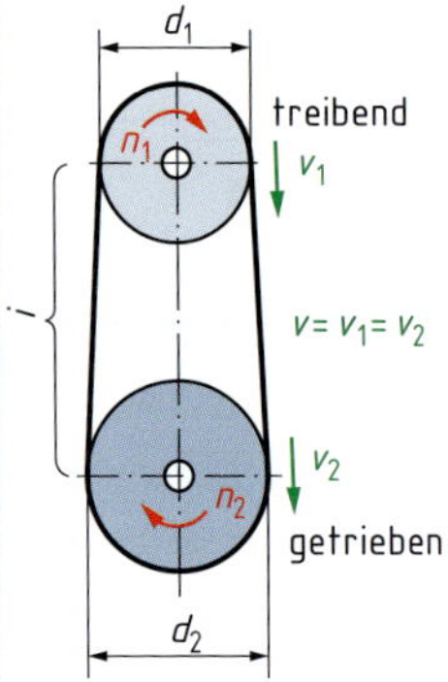	**Riemenantrieb**	

Riemenantrieb

Übersetzungsverhältnis bei offenen Verdichtern / Riemenantrieb

$$d_1 \cdot n_1 = d_2 \cdot n_2$$

$$d_1 = \frac{d_2 \cdot n_2}{n_1} \qquad n_1 = \frac{d_2 \cdot n_2}{d_1}$$

$$d_2 = \frac{d_1 \cdot n_1}{n_2} \qquad n_2 = \frac{d_1 \cdot n_1}{d_2}$$

$$i = \frac{n_1}{n_2} = \frac{d_2}{d_1}$$

Umfangsgeschwindigkeit des Riemens

$$w = d \cdot \pi \cdot n$$

$$d = \frac{w}{\pi \cdot n} \qquad n = \frac{w}{\pi \cdot d}$$

Formelzeichen / Einheiten

n_1	Drehfrequenz des Antriebsmotors	$\frac{1}{\text{min}}$
n_2	Drehfrequenz des Verdichters	$\frac{1}{\text{min}}$
d_1	Scheibendurchmesser am Antriebsmotor	mm
d_2	Scheibendurchmesser am Verdichter	mm
i	Übersetzungsverhältnis	
w	Umfangsgeschwindigkeit	$\frac{\text{m}}{\text{min}}$

Beispiel

$n_1 = 840 \frac{1}{\text{min}}$

$n_2 = 1400 \frac{1}{\text{min}}$

$d_1 = 300\,\text{mm}$

$d_2 = ?$

$$d_2 = \frac{d_1 \cdot n_1}{n_2}$$

$$d_2 = \frac{300\,\text{mm} \cdot 840\,\frac{1}{\text{min}}}{1400\,\frac{1}{\text{min}}}$$

$$\underline{\underline{d_2 = 180\,\text{mm}}}$$

Kältemittelmassenstrom / Leistungen im Kältemittelkreislauf

Formelzeichen / Einheiten	Formel / Formelumstellung	Abbildung
$\dot{m}_R$ Kältemittelmassenstrom $\frac{kg}{s}$ $\dot{Q}_0$ Kälteleistung kW q_{0e} spez. Verdampferarbeit $\frac{kJ}{kg}$	**Bezogen auf den Verdampfer:** $\dot{m}_R = \frac{\dot{Q}_0}{q_{0e}}$ $\quad \dot{Q}_0 = \dot{m}_R \cdot q_{0e}$	
$\dot{Q}_c$ Verflüssigerleistung kW q_c spez. Verflüssigerarbeit $\frac{kJ}{kg}$	**Bezogen auf den Verflüssiger:** $\dot{m}_R = \frac{\dot{Q}_c}{q_c}$ $\quad \dot{Q}_c = \dot{m}_R \cdot q_c$	
v_{V1} spez. Volumen $\frac{m^3}{kg}$ $\dot{V}_{V1}$ Volumenstrom am Verdichtereintritt $\frac{m^3}{s}$	**Bezogen auf den Verdichter:** $\dot{m}_R = \frac{\dot{V}_{V1}}{v_{V1}}$	
w Strömungsgeschwindigkeit $\frac{m}{s}$ d_i Innendurchmesser m	**Bezogen auf die Rohrleitungen:** $\dot{m}_R = \frac{w \cdot \pi \cdot d_i^2}{v \cdot 4}$	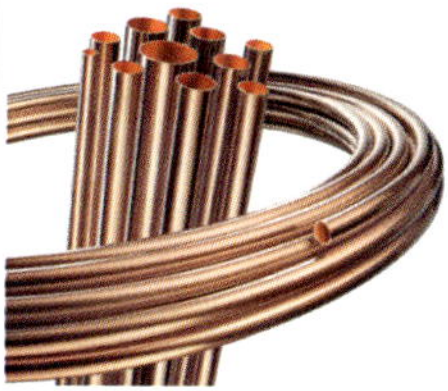

Wärmeübertrager

Abbildung	Formel / Formelumstellung	Formelzeichen / Einheiten
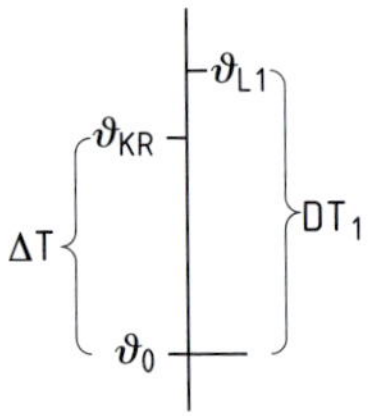	**Temperaturdifferenz am Verdampfer** Kühlraumtemperatur $\vartheta_{KR} = \frac{\vartheta_{L1} + \vartheta_{L2}}{2}$ Eintrittstemperaturdifferenz $DT_1 = \vartheta_{L1} - \vartheta_0$ Hinweis: Die Verdampfungstemperatur, die zumeist als t_0 bezeichnet wird, wird der Einheitlichkeit halber mit ϑ_0 angegeben.	ϑ_{KR} Kühlraumtemperatur °C ϑ_{L1} Lufteintritttemperatur °C ϑ_{L2} Luftaustritttemperatur °C DT_1 Eintrittstemperaturdifferenz K ϑ_0 Verdampfungstemperatur °C ΔT Temperaturdifferenz Raum-Verdampfung K
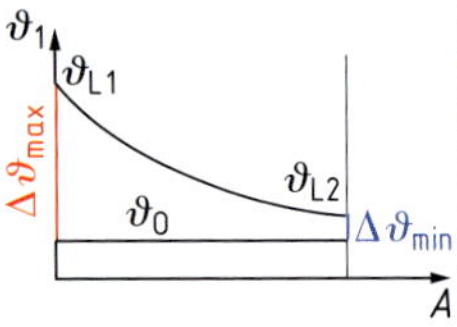	Eintrittstemperaturdifferenz (überschlägig) $DT_1 = (\vartheta_{KR} - \vartheta_0) \cdot 1{,}2$ Mittlere logarithmische Temperaturdifferenz $\Delta\vartheta_m = \frac{\Delta\vartheta_{max} - \Delta\vartheta_{min}}{\ln\frac{\Delta\vartheta_{max}}{\Delta\vartheta_{min}}}$ Für luftgekühlte Verdampfer: $\Delta\vartheta_{max} = \vartheta_{L1} - \vartheta_0$ $\Delta\vartheta_{min} = \vartheta_{L2} - \vartheta_0$	$\Delta\vartheta_{max}$ maximale Temperaturdifferenz K $\Delta\vartheta_{min}$ minimale Temperaturdifferenz K $\Delta\vartheta_m$ mittlere logarithmische Temperaturdifferenz K

Beispiel

$\vartheta_{KR} = -18\,°C$

$\vartheta_{L2} = -20\,°C$

$\vartheta_{L1} = ?$

$\vartheta_{L1} = \vartheta_{KR} \cdot 2 - \vartheta_{L2}$

$\vartheta_{L1} = -18\,°C \cdot 2 - (-20\,°C)$

$\underline{\underline{\vartheta_{L1} = -16\,°C}}$

Wärmeübertrager

Formelzeichen / Einheiten

Formelzeichen	Bedeutung	Einheit
q_{0e}	spez. Verdampferarbeit (Kältegewinn)	$\frac{kJ}{kg}$
h_{02}	Enthalpie des überhitzten Dampfes (Verdampfer)	$\frac{kJ}{kg}$
h_{E2}	Enthalpie am Austritt des Drosselorganes	$\frac{kJ}{kg}$
q_{0v}	volumetrischer Kältegewinn	$\frac{kJ}{m^3}$
v_{v1}	spez. Volumen am Verdichtereingang	$\frac{m^3}{kg}$
ϱ_{v1}	Dichte Volumen am Verdichtereingang	$\frac{kg}{m^3}$
$\dot{Q}_0$	Kälteleistung des Verdampfers	kW
$\dot{m}_R$	Massenstrom des Kältemittels	$\frac{kg}{s}$
U	Wärmedurchgangskoeffizient	$\frac{W}{m^2 \cdot K}$
A	Verdampferoberfläche	m^2
$\Delta\vartheta_m$	mittlere log. Temperaturdifferenz	K

Formel / Formelumstellung

Leistungsberechnung am Verdampfer

Spezifische Kälteleistung / Kältegewinn

$$q_{0e} = h_{02} - h_{E2}$$

Volumetrischer Kältegewinn

$$q_{0V} = \frac{q_{0e}}{v_{V1}} = \frac{h_{02} - h_{E2}}{v_{V1}}$$

$$v_{v1} = \frac{1}{\varrho_{v1}}$$

Kälteleistung des Verdampfers

$$\dot{Q}_0 = \dot{m}_R \cdot q_{0e}$$

Kälteleistung des Verdampfers aus Konstruktionsdaten

$$\dot{Q}_0 = U \cdot A \cdot \Delta\vartheta_m$$

Abbildung

Gleichstrom

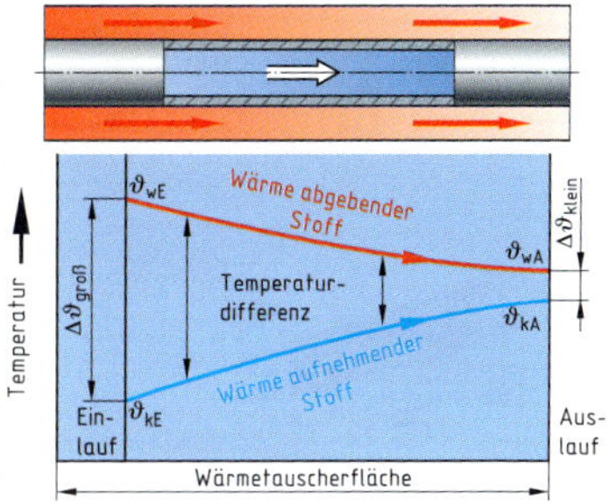

Gegenstrom

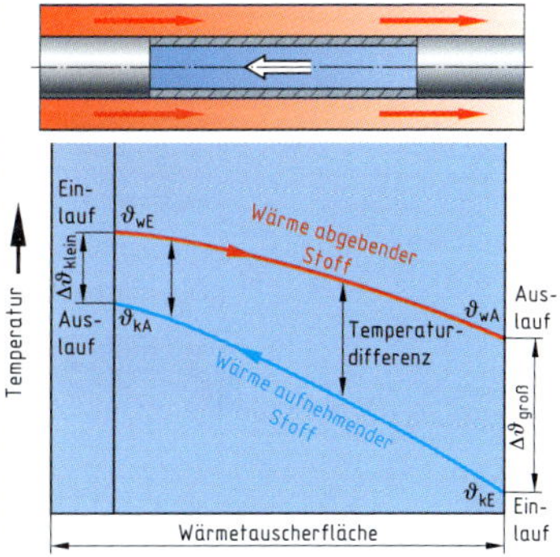

Beispiel

$h_{E2} = 255\,\frac{kJ}{kg}$ $\quad h_{02} = 390\,\frac{kJ}{kg}$

$v_{V1} = 0{,}156\,\frac{m^3}{kg}$ $\quad q_{0v} = ?$

$$q_{0v} = \frac{h_{02} - h_{E2}}{v_{V1}} \qquad q_{0v} = \frac{390\,\frac{kJ}{kg} - 255\,\frac{kJ}{kg}}{0{,}156\,\frac{m^3}{kg}} \qquad \underline{\underline{q_{0v} = 865{,}38\,\frac{kJ}{m^3}}}$$

Wärmeübertrager

Abbildung

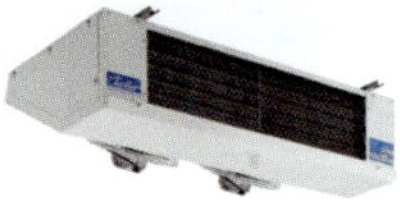

Formel / Formelumstellung

Kälteleistung des Verdampfers – kühlmediumseitig

$$\dot{Q}_0 = \dot{m}_K \cdot c \cdot \Delta\vartheta$$

Luftkühler

$$\dot{Q}_0 = \dot{m}_L \cdot \Delta h$$

Hinweis:
Luftmassenstrom siehe S. 80

Verdampfer Oberfläche

Oberfläche eines Glattrohres

$$A_{GR} = \pi \cdot d \cdot l$$

Oberfläche der Lamellen

$$A_L = 2 \cdot n_L \cdot \left(l \cdot h - n_R \cdot \frac{\pi}{4} \cdot d^2 \right)$$

Oberfläche des Lamellenverdampfers

$$A = A_{GR} + A_L$$

Formelzeichen / Einheiten

$\dot{Q}_0$	Kälteleistung des Verdampfers	kW
$\dot{m}_K$	Massenstrom des Kälteträgers	$\frac{kg}{s}$
c	spez. Wärmekapazität des Kälteträgers	$\frac{kJ}{kg \cdot K}$
$\Delta\vartheta$	Temperaturdifferenz des Kälteträgers	K
$\dot{m}_L$	Luftmassenstrom	$\frac{kg}{s}$
Δh	Enthalpiedifferenz der Luftzustände	$\frac{kJ}{kg}$
A_{GR}	Oberfläche eines Glattrohres	m^2
d	Rohrdurchmesser	m
l	Länge der Verdampferschlange	m
A_L	Oberfläche der Lamellen	m^2
n_L	Lamellenanzahl	
n_R	Kernrohranzahl	
h	Höhe des Verdampfers	m
A	Oberfläche des Lamellenverdampfers	m^2

Beispiel:

$\dot{V}_L = 10000 \frac{m^3}{h}$

$\varrho = 1{,}2 \frac{kg}{m^3}$

$\Delta h = 6 \frac{kJ}{kg}$

$\dot{Q}_0 = ?$

$\dot{Q}_0 = \dot{m}_L \cdot \Delta h$

$\dot{Q}_0 = 3{,}34 \frac{\cancel{kg}}{s} \cdot 6 \frac{kJ}{\cancel{kg}}$

$\underline{\underline{\dot{Q}_0 = 20{,}04\,kW}}$

NR:

$\dot{m}_L = \dot{V}_L \cdot \varrho$

$\dot{m}_L = 2{,}78 \frac{\cancel{m^3}}{s} \cdot 1{,}2 \frac{kg}{\cancel{m^3}}$

$\dot{m}_L = 3{,}34 \frac{kg}{s}$

Wärmeübertrager

Formelzeichen / Einheiten			Formel / Formelumstellung	Abbildung
			Verflüssigerleistung	
q_c	spezifische Verflüssigerarbeit	$\frac{kJ}{kg}$	spezifische Verflüssigerarbeit	
h_{c1}	Enthalpie am Eintritt des Verflüssigers	$\frac{kJ}{kg}$	$q_c = h_{c1} - h_{c2}$	
h_{c2}	Enthalpie am Austritt des Verflüssigers	$\frac{kJ}{kg}$		
$\dot{Q}_c$	Leistung des Verflüssigers	kW	Leistung des Verflüssigers	
$\dot{m}_R$	Massenstrom des Kältemittels	$\frac{kg}{s}$	$\dot{Q}_c = \dot{m}_R \cdot q_c$	
U	Wärmedurchgangskoeffizient	$\frac{W}{m^2 \cdot K}$		
A	Verflüssigeroberfläche	m^2	Leistung des Verflüssigers aus Konstruktionsdaten	
$\Delta\vartheta_m$	mittlere logarithmische Temperaturdifferenz	K	$\dot{Q}_c = U \cdot A \cdot \Delta\vartheta_m$	
$\dot{m}_L$	Massenstrom der Luft	$\frac{kg}{s}$		
Δh	Enthalpiedifferenz der Luftzustände	$\frac{kJ}{kg}$		
$\dot{m}_W$	Massenstrom des Wärmeträgers	$\frac{kg}{s}$	Leistung des Verflüssigers abwärmeseitig	
c	spez. Wärmekapazität	$\frac{kJ}{kg \cdot K}$	– luftgekühlt $\dot{Q}_c = \dot{m}_L \cdot \Delta h$	
$\Delta\vartheta$	Temperaturdifferenz des Wärmeträgers	K	– flüssigkeitsgekühlt $\dot{Q}_c = \dot{m}_W \cdot c \cdot \Delta\vartheta$	

Wärmeübertrager

Interner Wärmeübertrager (Saugdampf-Flüssigkeitswärmeübertrager)

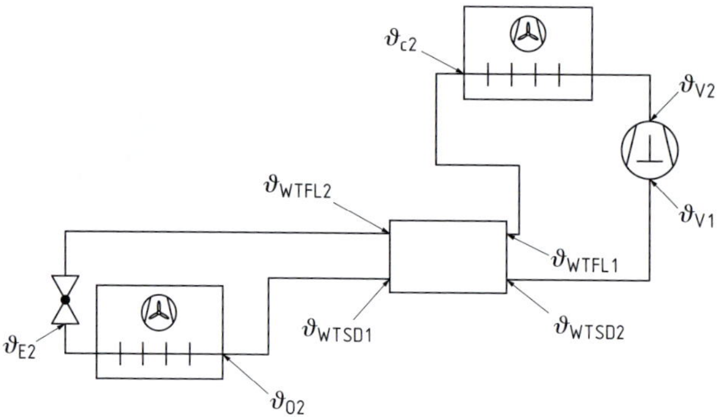

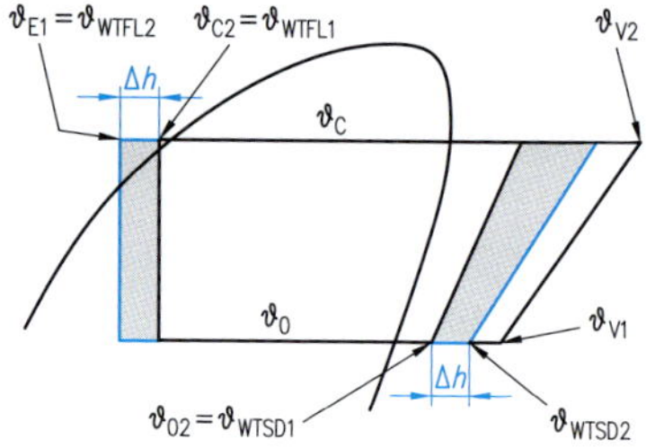

ϑ_{V1}	Temperatur am Verdichter-Eintritt
ϑ_{c2}	Temperatur am Verflüssiger – unterkühlte Kältemittelflüssigkeit
ϑ_{E1}	Temperatur am Temperatur am E-Ventil-Eingang
ϑ_0	Verdampfungstemperatur
ϑ_{02}	Temperatur am Verdampferaustritt – überhitzter Kältemitteldampf (TEV – Fühler)
ϑ_{WTSD1}	Temperatur am Wärmeübertrager Eintritt – überhitzter Kältemitteldampf
ϑ_{WTSD2}	Temperatur am Wärmeübertrager Austritt – überhitzter Kältemitteldampf
ϑ_{WTFL1}	Temperatur am Wärmeübertrager Eintritt – unterkühlte Kältemittelflüssigkeit
ϑ_{WTFL2}	Temperatur am Wärmeübertrager Ausgang – unterkühlte Kältemittelflüssigkeit
Δh	spezifische Arbeit des Wärmeübertragers
h_{WT1h}	Enthalpie am Wärmeübertrager Eintritt – überhitzter Kältemitteldampf
h_{WT2u}	Enthalpie am Wärmeübertrager Eintritt – unterkühlte Kältemittelflüssigkeit

Drosselorgane

Formelzeichen / Einheiten			Formel / Formelumstellung	Abbildung
			Drosselorgane	
Δp_E	Druckabfall am Drosselorgan	Pa	Druckabfall am Drosselorgan	
p_c	Verflüssigungdruck	Pa	$\Delta p_E = p_C - (p_0 + \Delta p_{FL} + \Delta p_h + \Delta p_{FV})$	
p_0	Verdampfungsdruck	Pa		
Δp_{FL}	Druckabfall in der Flüssigkeitsleitung	Pa		
Δp_h	Druckabfall durch Höhenunterschied	Pa		
Δp_{FV}	Druckabfall durch Verteiler	Pa		
$\dot{Q}_n$	Nennleistung des Drosselorgans	kW	Nennleistung des Drosselorgans	
$\dot{Q}_0$	benötigte Kälteleistung	kW	$\dot{Q}_n = \dot{Q}_0 \cdot K_t \cdot K_{\Delta p}$	
K_t	Korrekturfaktor für Verdampfungs- und Verflüssigungstemperatur			
$K_{\Delta p}$	Korrekturfaktor für den wirksamen Druckabfall am Ventil			

Kältekreislauf

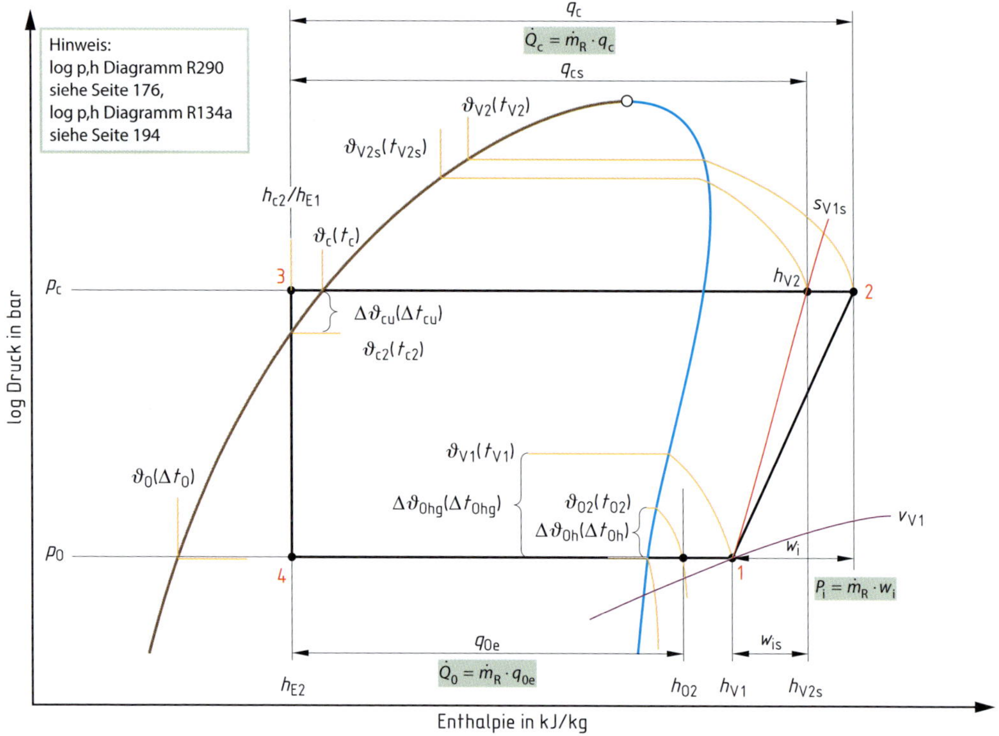

Anmerkung: Temperaturen werden mit ϑ angegeben. Aufgrund der allgemeinen Gebräuchlichkeit wird die Temperatur häufig mit t bezeichnet. In der Abbildung sind deshalb beide Angaben zu finden.

Als Bezeichnungen sind für die Positionen 1, 2, 3 und 4 auch folgende Begriffe üblich: Verdichter Eintritt 1, Verdichter Austritt 2, E-Ventil Eintritt 3, E-Ventil Austritt 4.

Kommen weitere Punkte hinzu, werden sie mit einem bzw. mehreren Strichen gekennzeichnet. Je weiter die Punkte nach innen kommen, werden Striche hinzugefügt.

Kältekreislauf aus DIN 8941 Teil 1

Kältekreislauf-Indizes

Index	Bedeutung	Index	Bedeutung
A	Absorber	U	Unterkühler
B	Sammler	V	Verdichter
C	Carnot	W	Wärmeträger
D	Druckstufe	WT	Flüssigkeits-Saugdampf-Wärmeübertrager
E	Drosselorgan	Z	Zwischenkühler
EL	Einspritzleitung	c	Verflüssiger
FL	Flüssigkeitsleitung	e	effektiv
H	Austreiber	g	gesamt
HD	Hochdruckstufe	h	überhitzter Dampf
HL	Heißgasleitung	i	indiziert bzw. innen
K	Kälteträger	0	Verdampfer (gesprochen: Null)
Kl	bezogen auf Klemmen	p	isobar
KL	Kondensatleitung	s	isentrop
KR	Kühlraum	t	theoretisch
L	Ventilator	u	unterkühlte Flüssigkeit
M	Motor, Antriebsmaschine	v	isochor
MR	Maschinenraum	z	Zustand zwischen 2 Verdichtungsstufen
ND	Niederdruckstufe	1	Eintritt
Öl	Kältemaschinenöl	2	Austritt
P	Pumpe	I, II, III	1., 2., 3. Stufe
R	Kältemittel	´	gültig für siedende Flüssigkeit
S	Saugstufe	´´	gültig für gesättigten Dampf
SL	Saugleitung	*	gültig für schmelzenden oder sublimierenden Feststoff
T	isotherm	**	gültig für gefrierende Flüssigkeit

Kältemittel

Formel / Formelumstellung

TEWI DIN EN 378-1:2021-06

$$TEWI = \left[GWP \cdot L \cdot n\right] + \left[GWP \cdot m_R \left(1 - \alpha_{\text{Rückgewinnung}}\right)\right] + \left[n \cdot E_{\text{Jahr}} \cdot \beta\right]$$

Anteil der Verluste durch Leckage

$[GWP \cdot L \cdot n]$

Anteil der Verluste bei Rückgewinnung

$[GWP \cdot m_R (1 - \alpha_{\text{Rückgewinnung}})]$

Anteil aus der Energieaufnahme

$[n \cdot E_{\text{Jahr}} \cdot \beta]$

Energieaufnahme

$$E_{\text{Jahr}} = \tau \cdot P \cdot 365 \, \frac{\text{d}}{\text{a}}$$

Formelzeichen / Einheiten

TEWI	gesamter äquivalenter Erwärmungsbeitrag	kg_{CO_2}
GWP	Treibhauspotential	$\frac{\text{kg}_{CO_2}}{\text{kg}_R}$
L	Leckrate	$\frac{\text{kg}}{\text{a}}$
n	Betriebszeit der Anlage (Lebensdauer)	a
m_R	Kältemittel-Füllmenge	kg_R
$\alpha_{\text{Rückgewinnung}}$	Faktor für Rückgewinnung / Recycling	0 bis 1
E_{Jahr}	Energieaufnahme pro Jahr	$\frac{\text{kWh}}{\text{a}}$
β	Konversionsfaktor der Energieerzeugung fossile Brennstoffe:	$0{,}6 \, \frac{\text{kg}_{CO_2}}{\text{kWh}}$
	regenerative Energie:	$0{,}04 \, \frac{\text{kg}_{CO_2}}{\text{kWh}}$
τ	tägliche Laufzeit der Anlage	h/d
P	Leistung der Anlage	kW

Beispiel

$GWP = 1430 \, \frac{\text{kg}_{CO_2}}{\text{kg}_R}$

$L = 0{,}48 \text{ kg/a}$

$n = 10 \text{ a}$

$m_R = 9{,}6 \text{ kg}_R$

$\alpha_{\text{Rückgewinnung}} = 0{,}8$

$\tau = 16 \text{ h/d}$

$P = 5 \text{ kW}$

$\beta = 0{,}6 \, \frac{\text{kg}_{CO_2}}{\text{kWh}}$

$TEWI = ?$

$$TEWI = \left[GWP \cdot L \cdot n\right] + \left[GWP \cdot m_R \left(1 - \alpha_{\text{Rückgewinnung}}\right)\right] + \left[n \cdot E_{\text{Jahr}} \cdot \beta\right]$$

$$TEWI = \left[1430 \frac{\text{kg}_{CO_2}}{\cancel{\text{kg}_R}} \cdot 0{,}48 \frac{\cancel{\text{kg}_R}}{\cancel{\text{a}}} \cdot 10 \, \cancel{\text{a}}\right] + \left[1430 \frac{\text{kg}_{CO_2}}{\cancel{\text{kg}_R}} \cdot 9{,}6 \, \cancel{\text{kg}_R} \cdot (1 - 0{,}8)\right] + \left[10 \, \text{a} \cdot 29200 \frac{\cancel{\text{kWh}}}{\cancel{\text{a}}} \cdot 0{,}6 \frac{\text{kg}_{CO_2}}{\cancel{\text{kWh}}}\right]$$

$$TEWI = 6864 \text{ kg}_{CO2} + 2745{,}6 \text{ kg}_{CO2} + 175200 \text{ kg}_{CO2}$$

$$\underline{\underline{TEWI = 184809{,}6 \text{ kg}_{CO2}}}$$

NR: $E_{\text{Jahr}} = \tau \cdot P \cdot 365 \, \frac{\text{d}}{\text{a}}$

$$\underline{\underline{E_{\text{Jahr}} = 16 \frac{\text{h}}{\text{d}} \cdot 5 \text{ kW} \cdot 365 \frac{\text{d}}{\text{a}} = 29200 \, \frac{\text{kWh}}{\text{a}}}}$$

Kältemittel

Klassifizierung von Kältemittel – Bestimmung der R-Nummern

Bei den Methanderivaten

R-Nummer				
	↓ +1	↓ −1	↓ =	↓ Rest*
Atomanzahl				
	C	**H**	**F**	**Cl**
Atomanzahl				
	↓ −1	↓ +1	↓ =	
R-Nummer				

* freie Bindungsarme an C-Atomen

Bei den Ethanderivaten:
Verfahren genau wie bei den Methanderivaten.
Der kleine Buchstabe steht für die Isomere (wie symmetrisch ist das Molekül).
Der mit der größten Symmetrie erhält keinen Buchstaben.

Bei den Propanderivaten:
Verfahren genau wie bei den Methanderivaten.
Der erste kleine Buchstabe bezieht sich allerdings auf das zentrale Kohlenstoffatom, s. Tabelle.
Der zweite kleine Buchstabe steht für die Isomere, genauso wie bei den Ethanderivaten.
Der mit der größten Symmetrie erhält **jedoch** den Buchstaben a.

CCl_2	= a	CHCl	= d
CClF	= b	CHF	= e
CF_2	= c	CH_2	= f

Bei den ungesättigten organischen Verbindungen (1000er Reihen)
1000er Stelle steht für die Anzahl der Doppelbindungen.

1. Buchstabe – Atom am zentralen Kohlenstoff.

   Cl = x

   F = y

   H = z

2. Buchstabe Atome am terminalen Kohlenstoff (der, der an der Doppelbindung ist).

Kältebedarf

Abbildung	Formel / Formelumstellung	Formelzeichen / Einheiten

Kühlgut

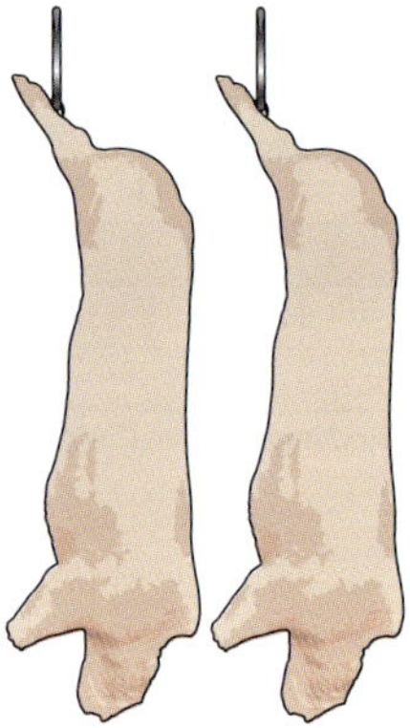

Kühlgutmasse

$$m_{KG} = A_{KR} \cdot h_{St} \cdot \eta_B \cdot m_B$$

$$A_{KR} = \frac{m_{KG}}{h_{St} \cdot \eta_B \cdot m_B} \qquad h_{St} = \frac{m_{KG}}{A_{KR} \cdot \eta_B \cdot m_B}$$

$$m_B = \frac{m_{KG}}{A_{KR} \cdot \eta_B \cdot h_{St}}$$

täglicher Einbringmassenstrom

$$\dot{m}_{24} = m_{KG} \cdot m_G$$

$$m_{KG} = \frac{\dot{m}_{24}}{m_G} \qquad m_G = \frac{\dot{m}_{24}}{m_{KG}}$$

m_{KG}	gesamte Kühlgutmasse	kg
A_{KR}	Kühlraumfläche	m^2
h_{St}	Stapelhöhe	m
η_B	Belegungskoeffizient	
m_B	Belegungsmasse	$\frac{kg}{m^3}$
$\dot{m}_{24}$	täglicher Einbringmassenstrom	$\frac{kg}{d}$
m_G	Kühlgutdurchsatz	$\frac{1}{d}$

Beispiel

$A_{KR} = 8\,m^2$

$h_{St} = 1{,}8\,m$

$\eta_B = 0{,}2$

$m_B = 250\,\frac{kg}{m^3}$

$m_{KG} = ?$

$$m_{KG} = A_{KR} \cdot h_{St} \cdot \eta_B \cdot m_B$$

$$m_{KG} = 8\,\cancel{m^2} \cdot 1{,}8\,\cancel{m} \cdot 0{,}2 \cdot 250\,\frac{kg}{\cancel{m^3}}$$

$$\underline{\underline{m_{KG} = 720\,kg}}$$

Kältebedarf

Formelzeichen / Einheiten

$\dot{Q}$	Wärmestrom durch Kühlgut	$\frac{kJ}{d}$
$\dot{m}_{24}$	täglicher Einbringmassenstrom	$\frac{kg}{d}$
c	spezifische Wärmekapazität	$\frac{kJ}{kg \cdot K}$
$\Delta\vartheta$	Temperaturdifferenz	K
q_E	Erstarrungswärme	$\frac{kJ}{kg}$

Indizes:

- o **o**berhalb des Gefrierens
- u **u**nterhalb des Gefrierens
- E **E**rstarrung

Formel / Formelumstellung

Wärmestrom oberhalb des Gefrierens

$$\dot{Q}_o = \dot{m}_{24} \cdot c_o \cdot \Delta\vartheta$$

$$\dot{m}_{24} = \frac{\dot{Q}_o}{c_o \cdot \Delta\vartheta} \qquad \Delta\vartheta = \frac{\dot{Q}_o}{c_o \cdot \dot{m}_{24}}$$

Wärmestrom unterhalb des Gefrierens

$$\dot{Q}_u = \dot{m}_{24} \cdot c_u \cdot \Delta\vartheta$$

$$\dot{m}_{24} = \frac{\dot{Q}_u}{c_u \cdot \Delta\vartheta} \qquad \Delta\vartheta = \frac{\dot{Q}_u}{c_u \cdot \dot{m}_{24}}$$

Erstarrungswärmestrom

$$\dot{Q}_E = \dot{m}_{24} \cdot q_E$$

$$\dot{m}_{24} = \frac{\dot{Q}_o}{q_E}$$

Abbildung

Wärmestrom vom Kühlgut

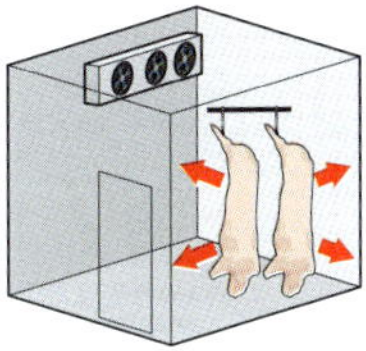

2

Beispiel

Erstarrungswärme

$\dot{m}_{24} = 750 \frac{kg}{d}$

$q_E = 167 \frac{kJ}{kg}$

$\dot{Q}_E = ?$

$$\dot{Q}_E = \dot{m}_{24} \cdot q_E$$

$$\dot{Q}_E = 750 \frac{\not{kg}}{d} \cdot 167 \frac{kJ}{\not{kg}}$$

$$\dot{Q}_E = 125\,250 \frac{kJ}{d} = 125\,250 \frac{kWs}{d} \cdot \frac{1\,d}{86\,400\,s} = \underline{\underline{1{,}45\,kW}}$$

2

Kältebedarf

Abbildung	Formel / Formelumstellung	Formelzeichen / Einheiten
Atmungswärmestrom des Kühlgutes 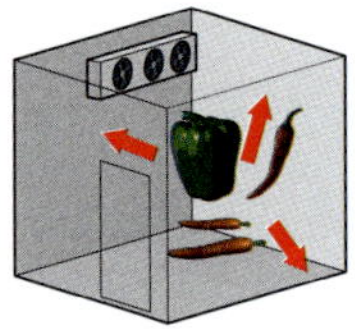	$\dot{Q}_a = m_{KG} \cdot q_a$ $m_{KG} = \frac{\dot{Q}_a}{q_a}$ $\quad q_a = \frac{\dot{Q}_a}{m_{KG}}$	$\dot{Q}_a$ Wärmestrom durch Atmung $\frac{kJ}{d}$ m_{KG} Masse des Kühlgutes kg q_a Atmungswärme $\frac{kJ}{kg \cdot d}$
Luftwechsel im Kühlraum 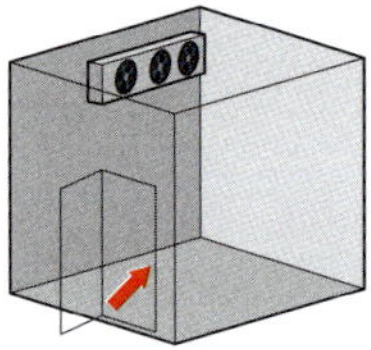	$\dot{Q}_{Lu} = V_{KR} \cdot \varrho_{Lu} \cdot i_{Lu} \cdot \Delta h$ $V_{KR} = \frac{\dot{Q}_{Lu}}{\Delta h \cdot \varrho_{Lu} \cdot i_{Lu}}$ $\quad i_{Lu} = \frac{\dot{Q}_{Lu}}{\Delta h \cdot \varrho_{Lu} \cdot V_{KR}}$ $\quad \Delta h = \frac{\dot{Q}_{Lu}}{V_{KR} \cdot \varrho_{Lu} \cdot i_{Lu}}$ $i_{Lu} = \frac{70}{\sqrt{V_{KR}}}$	$\dot{Q}_{Lu}$ Wärmestrom durch Luftwechsel $\frac{kJ}{d}$ V_{KR} Kühlraumvolumen m^3 ϱ_{Lu} Dichte der Luft (situationsabhängig) $\frac{kg}{m^3}$ i_{Lu} Luftwechselrate $\frac{1}{d}$ Δh spez. Enthalpiedifferenz der Luft $\frac{kJ}{kg}$

Beispiel

Atmung:

$m_{KG} = 200\,kg$

$q_a = 10{,}8\,\frac{kJ}{kg \cdot d}$

$\dot{Q}_a = ?$

$$\dot{Q}_a = m_{KG} \cdot q_a$$

$$\dot{Q}_a = 200\,\cancel{kg} \cdot 10{,}8\,\frac{kJ}{\cancel{kg} \cdot d}$$

$$\underline{\underline{\dot{Q}_a = 2160\,\frac{kJ}{d}}}$$

Kältebedarf

Formelzeichen / Einheiten

$\dot{Q}_{Trans}$	Wärmestrom durch die Kühlraumwände	$\frac{kJ}{d}$
A	Fläche der Wand	m^2
U	Wärmeübergangskoeffizient (früher k-Wert)	$\frac{W}{m^2 \cdot K}$
$\Delta\vartheta$	Temperaturdifferenz	K
$\dot{Q}_{Pers}$	Wärmestrom durch Personen	$\frac{kJ}{d}$
q_{Pers}	Personenwärme	$\frac{kJ}{s \cdot Pers}$
n	Anzahl der Personen	
τ	Aufenthaltsdauer	$\frac{s}{d}$

Formel / Formelumstellung

$$\dot{Q}_{Trans} = A \cdot U \cdot \Delta\vartheta$$

$$A = \frac{\dot{Q}_{Trans}}{U \cdot \Delta\vartheta} \qquad U = \frac{\dot{Q}_{Trans}}{A \cdot \Delta\vartheta}$$

$$\Delta\vartheta = \frac{\dot{Q}_{Trans}}{U \cdot A}$$

$$\dot{Q}_{Pers} = q_{Pers} \cdot n \cdot \tau$$

Abbildung

Transmissionwärmestrom

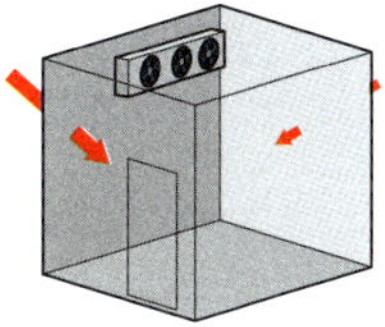

Personen

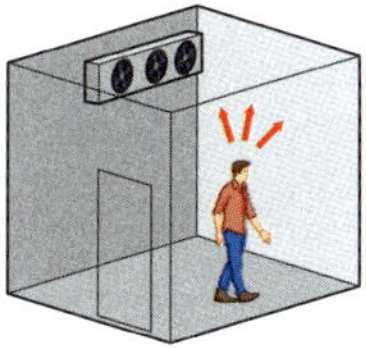

Kühlraumtemperatur in ϑ_{KR} in °C	20	15	10	5	0	–5	–10	–15	–18	–20	–25
Wärmestrom q_{Pers} in kJ/(s · Pers)	0,18	0,20	0,21	0,24	0,27	0,30	0,33	0,36	0,378	0,39	0,42

Beispiel

Kühlraumtemperatur: –18 °C

$n = 2$

$\tau = 2 \frac{h}{d}$

$\dot{Q}_{Pers} = ?$

$$\dot{Q}_{Pers} = q_{Pers} \cdot n \cdot \tau$$

$$\dot{Q}_{Pers} = 0{,}378 \frac{kJ}{\cancel{s} \cdot \cancel{Pers}} \cdot 2\ \cancel{Pers} \cdot 2 \frac{\cancel{h}}{d} \cdot \frac{3600\ \cancel{s}}{\cancel{h}}$$

$$\underline{\underline{\dot{Q}_{Pers} = 5443{,}2 \frac{kJ}{d}}}$$

2

Kältebedarf

Abbildung	Formel / Formelumstellung	Formelzeichen / Einheiten
Abtauung 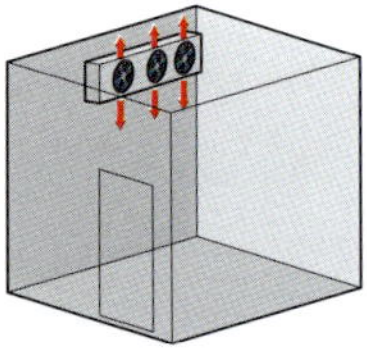	$\dot{Q}_{Abt} = P_{Abt} \cdot \tau$ $P_{Abt} = \frac{\dot{Q}_{Abt}}{\tau}$	$\dot{Q}_{Abt}$ Wärmestrom durch Abtauung $\frac{kJ}{d}$ P_{Abt} Leistung der Abtauheizung kW τ jew. Betriebszeit $\frac{s}{d}$
Beleuchtung 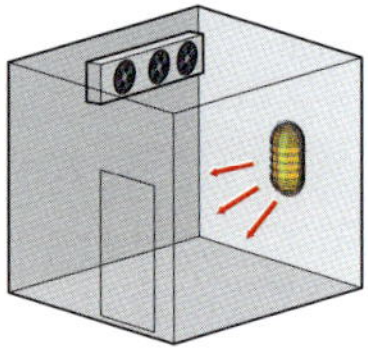	$\dot{Q}_{Bel} = P_{Bel} \cdot \tau$ $P_{Bel} = \frac{\dot{Q}_{Bel}}{\tau}$	$\dot{Q}_{Bel}$ Wärmestrom durch Beleuchtung $\frac{kJ}{d}$ P_{Bel} Leistung der Beleuchtung kW
Maschinen / Ventilatoren 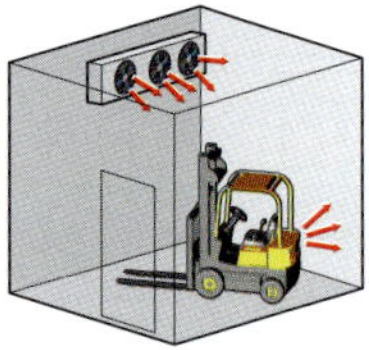	$\dot{Q}_{Fan} = P_{Fan} \cdot \tau$ $P_{Fan} = \frac{\dot{Q}_{Fan}}{\tau}$	$\dot{Q}_{Fan}$ Wärmestrom durch Ventilatoren $\frac{kJ}{d}$ P_{Fan} Leistung der Ventilatoren kW

Beispiel

Beleuchtung:

$P_{Bel} = 200\,W$

$\tau = 4\,\frac{h}{d}$

$\dot{Q}_{Bel} = ?$

$$\dot{Q}_{Bel} = P_{Bel} \cdot \tau$$

$$\dot{Q}_{Bel} = 0{,}2\,kW \cdot 4\,\frac{\not{h}}{d} \cdot \frac{3600\,s}{\not{h}} = 2880\,\frac{kWs}{d}$$

$$\underline{\underline{\dot{Q}_{Bel} = 2880\,\frac{kJ}{d}}}$$

Kältebedarf

Formelzeichen / Einheiten	Formel / Formelumstellung	Abbildung
	Kälteleistung aus dem Kältebedarf	**Gesamtwärmestrom**

Formelzeichen / Einheiten

$\dot{Q}_{KA}$ Gesamtwärmestrom $\frac{kJ}{d}$

τ_A Anlagenlaufzeit $\frac{h}{d}$

Normalkühlung 16 h

Tiefkühlung 18 h

Indizes:

- o: oberhalb des Gefrierens
- u: unterhalb des Gefrierens
- E: Erstarrung
- a: Atmung
- LU: Luft
- Trans: Wärmestrom durch die Wände
- Pers: Person
- Abt: Abtauheizung
- Bel: Beleuchtung
- Fan: Ventilator

Formel / Formelumstellung

Kälteleistung aus dem Kältebedarf

$$\dot{Q}_{KA} = \dot{Q}_o + \dot{Q}_u + \dot{Q}_E + \dot{Q}_a + \dot{Q}_{LU} + \dot{Q}_{Trans} + \dot{Q}_{Pers} + \dot{Q}_{Abt} + \dot{Q}_{Bel} + \dot{Q}_{Fan}$$

Kälteleistung auf Anlagenlaufzeit bezogen

$$\dot{Q}_0 = \frac{\dot{Q}_{KA}}{\tau_A}$$

Kälteleistung zur Auswahl des Verdampfers

$$\dot{Q}_{0v} = \frac{\dot{Q}_o + \dot{Q}_u + \dot{Q}_E + \dot{Q}_a + \dot{Q}_{LU} + \dot{Q}_{Trans} + \dot{Q}_{Pers} + \dot{Q}_{Bel}}{\tau_A}$$

Kälteleistung zur Auswahl des Verflüssigersatzes

$$\dot{Q}_{ges} = \frac{\dot{Q}_{Abt} + \dot{Q}_{Fan}}{\tau_A} + \dot{Q}_{0v}$$

Abbildung

Gesamtwärmestrom

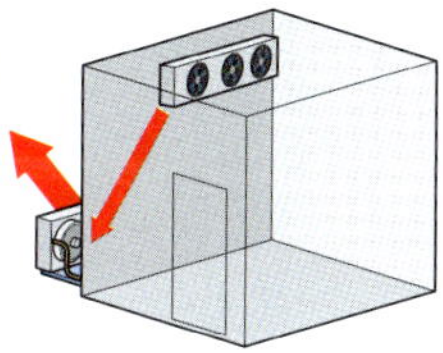

Beispiel

NK Kühlraum

$\dot{Q}_{KA} = 162\,680\,\frac{kJ}{d}$

$\dot{Q}_0 = ?$

$$\dot{Q}_0 = \frac{\dot{Q}_{KA}}{\tau_A}$$

$$\dot{Q}_0 = \frac{162\,680\,kJ}{\not{d}} \cdot \frac{\not{d}}{16\,\not{h}} \cdot \frac{1\,\not{h}}{3600\,s} = 10167{,}5\,\frac{kJ}{s}$$

$$\underline{\underline{\dot{Q}_0 = 2{,}824\,kW}}$$

Grundlagen

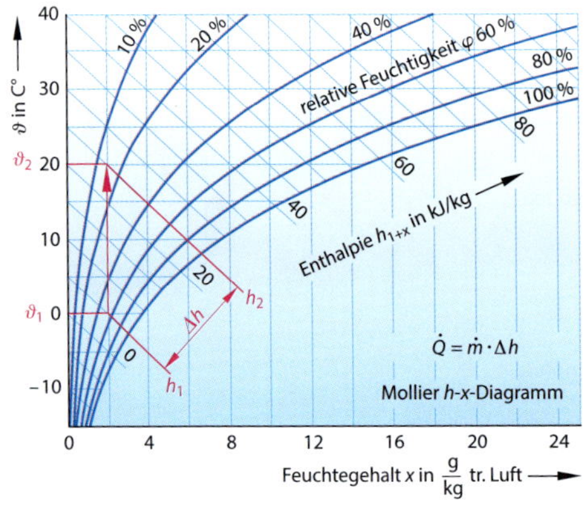

Erwärmung im *h*-*x*-Diagramm

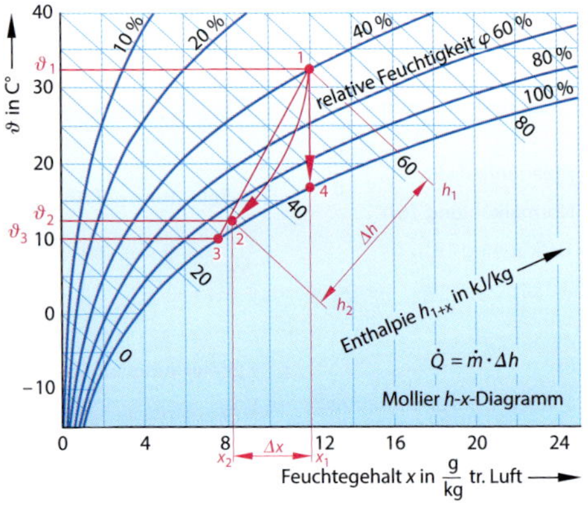

Kühlen und Entfeuchten im *h*-*x*-Diagramm

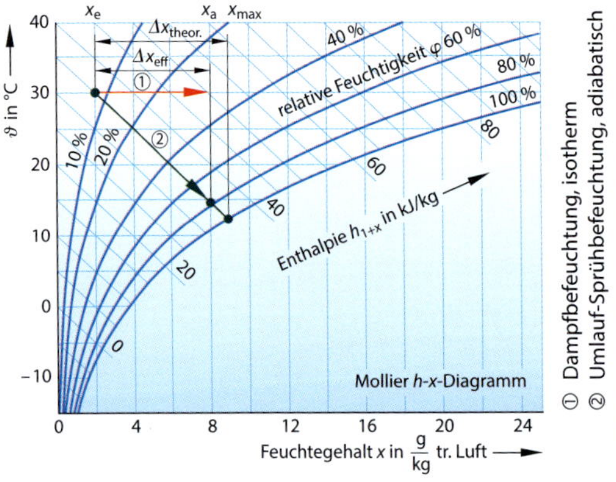

Befeuchtungsverlauf im *h*-*x*-Diagramm

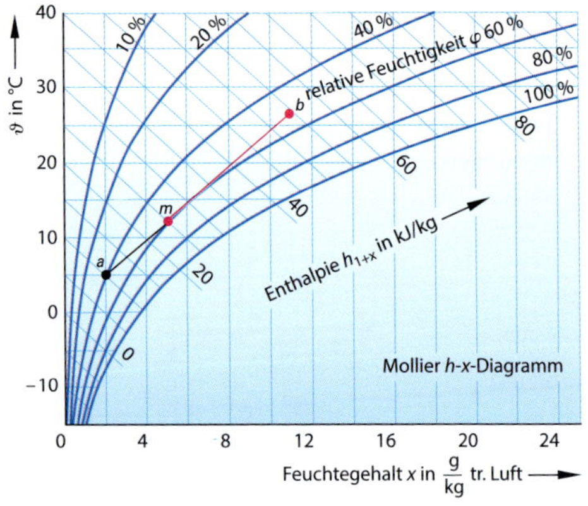

Luftmischung im *h*-*x*-Diagramm

Grundlagen

Formelzeichen / Einheiten			Formel / Formelumstellung		
φ	relative Feuchte	%	$\varphi = \frac{x}{x_S}$	$x_S = \frac{x}{\varphi}$	$x = x_s \cdot \varphi$
x	absolute Feuchte	$\frac{g_{H_2O}}{kg_{L,tr}}$	$x = \frac{m_D}{m_{L,tr}}$	$m_{L,Tr} = \frac{m_D}{x}$	$m_D = m_{L,tr} \cdot x$
x_s	Sättigungsfeuchte	$\frac{g_{H_2O}}{kg_{L,tr}}$	$x = 0{,}622 \frac{p_D}{p_{L,tr}}$		
m_D	Masse Wasserdampf	g_{H_2O}			
$m_{L,tr}$	Masse trockene Luft	$kg_{L,tr}$			
p_D	Druck Wasserdampf	Pa			
$p_{L,tr}$	Druck trockene Luft	Pa			

h,x-Diagramm

Abbildung

Relative Feuchte

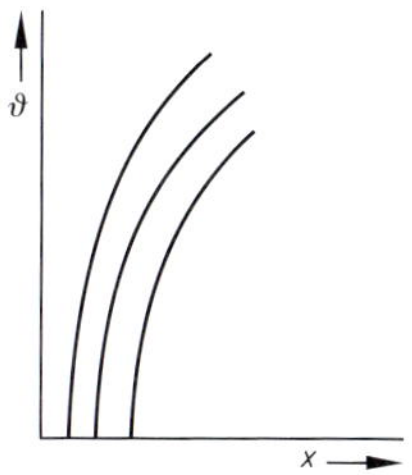

Absolute Feuchte

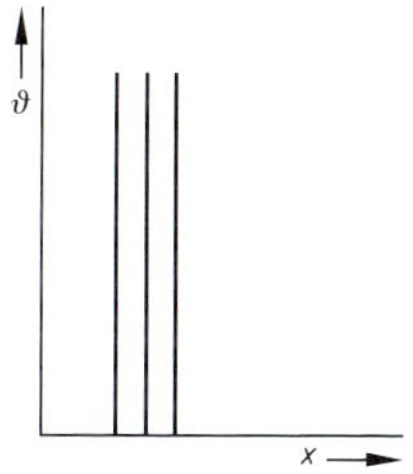

Beispiel

$x = 8{,}4 \frac{g_{H_2O}}{kg_{L,tr}}$

$\varphi = 45\,\%$

$x_s = ?$

$$x_S = \frac{x}{\varphi}$$

$$x_S = \frac{8{,}4}{0{,}45} \frac{g_{H_2O}}{kg_{L,tr}}$$

$$\underline{\underline{x_S = 18{,}6 \frac{g_{H_2O}}{kg_{L,tr}}}}$$

3

Außenluftvolumenstrom nach Luftwechselrate

Abbildung	Formel / Formelumstellung	Formelzeichen / Einheiten
Luftvolumenstrom 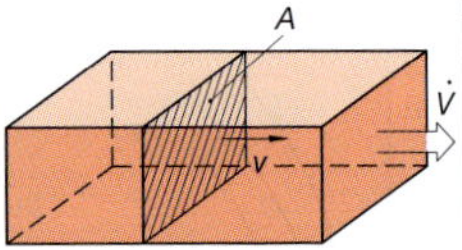	$\dot{V}_L = V_R \cdot i_{Lu}$ $V_R = \frac{\dot{V}_L}{i_{Lu}}$ $\quad i_{Lu} = \frac{\dot{V}_L}{V_R}$	$\dot{V}_L$ Luftvolumenstrom $\frac{m^3}{h}$ V_R Raumvolumen m^3 i_{Lu} Luftwechselrate $\frac{1}{h}$
Luftmassenstrom	$\dot{m}_L = \dot{V}_L \cdot \varrho$ $\dot{V}_L = \frac{\dot{m}_L}{\varrho}$	$\dot{m}_L$ Luftmassenstrom $\frac{kg}{h}$ ϱ Dichte der Luft $\frac{kg}{m^3}$

Beispiel

$V_R = 105\,m^3$

$i_{Lu} = 5\,\frac{1}{h}$

$\dot{V}_L = ?$

$$\dot{V}_L = V_R \cdot i_{Lu}$$

$$\dot{V}_L = 105\,m^3 \cdot 5\,\frac{1}{h}$$

$$\underline{\underline{\dot{V}_L = 525\,\frac{m^3}{h}}}$$

Außenluftvolumenstrom

Formelzeichen / Einheiten			Formel / Formelumstellung	Abbildung
nach Luftwechselrate				**CO_2-Konzentration** 
d_{CO_2}	CO_2-Konzentration der Luft Angabe üblicherweise in ppm		direkt nach dem Lüften	
V_{CO_2}	CO_2-Volumen	dm^3	$d_{CO_2} = \frac{V_{CO_2}}{V_R}$ $V_{CO_2} = d_{CO_2} \cdot V_R$ $V_R = \frac{V_{CO_2}}{d_{CO_2}}$	
V_R	Raumvolumen	dm^3		
q_{CO_2}	CO_2-Emissionsrate pro Person	$\frac{dm^3}{Pers \cdot h}$	nach bestimmter Aufenthaltszeit von Personen	
n	Anzahl Personen	Pers	$d_{CO_{2,2}} = \frac{n \cdot q_{CO_2} \cdot \tau}{V_R} + d_{CO_{2,1}}$	
τ	Aufenthaltszeit	h		
nach Arbeitsplatzgrenzwert				
$\dot{V}_{ODA}$	Außenluftvolumenstrom	$\frac{m^3}{h}$	$\dot{V}_{ODA} = \frac{\dot{m}_i}{AGW}$	
$\dot{m}_i$	Massenstrom des Schadstoffes	$\frac{mg}{h}$		
AGW	Arbeitsplatzgrenzwert	$\frac{mg}{m^3}$		
Indizes: 1: vor dem Lüften 2: nach dem Lüften				

Beispiel

$V_{CO_2} = 84\,l$

$V_R = 105\,m^3$

$d_{CO_2} = ?$

$$d_{CO_2} = \frac{V_{CO_2}}{V_R}$$

$$d_{CO_2} = \frac{0{,}084\,\cancel{m^3}}{105\,\cancel{m^3}} = 0{,}0008$$

$$\underline{\underline{d_{CO_2} = 800 \cdot 10^{-6} = 800\,ppm}}$$

Leistung der Register

Abbildung

Leistung der Kühlregister

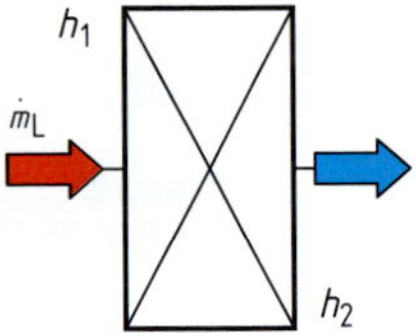

bzw. Heizregister

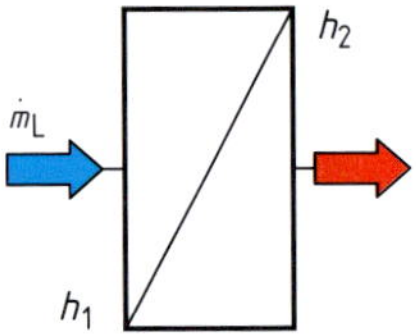

Formel / Formelumstellung

$$\dot{Q} = \Delta h \cdot \dot{m}_L \qquad \Delta h = h_2 - h_1$$

$$\dot{m}_L = \frac{\dot{Q}}{\Delta h} \qquad \Delta h = \frac{\dot{Q}}{\dot{m}_L}$$

Formelzeichen / Einheiten

$\dot{Q}$	Leistung der Register	kW
Δh	Enthalpiedifferenz	$\frac{\text{kJ}}{\text{kg}}$
$\dot{m}_L$	Massenstrom der Luft	$\frac{\text{kg}}{\text{s}}$

Beispiel

$\dot{m}_L = 630\,\frac{\text{kg}}{\text{h}}$

$\Delta h = 28\,\frac{\text{kJ}}{\text{kg}}$

$\dot{Q} = ?$

$$\dot{Q} = \Delta h \cdot \dot{m}_L$$

$$\dot{Q} = 28\,\frac{\text{kJ}}{\cancel{\text{kg}}} \cdot 630\,\frac{\cancel{\text{kg}}}{\text{h}}$$

$$\underline{\underline{\dot{Q} = 17640 \cdot \frac{\text{kJ}}{3600\,\text{s}} = 4{,}9\,\text{kW}}}$$

Befeuchtung

Formelzeichen / Einheiten			Formel / Formelumstellung	Abbildung
$\dot{m}_{H_2O}$	Kondensatmassenstrom	$\frac{kg}{h}$	$\dot{m}_{H_2O} = \Delta x \cdot \dot{m}_L$	**Wassermassenstrom zu- bzw. abgeführt** 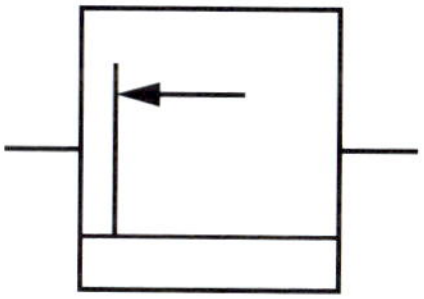
$\dot{m}_L$	Luftmassenstrom	$\frac{kg}{h}$	$\Delta x = \frac{\dot{m}_{H_2O}}{\dot{m}_L}$ $\quad \dot{m}_L = \frac{\dot{m}_{H_2O}}{\Delta x}$	
Δx	Feuchtedifferenz	$\frac{g_{H_2O}}{kg_{tr,L}}$		
η_B	Befeuchtungswirkungsgrad	%	$\eta_B = \frac{x_a - x_e}{(x_{max} - x_e)}$	
x	Luftfeuchte	$\frac{g}{kg}$		

Indizes:

a: Luftaustritt

e: Lufteintritt

max: maximal mögliche Befeuchtung

Beispiel

$\dot{m}_L = 1780 \frac{kg}{h}$

$\Delta x = 5{,}3 \frac{g_{H_2O}}{kg_{tr,L}}$

$\dot{m}_{H_2O} = ?$

$$\dot{m}_{H_2O} = \Delta x \cdot \dot{m}_L$$

$$\dot{m}_{H_2O} = 5{,}3 \frac{g_{H_2O}}{\cancel{kg_{tr,L}}} \cdot 1780 \frac{\cancel{kg_{tr,L}}}{h}$$

$$\underline{\underline{\dot{m}_{H_2O} = 9434 \frac{g_{H_2O}}{h} = 9{,}434 \frac{kg_{H_2O}}{h}}}$$

3

Mischen von Luft

Abbildung	Formel / Formelumstellung	Formelzeichen / Einheiten
Massenbilanz von Luft	$\dot{m}_{\mathrm{L_{ODA}}} + \dot{m}_{\mathrm{L_{RCA}}} = \dot{m}_{\mathrm{L_{MIA}}}$	$\dot{m}_{\mathrm{L}}$ Massenstrom Luft $\frac{\mathrm{kg}}{\mathrm{s}}$
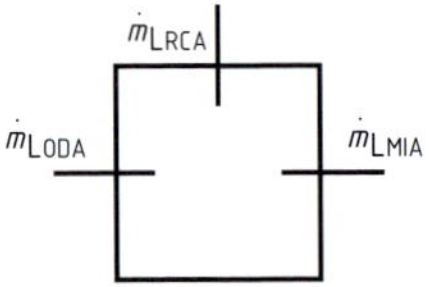	**Massenbilanz Wasserdampf** $\dot{m}_{\mathrm{L_{ODA}}} \cdot x_{\mathrm{ODA}} + \dot{m}_{\mathrm{L_{RCA}}} \cdot x_{\mathrm{RCA}} = \dot{m}_{\mathrm{L_{MIA}}} \cdot x_{\mathrm{MIA}}$ $x_{\mathrm{MIA}} = \frac{\dot{m}_{\mathrm{L_{ODA}}} \cdot x_{\mathrm{ODA}} + \dot{m}_{\mathrm{L_{RCA}}} \cdot x_{\mathrm{RCA}}}{\dot{m}_{\mathrm{L_{MIA}}}}$	x absolute Feuchte $\frac{\mathrm{g_{H_2O}}}{\mathrm{kg_{tr,L}}}$ h Enthalpie $\frac{\mathrm{kJ}}{\mathrm{kg}}$ ϑ Temperatur °C
	Energiebilanz $\dot{m}_{\mathrm{L_{ODA}}} \cdot h_{\mathrm{ODA}} + \dot{m}_{\mathrm{L_{RCA}}} \cdot h_{\mathrm{RCA}} = \dot{m}_{\mathrm{L_{MIA}}} \cdot h_{\mathrm{MIA}}$ $h_{\mathrm{MIA}} = \frac{\dot{m}_{\mathrm{L_{ODA}}} \cdot h_{\mathrm{ODA}} + \dot{m}_{\mathrm{L_{RCA}}} \cdot h_{\mathrm{RCA}}}{\dot{m}_{\mathrm{L_{MIA}}}}$	
	Temperaturbilanz $\dot{m}_{\mathrm{L_{ODA}}} \cdot \vartheta_{\mathrm{ODA}} + \dot{m}_{\mathrm{L_{RCA}}} \cdot \vartheta_{\mathrm{RCA}} = \dot{m}_{\mathrm{L_{MIA}}} \cdot \vartheta_{\mathrm{MIA}}$ $\vartheta_{\mathrm{MIA}} = \frac{\dot{m}_{\mathrm{L_{ODA}}} \cdot \vartheta_{\mathrm{ODA}} + \dot{m}_{\mathrm{L_{RCA}}} \cdot \vartheta_{\mathrm{RCA}}}{\dot{m}_{\mathrm{L_{MIA}}}}$	Indizes: ODA: OutDoorAir (Außenluft) RCA: ReCirculatetAir (Umluft) MIA: MixedAir (Mischluft)

Beispiel

$\dot{m}_{\mathrm{L_{ODA}}} = 1300\,\frac{\mathrm{kg}}{\mathrm{h}}$ $\quad x_{\mathrm{ODA}} = 5{,}2\,\frac{\mathrm{g_{H_2O}}}{\mathrm{kg_{tr,L}}}$

$\dot{m}_{\mathrm{L_{RCA}}} = 1250\,\frac{\mathrm{kg}}{\mathrm{h}}$ $\quad x_{\mathrm{RCA}} = 8{,}7\,\frac{\mathrm{g_{H_2O}}}{\mathrm{kg_{tr,L}}}$

$x_{\mathrm{MIA}} = ?$

$$x_{\mathrm{MIA}} = \frac{\dot{m}_{\mathrm{L_{ODA}}} \cdot x_{\mathrm{ODA}} + \dot{m}_{\mathrm{L_{RCA}}} \cdot x_{\mathrm{RCA}}}{\dot{m}_{\mathrm{L_{MIA}}}}$$

$$x_{\mathrm{MIA}} = \frac{1300\,\frac{\mathrm{kg}}{\mathrm{h}} \cdot 5{,}2\,\frac{\mathrm{g_{H_2O}}}{\mathrm{kg_{tr,L}}} + 1250\,\frac{\mathrm{kg}}{\mathrm{h}} \cdot 8{,}7\,\frac{\mathrm{g_{H_2O}}}{\mathrm{kg_{tr,L}}}}{2550\,\frac{\mathrm{kg}}{\mathrm{h}}}$$

$$x_{\mathrm{MIA}} = \frac{17635\,\frac{\cancel{\mathrm{kg}}\,\mathrm{g_{H_2O}}}{\cancel{\mathrm{h}}\,\cancel{\mathrm{kg}}_{\mathrm{tr,L}}}}{2550\,\frac{\mathrm{kg}}{\cancel{\mathrm{h}}}}$$

$$\underline{\underline{x_{\mathrm{MIA}} = 7{,}07\,\frac{\mathrm{g_{H_2O}}}{\mathrm{kg_{tr,L}}}}}$$

Kennzahlen für die Übertragung von Wärme und Feuchte

Formelzeichen / Einheiten	Formel / Formelumstellung
ϑ Temperatur °C	$\Phi_{\vartheta} = \frac{\vartheta_{22} - \vartheta_{21}}{\vartheta_{11} - \vartheta_{21}}$
x absolute Feuchte $\frac{g_{H_2O}}{kg_{tr,L}}$	
h Enthalpie $\frac{kJ}{kg}$	$\Phi_h = \frac{h_{22} - h_{21}}{h_{11} - h_{21}}$
Φ_{ϑ} Rückwärmezahl auf die Temperatur bezogen	
Φ_h Rückwärmezahl auf die Enthalpie bezogen	
Ψ Rückfeuchtezahl	$\Psi = \frac{x_{22} - x_{21}}{x_{11} - x_{21}}$

Indizes:

11: Fortluft am Eintritt

12: Fortluft am Austritt

21: Außenluft am Eintritt

22: Außenluft am Austritt

Abbildung

Rückwärmezahl auf die Temperatur bezogen

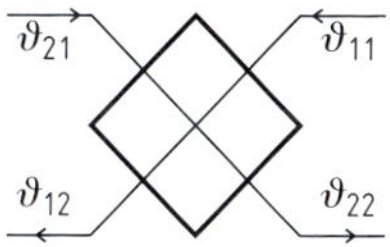

Rückwärmezahl auf die Enthalpie bezogen

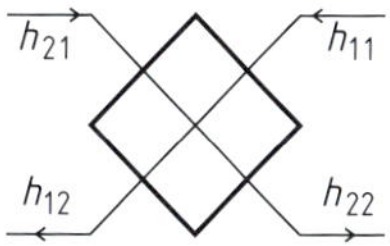

Rückfeuchtezahl

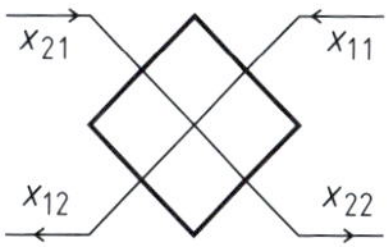

Beispiel

$h_{21} = 16\,\frac{kJ}{kg}$ $\quad h_{22} = 25\,\frac{kJ}{kg}$

$h_{11} = 46\,\frac{kJ}{kg}$ $\quad \Phi_h = ?$

$$\Phi_h = \frac{h_{22} - h_{21}}{h_{11} - h_{21}}$$

$$\Phi_h = \frac{25\,\frac{kJ}{kg} - 16\,\frac{kJ}{kg}}{46\,\frac{kJ}{kg} - 16\,\frac{kJ}{kg}}$$

$$\underline{\underline{\Phi_h = 0{,}3 = 30\,\%}}$$

3

Kanalnetzberechnung

Abbildung	Formel / Formelumstellung	Formelzeichen / Einheiten
Hydraulischer Durchmesser 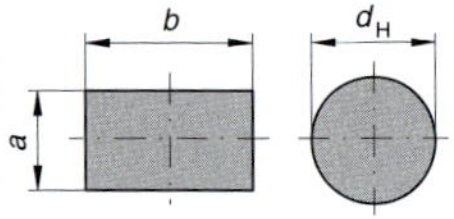	$d_h = \frac{2 \cdot a \cdot b}{a + b}$	d_h Hydraulischer Durchmesser mm a Kanalhöhe mm b Kanalbreite mm
Strömungsgeschwindigkeit	$w = \frac{\dot{V}_L}{A}$ $\dot{V}_L = w \cdot A$ $A = \frac{\dot{V}_L}{w}$	w Strömungsgeschwindigkeit $\frac{m}{s}$ A Kanalquerschnittsfläche m^2 $\dot{V}_L$ Luftvolumenstrom $\frac{m^3}{s}$

Beispiel

$a = 700\,mm$

$b = 900\,mm$

$d_h = ?$

$$d_h = \frac{2 \cdot a \cdot b}{a + b}$$

$$d_h = \frac{2 \cdot 700\,mm \cdot 900\,mm}{700\,mm + 900\,mm}$$

$$\underline{\underline{d_h = 787{,}5\,mm}}$$

Kanalnetzberechnung

Formelzeichen/Einheiten			Formel/Formelumstellung
R	tatsächliches Druckgefälle	$\frac{\text{Pa}}{\text{m}}$	$R = R_0 \cdot f_R$
R_0	Druckgefälle eines glatten Rohres	$\frac{\text{Pa}}{\text{m}}$	
f_R	Korrekturfaktor für Rauhigkeit		
Z	Druckverlust durch Einbauten	Pa	
$\Sigma\zeta$	Summe Widerstandsbeiwerte s. S. 171		
ϱ	Dichte der Luft Für Luft bei ca. 20 °C $\varrho = 1{,}2 \frac{\text{kg}}{\text{m}^3}$	$\frac{\text{kg}}{\text{m}^3}$	$Z = \Sigma\zeta \cdot \frac{\varrho}{2} \cdot w^2$
w	Strömungsgeschwindigkeit	$\frac{\text{m}}{\text{s}}$	$\Delta p = l \cdot R + Z$
Δp	Druckverlust	Pa	
l	Länge des Kanalstückes	m	

$$1 \frac{\text{kg} \cdot \text{m}}{\text{s}^2} = 1\ \text{N}$$

Abbildung

Tatsächliches Druckgefälle

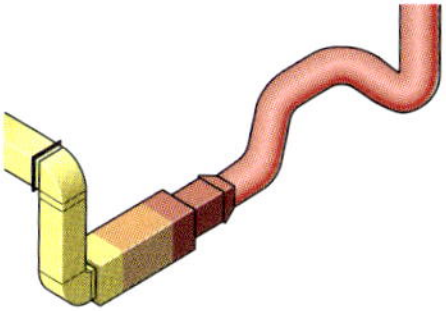

Beispiel

$w = 2{,}87 \frac{\text{m}}{\text{s}}$

$\Sigma\zeta = 1{,}3$

$\varrho = 1{,}2 \frac{\text{kg}}{\text{m}^3}$

$Z = ?$

$$Z = \Sigma\zeta \cdot \frac{\varrho}{2} \cdot w^2$$

$$Z = 1{,}3 \cdot \frac{1{,}2\,\text{kg}}{2\,\text{m}^3} \cdot \left(2{,}87 \frac{\text{m}}{\text{s}}\right)^2$$

$$Z = 6{,}42 \frac{\text{kg}}{\text{m}^3} \frac{\text{m}^2}{\text{s}^2} = 6{,}42 \frac{\text{kg}}{\text{m}^2} \frac{\text{m}}{\text{s}^2} = 6{,}42 \frac{\text{N}}{\text{m}^2}$$

$$\underline{\underline{Z = 6{,}42\ \text{Pa}}}$$

Ventilator

Abbildung	Formel / Formelumstellung	Formelzeichen / Einheiten
Ventilatorleistung 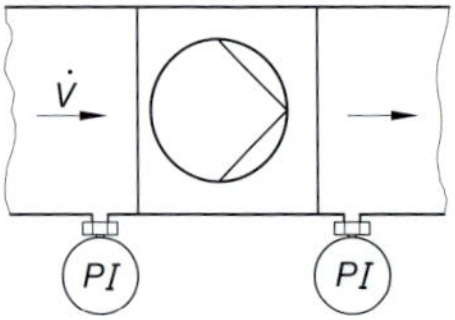 	$P_M = \frac{\dot{V} \cdot \Delta p}{\eta_t}$ $\dot{V} = \frac{P_M \cdot \eta_t}{\Delta p}$ $\Delta p = \frac{P_M \cdot \eta_t}{\dot{V}}$	P_M Ventilatorleistung W $\dot{V}$ Fördervolumenstrom $\frac{m^3}{h}, \frac{m^3}{s}$ Δp Totaldruckerhöhung Pa η_t Totalwirkungsgrad $1\,W = 1\,\frac{Nm}{s}$

Beispiel

$\dot{V} = 15\,000\,\frac{m^3}{h}$

$\Delta p = 175\,Pa$

$\eta_t = 0{,}62$

$P_M = ?$

$$P_M = \frac{\dot{V} \cdot \Delta p}{\eta_t}$$

$$P_M = \frac{15\,000\,m^3 \cdot 175\,Pa}{h \cdot 0{,}62} = 423\,387{,}1\,\frac{m^{\not{3}} \cdot N}{\not{h} \cdot \not{m^2}} \cdot \frac{\not{h}}{3600\,s} = 1176{,}1\,\frac{Nm}{s}$$

$$\underline{\underline{P_M = 1176{,}1\,W}}$$

Ventilator

Formelzeichen / Einheiten			Formel / Formelumstellung			Abbildung
$\dot{V}_1$	Volumenstrom 1	$\frac{m^3}{s}$	$\frac{\dot{V}_1}{\dot{V}_2} = \frac{n_1}{n_2}$	$\dot{V}_1 = \frac{\dot{V}_2 \cdot n_1}{n_2}$	$\dot{V}_2 = \frac{\dot{V}_1 \cdot n_2}{n_1}$	**Proportionalität** 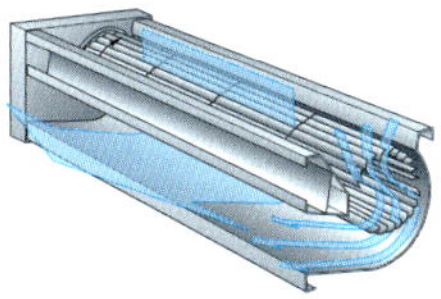
$\dot{V}_2$	Volumenstrom 2	$\frac{m^3}{s}$		$n_1 = \frac{\dot{V}_1 \cdot n_2}{\dot{V}_2}$	$n_2 = \frac{\dot{V}_2 \cdot n_1}{\dot{V}_1}$	
n_1	Drehfrequenz 1	$\frac{1}{min}$	$\frac{\Delta p_1}{\Delta p_2} = \left(\frac{n_1}{n_2}\right)^2$	$\Delta p_1 = \left(\frac{n_1}{n_2}\right)^2 \cdot \Delta p_2$	$\Delta p_2 = \frac{\Delta p_1}{\left(\frac{n_1}{n_2}\right)^2}$	
n_2	Drehfrequenz 2	$\frac{1}{min}$		$n_1 = \sqrt{\frac{\Delta p_1}{\Delta p_2}} \cdot n_2$	$n_2 = \frac{n_1}{\sqrt{\frac{\Delta p_1}{\Delta p_2}}}$	
Δp_1	Druckerhöhung 1	Pa	$\frac{P_1}{P_2} = \left(\frac{n_1}{n_2}\right)^3$	$P_1 = \left(\frac{n_1}{n_2}\right)^3 \cdot P_2$	$P_2 = \frac{P_1}{\left(\frac{n_1}{n_2}\right)^3}$	
Δp_2	Druckerhöhung 2	Pa		$n_1 = \sqrt[3]{\frac{P_1}{P_2}} \cdot n_2$	$n_2 = \frac{n_1}{\sqrt[3]{\frac{P_1}{P_2}}}$	
P_1	Leistungsaufnahme 1	W				
P_2	Leistungsaufnahme 2	W				

Beispiel

$n_1 = 1300\,\frac{1}{min}$ $\quad n_2 = 2500\,\frac{1}{min}$

$\dot{V}_2 = 3000\,\frac{m^3}{h}$ $\quad \dot{V}_1 = ?$

$$\dot{V}_1 = \frac{\dot{V}_2 \cdot n_1}{n_2}$$

$$\dot{V}_1 = 3000\,\frac{m^3}{h} \cdot \frac{1300\,\cancel{min}}{2500\,\cancel{min}}$$

$$\underline{\underline{\dot{V}_1 = 1560\,\frac{m^3}{h}}}$$

3

Filter

Abbildung	Formel / Formelumstellung	Formelzeichen / Einheiten
Abscheidegrad 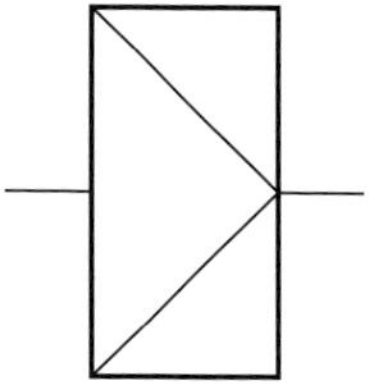	$\eta_F = \frac{m_{ab}}{m_{an}}$ $m_{an} = \frac{m_{ab}}{\eta_F}$ $m_{ab} = \eta_F \cdot m_{an}$	η_F Abscheidegrad % m_{ab} abgeschiedene Staubmasse g m_{an} angebotene Staubmasse g
Mittlerer Druckverlust	$\Delta p_m = \frac{\Delta p_e - \Delta p_a}{2} + \Delta p_a$	Δp Druckverlust Pa Indizes: m: Mittel e: Endzustand a: Anfangszustand

Beispiel

$m_{ab} = 16\,g$
$m_{an} = 20\,g$
$\eta_F = ?$

$$\eta_F = \frac{m_{ab}}{m_{an}}$$

$$\eta_F = \frac{16\,\cancel{g}}{20\,\cancel{g}}$$

$$\underline{\underline{\eta_F = 0{,}8}}$$

Akustik

Formelzeichen / Einheiten	Formel / Formelumstellung	Abbildung
L_W Schallleistungspegel dB w Strömungsgeschwindigkeit $\frac{m}{s}$ A Kanalquerschnitt m^2	$L_W = 7 + 50 \cdot \log w \cdot \log A$ $A = 10^{\frac{L_W - 7}{50 \cdot \log w}}$ $w = 10^{\frac{L_W - 7}{50 \cdot \log A}}$	**Schallleistungspegel in Kanälen** 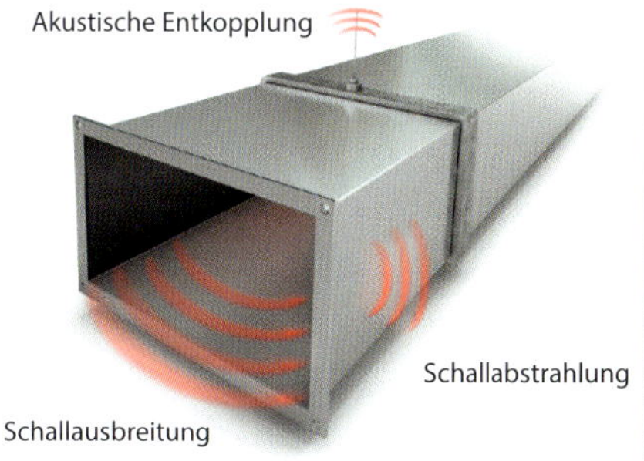

Beispiel

$A = 0{,}85\,m^2$

$w = 2{,}8\,\frac{m}{s}$

$L_W = ?$

$$L_W = 7 + 50 \cdot \log w \cdot \log A$$

$$L_W = 7 + 50 \cdot \log\left(2{,}8\,\frac{m}{s}\right) \cdot \log\left(0{,}85\,m^2\right)$$

$$\underline{\underline{L_W = 5{,}422\,dB}}$$

Grundlagen

Abbildung	Formel / Formelumstellung	Formelzeichen / Einheiten

Ohmsches Gesetz

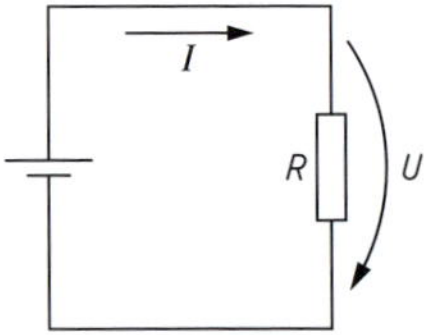

$$I = \frac{U}{R} \qquad U = R \cdot I \qquad R = \frac{U}{I}$$

Formelzeichen	Bedeutung	Einheit
U	Spannung	V
I	Stromstärke	A
R	Widerstand	Ω

Beispiel

$U = 230\,\text{V}$

$R = 125\,\Omega$

$I = ?$

$$I = \frac{U}{R}$$

$$I = \frac{230\,\text{V}}{125\,\Omega} = \underline{\underline{1{,}84\,\text{A}}}$$

Leiterwiderstand

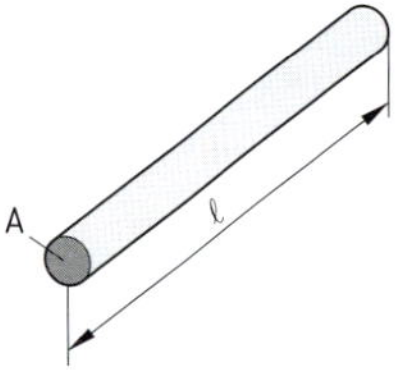

mit spezifischen Widerstand

$$R = \frac{\varrho \cdot \ell}{A} \qquad \varrho = \frac{R \cdot A}{\ell} \qquad \ell = \frac{A \cdot R}{\varrho} \qquad A = \frac{\varrho \cdot \ell}{R}$$

mit spezifischen Leitwert

$$R = \frac{\ell}{\gamma \cdot A} \qquad \gamma = \frac{\ell}{R \cdot A} \qquad \ell = \gamma \cdot R \cdot A \qquad A = \frac{\ell}{\gamma \cdot R}$$

Formelzeichen	Bedeutung	Einheit
R	Widerstand	Ω
ϱ	spezifischer Widerstand	$\frac{\Omega \cdot \text{mm}^2}{\text{m}}$
ℓ	Leiterlänge	m
A	Leiterquerschnitt	mm^2
γ	spezifischer Leitwert	$\frac{\text{m}}{\Omega \cdot \text{mm}^2}$

Beispiel

$\varrho_{\text{Kupfer}} = 0{,}0178\,\frac{\Omega \cdot \text{mm}^2}{\text{m}}$

$\ell = 60\,\text{m}$

$A = 0{,}75\,\text{mm}^2$

$R = ?$

$$R = \frac{\varrho \cdot \ell}{A} \qquad R = \frac{0{,}0178\,\frac{\Omega \cdot \text{mm}^2}{\text{m}} \cdot 60\,\text{m}}{0{,}75\,\text{mm}^2} = 1{,}424\,\frac{\Omega \cdot \cancel{\text{mm}^2} \cdot \cancel{\text{m}}}{\cancel{\text{m}} \cdot \cancel{\text{mm}^2}} = \underline{\underline{1{,}424\,\Omega}}$$

4

Grundlagen

Formelzeichen / Einheiten	Formel / Formelumstellung	
ϱ spezifischer Widerstand $\frac{\Omega \cdot mm^2}{m}$ γ spezifischer Leitwert $\frac{m}{\Omega \cdot mm^2}$	$\gamma = \frac{1}{\varrho}$ $\varrho = \frac{1}{\gamma}$	**spezifischer Widerstand und spezifischer Leitwert**

Werkstoff	ϱ in $\frac{\Omega \cdot mm^2}{m}$	γ in $\frac{m}{\Omega \cdot mm^2}$
Aluminium	0,0278	35,97
Silber	0,0167	59,88
Gold	0,0218	45,87
Kupfer	0,0178	56,18
Konstantan	0,49	2,04
Stahl	0,13	7,69
Kohle	65,0	0,0153
Chrom-Nickel-Stahl	1,1	0,909

R Widerstand Ω G Leitwert S	$G = \frac{1}{R}$ $R = \frac{1}{G}$	**Widerstand und Leitwert**

4

Grundlagen

Abbildung | **Formel / Formelumstellung** | **Formelzeichen / Einheiten**

Reihenschaltung von Widerständen

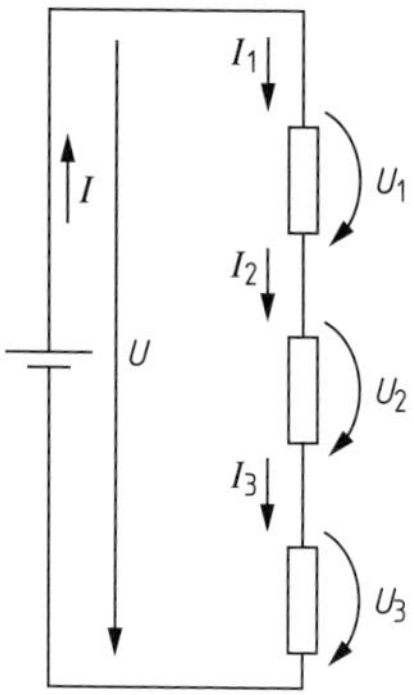

$$R = R_1 + R_2 + R_3 + \ldots + R_n$$

$$R_1 = R - R_2 - R_3 - \ldots - R_n$$

Der Gesamtwiderstand ist größer als der größte Einzelwiderstand.

$$U = U_1 + U_2 + U_3 + \ldots + U_n$$

$$U_1 = U - U_2 - U_3 - \ldots - U_n$$

$$I = I_1 = I_2 = I_3 = \ldots = I_n$$

Formelzeichen	Bedeutung	Einheit
R	Gesamtwiderstand (Ersatzwiderstand)	Ω
R_1, R_2, R_3	Einzelwiderstände	Ω
U	Gesamtspannung	V
U_1, U_2, U_3	Einzelspannungen	V
I	Gesamtstromstärke	A
I_1, I_2, I_3	Einzelströme	A

Beispiel

$R_1 = 200\,\Omega$

$R_2 = 150\,\Omega$

$R_3 = 275\,\Omega$

$R = ?$

$$R = R_1 + R_2 + R_3$$

$$R = 100\,\Omega + 150\,\Omega + 275\,\Omega = \underline{\underline{525\,\Omega}}$$

Grundlagen

Formelzeichen / Einheiten	Formel / Formelumstellung	Abbildung
R Gesamtwiderstand (Ersatzwiderstand) Ω R_1, R_2, R_3 Einzelwiderstände Ω G Gesamtleitwert S G_1, G_2, G_3 Gesamtleitwert S U Gesamtspannung V U_1, U_2, U_3 Einzelspannungen V I Gesamtstromstärke A I_1, I_2, I_3 Einzelströme A	$R = \frac{1}{\frac{1}{R_1} + \frac{1}{R_2} + \frac{1}{R_3} + \ldots + \frac{1}{R_n}}$ $R_1 = \frac{1}{\frac{1}{R} - \frac{1}{R_2} - \frac{1}{R_3} - \ldots - \frac{1}{R_n}}$ $G = \frac{1}{R}$ $G_1 = \frac{1}{R_1}$ … $G = G_1 + G_2 + G_3 + \ldots + G_n$ $U = U_1 = U_2 = U_3 = \ldots = U_n$ $I = I_1 + I_2 + I_3 + \ldots + I_n$ $I_1 = I - I_2 - I_3 - \ldots - I_n$	**Parallelschaltung von Widerständen** 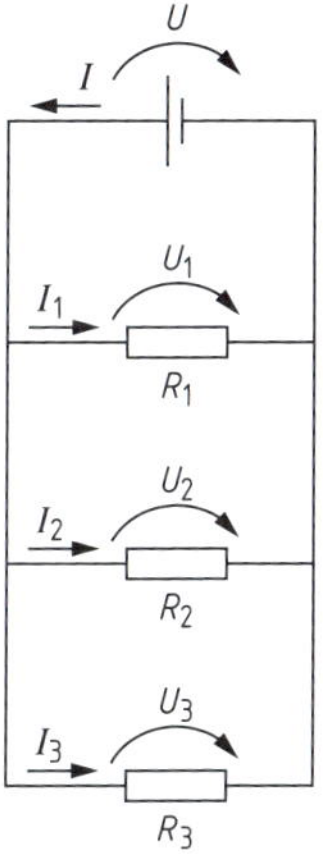
R Gesamtwiderstand (Ersatzwiderstand) Ω R_n Einzelwiderstände Ω n Anzahl der Widerstände	Bei gleichen Widerständen $R = \frac{R_n}{n}$	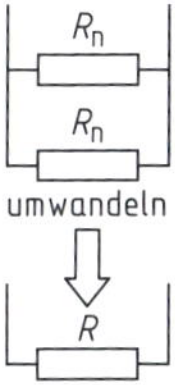

Beispiel

$R_1 = 100\,\Omega \quad R_2 = 150\,\Omega \quad R_3 = 275\,\Omega$

$R = ?$

$$R = \frac{1}{\frac{1}{R_1} + \frac{1}{R_2} + \frac{1}{R_3}} = \frac{1}{\frac{1}{100\,\Omega} + \frac{1}{150\,\Omega} + \frac{1}{275\,\Omega}} = \underline{\underline{49{,}25\,\Omega}}$$

4

Grundlagen

Abbildung	Formel / Formelumstellung	Formelzeichen / Einheiten
Gemischte Schaltungen oder Gruppenschaltungen 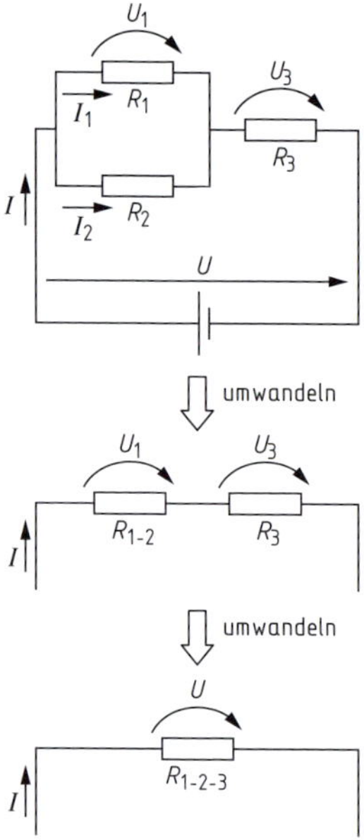	Bei gemischten Schaltungen handelt es sich um eine Kombination aus Parallel- und Reihenschaltungen. Zur Ermittlung des **Ersatzwiderstandes** wird die Schaltung von innen nach außen aufgelöst. Dazu werden die Parallel- und Reihenschaltungen schrittweise zu Ersatzwiderständen zusammengefasst. Die Zusammenfassung wird wiederholt, bis nur noch ein Ersatzwiderstand vorliegt.	**Ersatzwiderstand** für die Beispielschaltung: 1. Schritt: Parallelschaltung R_1 und R_2 $R_{1-2} = \frac{1}{\frac{1}{R_1} + \frac{1}{R_2}}$ 2. Schritt: Reihenschaltung R_{1-2} und R_3 $R_{1-2-3} = R_{1-2} + R_3$ **Spannungen** in der Beispielschaltung: $U = R \cdot I$ $U = U_3 \cdot I$ $U_1 = U - U_3$ **Stromstärken** in der Beispielschaltung: $I = \frac{U}{R_{1-2-3}}$ $I_3 = I$ $I_1 = \frac{U_1}{R_1}$ $I_2 = \frac{U_1}{R_2}$ $I = I_1 + I_2$

Grundlagen

Formelzeichen / Einheiten	Formel / Formelumstellung	Abbildung
$\sum I_{zu}$: Summe der zufließenden Stromstärken $\sum I_{ab}$: Summe der abfließenden Stromstärken I_1 und I_2 zufließende Stromstärken I_3 und I_4 abfließende Stromstärken	$\sum I_{zu} = \sum I_{ab}$	**Knoten- und Maschenregel (1. und 2. Kirchhoffsche Regel)** 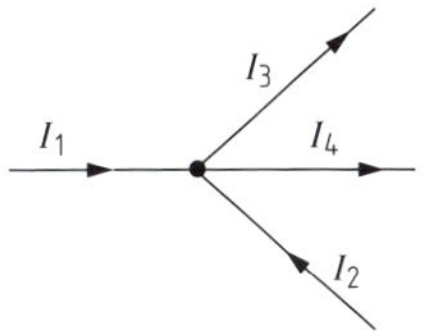
$\sum U_{erz}$: Summe der Erzeugerspannungen $\sum U_{verbr}$: Summe der Verbraucherspannungen U_{01}, U_{02}, U_{03} Erzeugerspannungen (U_{erz}) U_1, U_2 Verbraucherspannungen (U_{verbr})	$\sum U_{erz.} = \sum U_{verbr.}$	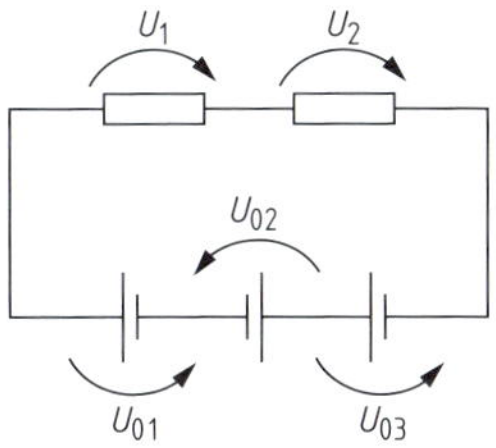

Beispiel

zufließende Stromstärken:

$I_1 = 2\,A$

$I_2 = 5\,A$

abfließende Stromstärken:

$I_3 = 4\,A$

$I_4 = ?$

$I_1 + I_2 = I_3 + I_4$

$I_4 = I_1 + I_2 - I_3 = 2\,A + 5\,A - 4\,A = \underline{\underline{3\,A}}$

4

Grundlagen

Abbildung	Formel / Formelumstellung	Formelzeichen / Einheiten
Widerstand und Temperatur		

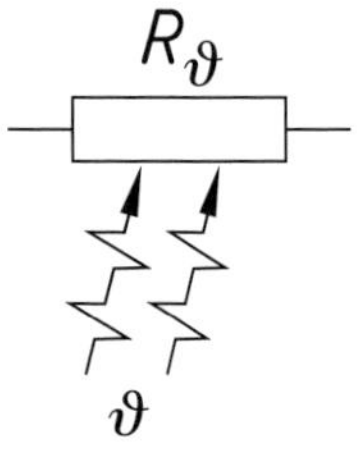

Formel / Formelumstellung

$$\Delta\vartheta = \vartheta_2 - \vartheta_1$$

$$\Delta R = \alpha \cdot R_{20} \cdot \Delta\vartheta \qquad \Delta\vartheta = \frac{\Delta R}{\alpha \cdot R_{20}}$$

$$R_{20} = \frac{\Delta R}{\alpha \cdot \Delta\vartheta}$$

$$R_\vartheta = R_{20} + \Delta R$$

$$R_\vartheta = R_{20}(1 + \alpha \cdot \Delta\vartheta)$$

Formelzeichen / Einheiten

$\Delta\vartheta$	Temperaturdifferenz	K
ϑ_1	Anfangstemperatur	°C
ϑ_2	Endtemperatur	°C
ΔR	Widerstandsänderung	Ω
R_ϑ	Widerstand bei der Temperatur ϑ	Ω
R_{20}	Widerstand bei der Temperatur 20 °C	Ω
α	Widerstands-Temperaturkoeffizient (Temperaturbeiwert) (s. Seite 164)	1/°C oder 1/K

Metall	**α in 1/K**
Aluminium	0,004
Kupfer	0,0039
Nickel	0,00015
Konstantan	0,00004

Beispiel

$R_{20} = 500\,\Omega$

$\vartheta_1 = 20\,°C$

$\vartheta_2 = 150\,°C$

Kupfer: $\alpha_{Cu} = 0{,}0039$ 1/°C

$R_\vartheta = ?$

$$\Delta\vartheta = \vartheta_2 - \vartheta_1 = 150\,°C - 20\,°C = \underline{130\,°C}$$

$$\Delta R = \alpha \cdot R_{20} \cdot \Delta\vartheta = 0{,}0039 \frac{1}{\cancel{°C}} \cdot 500\,\Omega \cdot 130\cancel{°C} = \underline{253{,}5\,\Omega}$$

$$R_\vartheta = R_{20} + \Delta R = 500\,\Omega + 253{,}5\,\Omega = \underline{\underline{753{,}5\,\Omega}}$$

Grundlagen

Formelzeichen / Einheiten	Formel / Formelumstellung	Abbildung
P elektrische Leistung W U Spannung V I Stromstärke A R Widerstand Ω	$P = U \cdot I$ $\quad U = \frac{P}{I}$ $\quad I = \frac{P}{U}$ $P = I^2 \cdot R$ $\quad I = \sqrt{\frac{P}{R}}$ $\quad R = \frac{P}{I^2}$ $P = \frac{U^2}{R}$ $\quad U = \sqrt{P \cdot R}$ $\quad R = \frac{U^2}{P}$	**Elektrische Leistung an ohmscher Last**

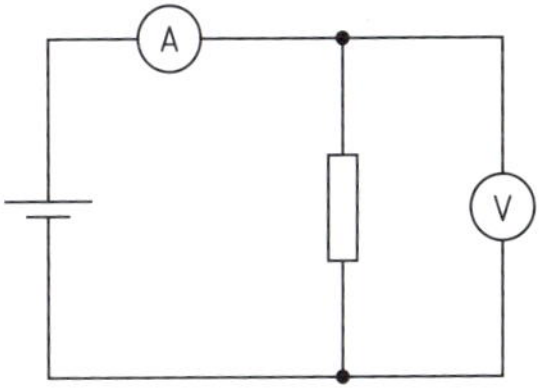

Formelrad - Elektrotechnik

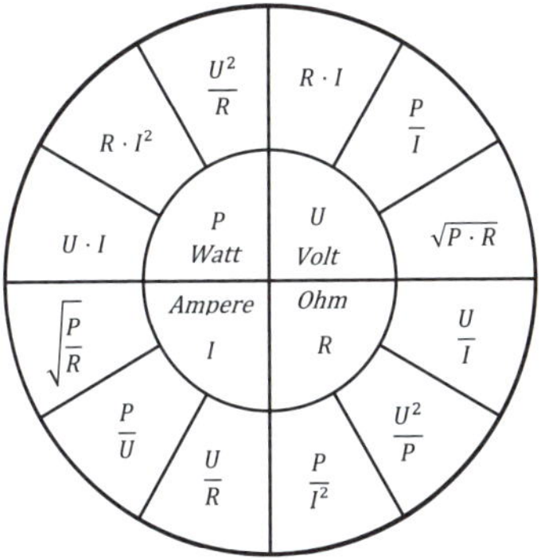

Beispiel

$U = 230\,V$

$I = 2{,}6\,A$

$P = ?$

$P = U \cdot I = 230\,V \cdot 2{,}6\,A = \underline{\underline{598\,W}}$

4

Grundlagen

Abbildung	Formel / Formelumstellung			Formelzeichen / Einheiten		
Elektrische Arbeit						
	$W = U \cdot I \cdot t$	$I = \frac{W}{U \cdot t}$	$t = \frac{W}{U \cdot I}$	W	elektrische Arbeit	Ws, (Wh, kWh)
				U	Spannung	V
				I	Stromstärke	A
	$W = P \cdot t$	$P = \frac{W}{t}$	$t = \frac{W}{P}$	t	Zeit	s, (h)
				P	Leistung	W
				n	Anzahl der Umdrehungen	ohne
	$W = \frac{n}{c_z}$	$n = W \cdot c_z$	$c_z = \frac{n}{W}$	c_z	Zählerkonstante	1/kWh

1 Wh = 3600 Ws

1 kWh = 1000 Wh

Beispiel

$P = 1500\,W$

$t = 3{,}5\,h$

$W = ?$

$W = P \cdot t = 1500\,W \cdot 3{,}5\,h = 5250\,Wh = \underline{\underline{5{,}25\,kWh}}$

Grundlagen

Formelzeichen / Einheiten	Formel / Formelumstellung	Abbildung

Kostenberechnung der elektrischen Arbeit (Stromkosten)

Stromkosten = elektrische Leistung · Betriebsstunden · Leistungspreis

Formelzeichen	Bedeutung	Einheit
K	Kosten der elektrischen Arbeit	€
P	Leistung	W
t	Betriebsstunden	h
k	Leistungspreis (Preis für eine kWh)	€/kWh
W	Elektrische Arbeit	kWh

$$K = P \cdot t \cdot k \qquad P = \frac{K}{t \cdot k} \qquad t = \frac{K}{P \cdot k}$$

$$k = \frac{K}{P \cdot t}$$

$$K = W \cdot k \qquad W = \frac{K}{k} \qquad k = \frac{K}{W}$$

Beispiel

$P = 1500\,\text{W} = 1{,}5\,\text{kW}$

$t = 18\,h$

$k = 0{,}32\,€/\text{kWh}$

$K = ?$

$$K = P \cdot t \cdot k = 1{,}5\,\cancel{\text{kW}} \cdot 18\,\cancel{h} \cdot 0{,}32\,\frac{€}{\cancel{\text{kW}}\,\cancel{h}} = \underline{\underline{8{,}64\,€}}$$

Grundlagen

Abbildung	Formel / Formelumstellung	Formelzeichen / Einheiten
Wirkungsgrad 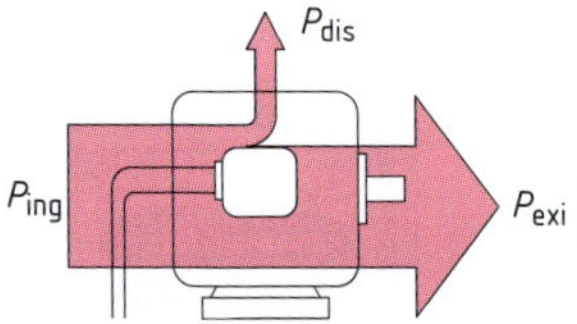	$\eta = \frac{P_{exi}}{P_{ing}}$ $\quad P_{exi} = \eta \cdot P_{ing}$ $P_{ing} = \frac{P_{exi}}{\eta}$	η Wirkungsgrad P_{ing} zugeführte Leistung (früher P_{zu}) W P_{exi} abgegebene Leistung (früher P_{ab}) W P_{dis} Verlustleistung (früher $P_{verl.}$) W
	$P_{dis} = P_{ing} - P_{exi}$ $\quad P_{ing} = P_{exi} + P_{dis}$ $P_{exi} = P_{ing} - P_{dis}$	
	Gesamtwirkungsgrad bei mehreren Geräten $\eta_{ges} = \eta_1 \cdot \eta_2 \cdot \ldots \cdot \eta_n$ $\quad \eta_1 = \frac{\eta_{ges}}{\eta_2 \cdot \eta_3}$	η_{ges} Gesamtwirkungsgrad η_1, η_2 Wirkungsgrade der einzelnen Geräte
		Indizes: „exi → exit“ „ing → in going“ „dis → dissipation“

Beispiel

$P_{ing} = 3{,}8\,\text{kW}$

$P_{exi} = 2{,}9\,\text{kW}$

$P_{dis} = ?$

$\eta = ?$

$$P_{dis} = P_{ing} - P_{exi} = 3{,}8\,\text{kW} - 2{,}9\,\text{kW} = 0{,}9\,\text{kW}$$

$$\eta = \frac{P_{exi}}{P_{ing}} = \frac{2{,}9\,\cancel{\text{kW}}}{3{,}8\,\cancel{\text{kW}}} = \underline{\underline{0{,}76}}$$

4

Grundlagen

Formelzeichen / Einheiten	Abbildungen / Formel / Formelumstellung

Kondensator an Gleichspannung (Lade-Entladekurven)

τ	Zeitkonstante	s
R	Vorwiderstand	Ω
C	Kapazität	F
U_0	max. Ladespannung	V
I_0	max. Ladestromstärke	A

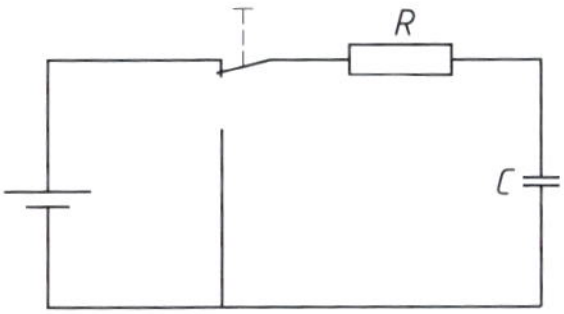

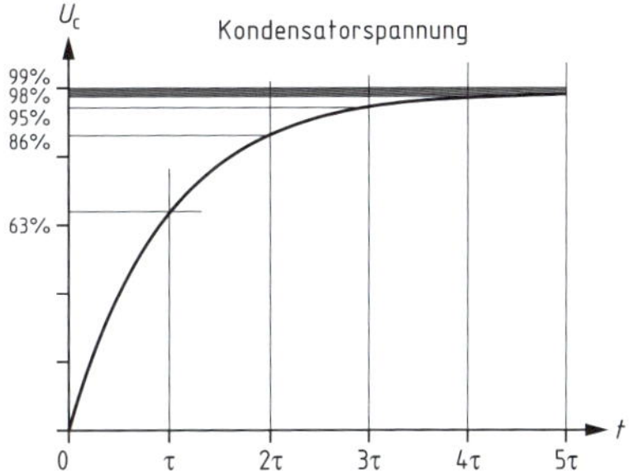

$$\tau = R \cdot C \qquad R = \frac{\tau}{C} \qquad C = \frac{\tau}{R}$$

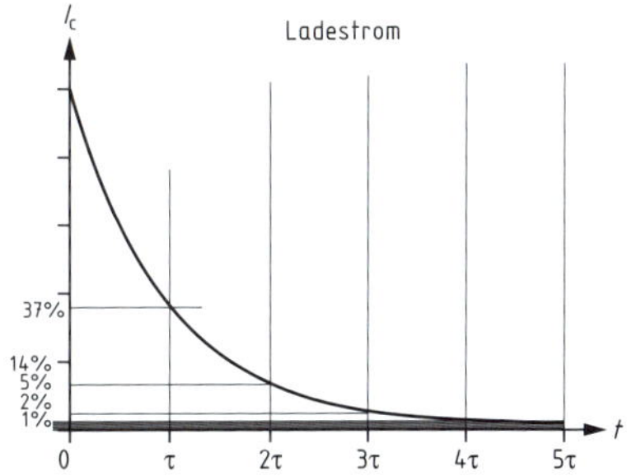

$$I_0 = \frac{U_0}{R} \qquad R = \frac{U_0}{I_0} \qquad U_0 = I_0 \cdot R$$

Ladezustand Kondensator:

nach 1τ zu 63,2 %,

nach 2τ zu 86,5 %,

nach 3τ zu 95,0 %,

nach 4τ zu 98,2 %,

nach 5τ zu 99,3 %

Nach 5τ ist ein Kondensator voll auf- bzw. entladen.

Beispiel

$C = 4{,}7\,\mu F$

$R = 10\,k\Omega$

$U_0 = 10\,V$

$\tau = ?$

$I_0 = ?$

Zeit bis C voll geladen = ?

$$\tau = R \cdot C = 10\,k\Omega \cdot 4{,}7\,\mu F = 10 \cdot 10^3\,\Omega \cdot 4{,}7 \cdot 10^{-6}\,F = 47 \cdot 10^{-3}\,s = 47\,ms$$

$$I_0 = \frac{U_o}{R} = \frac{10\,V}{10\,k\Omega} = 0{,}001\,A = \underline{\underline{1\,mA}}$$

Der Kondensator ist nach 5τ zu 99,3 % geladen.

$5\tau = 5 \cdot 47\,ms = 235\,ms$

4

Wechselspannung – Wechselstrom

Grundgrößen der Wechselspannung

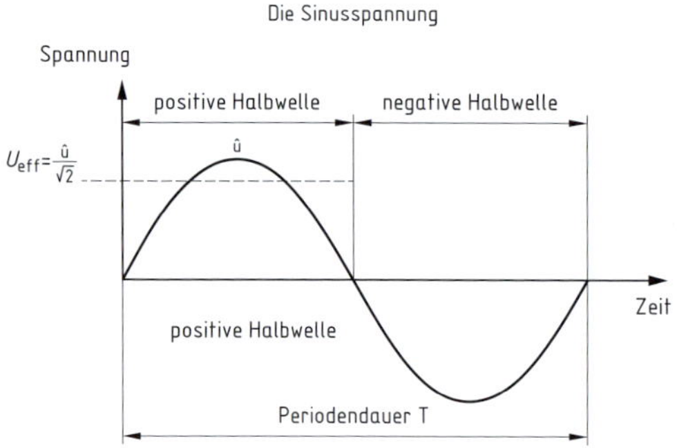

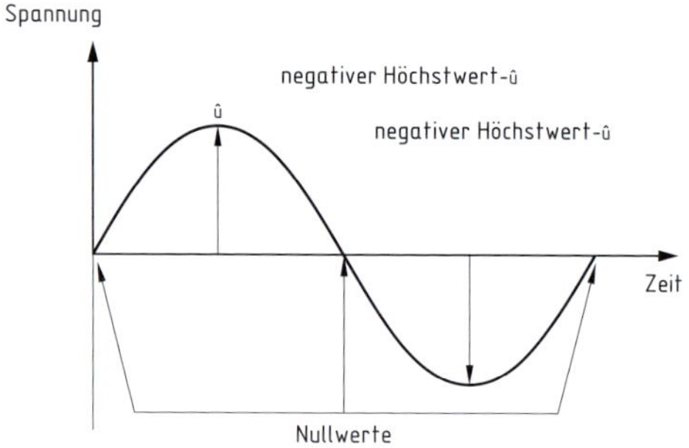

Formel / Formelumstellung		
$f = \frac{1}{T}$	$T = \frac{1}{f}$	
$U_{eff} = U = \frac{\hat{u}}{\sqrt{2}}$	$\hat{u} = U_{eff} \cdot \sqrt{2}$	
$\omega = 2 \cdot \pi \cdot f$	$f = \frac{\omega}{2 \cdot \pi}$	
$u = \hat{u} \cdot \sin(\omega t)$		
$i = \hat{i} \cdot \sin(\omega t)$	$\hat{i} = I_{eff} \cdot \sqrt{2}$	$I_{eff} = \frac{\hat{i}}{\sqrt{2}}$

Formelzeichen / Einheiten		
f	Frequenz	Hz
T	Periodendauer	S
U_{eff} oder U	Effektivwert der Spannung	V
$\hat{u}$	Höchstwert (Scheitelwert) Spannung	V
ω	Kreisfrequenz	1/s oder Hz
u	Augenblickswert Spannung	V
t	Zeit	s
$\hat{i}$	Höchstwert (Scheitelwert) Stromstärke	A
i	Augenblickswert Stromstärke	A
I_{eff} oder I	Effektivwert Stromstärke	A

Wechselspannung – Wechselstrom

Beispiel $f = 50\,\text{Hz} = 50\frac{1}{\text{s}}$ $T = ?$	$T = \frac{1}{f} = \frac{1}{50\frac{1}{\text{s}}} = 0{,}02\,\text{s} = \underline{\underline{20\,\text{ms}}}$
Beispiel $U_{\text{eff}} = 175\,\text{V}$ $\hat{u} = ?$	$\hat{u} = U \cdot \sqrt{2} = 175\,\text{V} \cdot \sqrt{2} = \underline{\underline{247{,}5\,\text{V}}}$
Beispiel $f = 150\,\text{Hz}$ $\omega = ?$	$\omega = 2 \cdot \pi \cdot f = 2 \cdot \pi \cdot 150\,\text{Hz} = 942\,1/\text{s}$
Beispiel $\hat{u} = 20\,\text{V}$ $f = 50\,\text{Hz}$ u nach $t = 7{,}5\,\text{ms}$	$u = \hat{u} \cdot \sin(\omega\, t) = 20\,\text{V} \cdot \sin(2 \cdot \pi \cdot 50\frac{1}{\cancel{\text{s}}} \cdot 0{,}0075\,\cancel{\text{s}}) = 20\,\text{V} \cdot 0{,}7071 = \underline{\underline{14{,}14\,\text{V}}}$

4

Wechselspannungsgeräte

Abbildung	Formel / Formelumstellung	Formelzeichen / Einheiten
Kondensator – kapazitiver Blindwiderstand 	$X_c = \frac{1}{2 \cdot \pi \cdot f \cdot C}$ $C = \frac{1}{2 \cdot \pi \cdot f \cdot X_c}$ $f = \frac{\omega}{2 \cdot \pi}$ $\omega = 2 \cdot \pi \cdot f$ $I_c = \frac{U_c}{X_c}$ $X_c = \frac{U_c}{I_c}$ $U_C = I_C \cdot X_C$	X_c kapazitiver Blindwiderstand Ω f Frequenz Hz C Kapazität F ω Kreisfrequenz 1/s oder Hz I_c kapazitiver Blindstrom A U_c kapazitive Blindspannung V Farad: $1\,\text{F} = 1\frac{\text{As}}{\text{V}}$

Beispiel

$U_c = 230\,\text{V}$

$f = 50\,\text{Hz}$

$C = 8\,\mu\text{F}$

$\omega = ?$

$X_c = ?$

$I_C = ?$

$$X_c = \frac{1}{2 \cdot \pi \cdot f \cdot C} = \frac{1}{2 \cdot \pi \cdot 50\,\text{Hz} \cdot 8\,\mu\text{F}} = \frac{1}{314{,}16\,\frac{1}{\cancel{\text{s}}} \cdot 8 \cdot 10^{-6} \cdot \frac{\text{A}\cancel{\text{s}}}{\text{V}}} = 397{,}89\,\frac{\text{V}}{\text{A}} = \underline{\underline{397{,}89\,\Omega}}$$

$$I_c = \frac{U_c}{X_c} = \frac{230\,\text{V}}{397{,}89\,\Omega} = \underline{\underline{0{,}58\,\text{A}}}$$

4

Wechselspannungsgeräte

Formelzeichen / Einheiten			Formel / Formelumstellung	Abbildung
C	Gesamtkapazität (Ersatzkapazität)	F	$\frac{1}{C}=\frac{1}{C_1}+\frac{1}{C_2}+\ldots+\frac{1}{C_n}$	**Kondensatoren in Reihenschaltung** 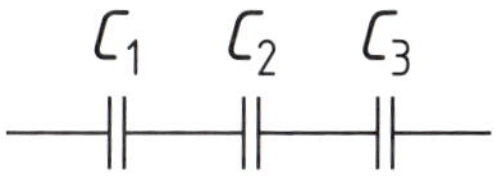
$C_1, C_2, \ldots$	Einzelkapazitäten	F	$\frac{1}{C_1}=\frac{1}{C}-\frac{1}{C_2}-\ldots-\frac{1}{C_n}$	
X_C	kapazitiver Blindwiderstand	Ω	$X_C=X_{C1}+X_{C2}+\ldots+X_{Cn}$	
$X_{C1}, X_{C2}, \ldots$	kapazitive Einzelblindwiderstände	Ω	$X_{C1}=X_C-X_{C2}-\ldots-X_{Cn}$	
			Bei zwei Kondensatoren $C=\frac{C_1 \cdot C_2}{C_1+C_2}$	

Beispiel

$C_1 = 5\,\mu F$

$C_2 = 9\,\mu F$

$C = ?$

$$\frac{1}{C}=\frac{1}{C_1}+\frac{1}{C_2}=\frac{1}{5\,\mu F}+\frac{1}{9\,\mu F}=0{,}31\overline{1}\,\frac{1}{\mu F} \Rightarrow C=\frac{1}{0{,}31\overline{1}\,\frac{1}{\mu F}}=\underline{\underline{3{,}214\,\mu F}}$$

Wechselspannungsgeräte

Abbildung	Formel / Formelumstellung	Formelzeichen / Einheiten
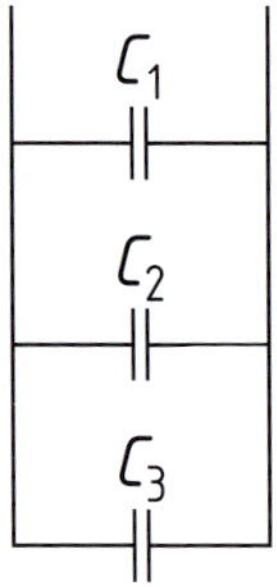	$C = C_1 + C_2 + \ldots + C_n$ $C_1 = C - C_2 - \ldots - C_n$ $\frac{1}{X_C} = \frac{1}{X_{C1}} + \frac{1}{X_{C2}} + \ldots + \frac{1}{X_{Cn}}$ $\frac{1}{X_{C1}} = \frac{1}{X_C} - \frac{1}{X_{C2}} - \ldots - \frac{1}{X_{Cn}}$	**Kondensatoren in Parallelschaltung** C Gesamtkapazität (Ersatzkapazität) F $C_1, C_2, \ldots$ Einzelkapazitäten F X_C kapazitiver Blindwiderstand Ω $X_{C1}, X_{C2}, \ldots$ kapazitive Einzelblindwiderstände Ω

Beispiel

$C_1 = 2200\,\text{nF}$

$C_2 = 2{,}2\,\mu\text{F}$

$C = ?$

$C = C_1 + C_2 = 2200\,\text{nF} + 2{,}2\,\mu\text{F} = 2200 \cdot 10^{-9}\,\text{F} + 2{,}2 \cdot 10^{-6}\,\text{F} = 4{,}4 \cdot 10^{-6}\,\text{F} = 4{,}4\,\mu\text{F}$

4

Wechselspannungsgeräte

Formelzeichen / Einheiten

Z	Scheinwiderstand	Ω
R	Wirkwiderstand	Ω
X_C	kapazitiver Blindwiderstand	Ω
φ	Phasenverschiebungswinkel	°
$\cos\varphi$	Wirkfaktor	
$\sin\varphi$	Blindfaktor	
U	Gesamtspannung	V
U_W	Wirkspannung	V
U_{bC}	kapazitive Blindspannung	V
I	Stromstärke	A

Formel / Formelumstellung

Formel	Formelumstellung
$Z = \sqrt{R^2 + X_C^2}$	$R = \sqrt{Z^2 - X_C^2}$ $X_C = \sqrt{Z^2 - R^2}$
$R = Z \cdot \cos\varphi$	$Z = \dfrac{R}{\cos\varphi}$
$X_C = Z \cdot \sin\varphi$	$Z = \dfrac{X_C}{\sin\varphi}$
$U = \sqrt{U_W^2 + U_{bC}^2}$	$U_W = \sqrt{U^2 - U_{bC}^2}$ $U_{bC} = \sqrt{U^2 - U_W^2}$
$U = I \cdot Z$	$I = \dfrac{U}{Z}$
$U_w = U \cdot \cos\varphi$	
$U_{bC} = U \cdot \sin\varphi$	

Abbildung

Reihenschaltung aus Wirkwiderstand und Kapazität

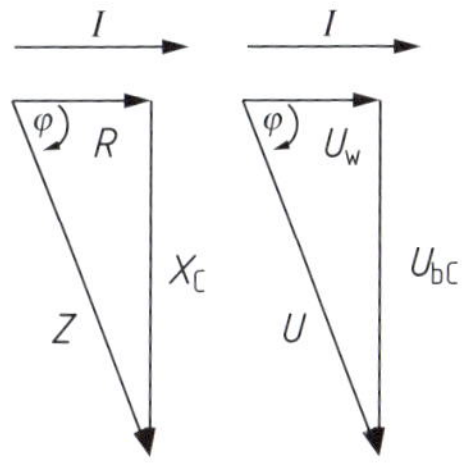

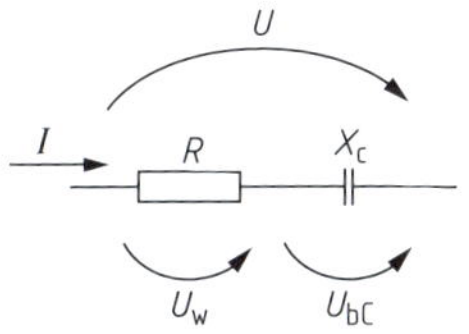

Beispiel

$C = 60\,\mu F$

$R = 100\,\Omega$

$U = 75\,V / 50\,Hz$

$Z = ?$

$I = ?$

$$Z = \sqrt{R^2 + X_C^2} = \sqrt{(100\,\Omega)^2 + (53{,}05\,\Omega)^2} = \underline{\underline{113{,}2}}$$

$$I = \frac{U}{Z} = \frac{75\,V}{113{,}2\,\Omega} = \underline{\underline{0{,}663\,A}}$$

NR (vgl. S. 106):

$$X_C = \frac{1}{2 \cdot \pi \cdot f \cdot C} = \frac{1}{2 \cdot \pi \cdot 50\frac{1}{s} \cdot 60 \cdot 10^{-6}F} = \underline{\underline{53{,}05\,\Omega}}$$

4

Wechselspannungsgeräte

Abbildung

Parallelschaltung Kondensator und Widerstand

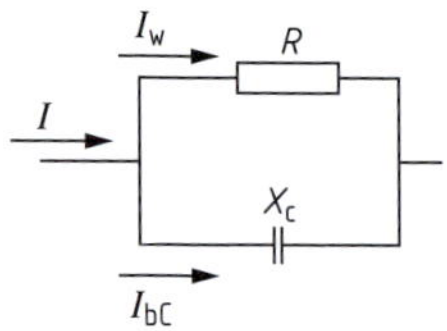

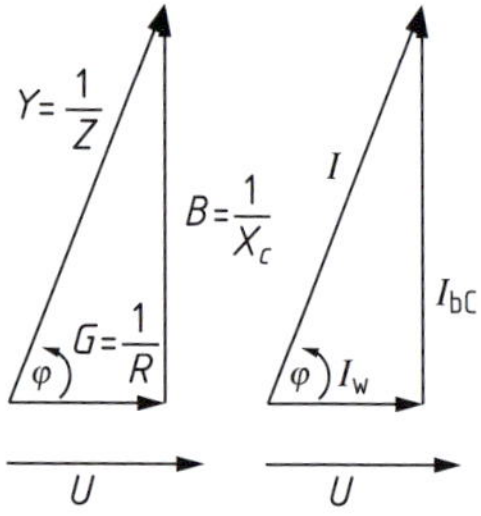

Formel / Formelumstellung

Formel	Formelumstellung	
$Y = \sqrt{G^2 + B_C^2}$	$G = \sqrt{Y^2 - B_C^2}$	
	$B_C = \sqrt{Y^2 - G^2}$	
$Z = \dfrac{1}{\sqrt{\dfrac{1}{R^2} + \dfrac{1}{X_C^2}}}$		
$X_C = \dfrac{Z}{\sin\varphi}$	$Z = X_C \cdot \sin\varphi$	
$R = \dfrac{Z}{\cos\varphi}$	$Z = R \cdot \cos\varphi$	
$I = \sqrt{I_W^2 + I_{bC}^2}$	$I_W = \sqrt{I^2 - I_{bC}^2}$	
$I = \dfrac{U}{Z}$	$Z = \dfrac{U}{I}$	$U = I \cdot Z$
$I_W = I \cdot \cos\varphi$	$I = \dfrac{I_W}{\cos\varphi}$	
$I_{bC} = I \cdot \sin\varphi$	$I = \dfrac{I_{bC}}{\sin\varphi}$	

Formelzeichen / Einheiten

Y	Scheinleitwert	S
G	Wirkleitwert	S
B_C	kapazitiver Blindleitwert	S
Z	Scheinwiderstand	Ω
R	Wirkwiderstand	Ω
X_C	kapazitiver Blindwiderstand	Ω
φ	Phasenverschiebungswinkel	°
$\sin\varphi$	Blindfaktor	
$\cos\varphi$	Wirkfaktor	
I	Gesamtstromstärke	A
I_W	Wirkstromstärke	A
I_{bC}	kapazitiver Blindstrom	A
U	Gesamtspannung	V

Beispiel

$R = 100\,\Omega$

$X_C = 53{,}05\,\Omega$

$Z = ?$

$$Z = \frac{1}{\sqrt{\dfrac{1}{R^2} + \dfrac{1}{X_C^2}}} = \frac{1}{\sqrt{\dfrac{1}{100^2\,\Omega^2} + \dfrac{1}{53{,}05^2\,\Omega^2}}} = \underline{\underline{46{,}87\,\Omega}}$$

4

Wechselspannungsgeräte

Formelzeichen / Einheiten	Formel / Formelumstellung	Abbildung
X_L induktiver Blindwiderstand Ω f Frequenz Hz L Induktivität H (Henry) ω Kreisfrequenz 1/s I_L Spulenstromstärke A U_L Spannung an der Spule V	$X_L = 2 \cdot \pi \cdot f \cdot L$ $L = \frac{X_L}{2 \cdot \pi \cdot f}$ $f = \frac{X_L}{2 \cdot \pi \cdot L}$ $f = \frac{\omega}{2 \cdot \pi}$ $\omega = 2 \cdot \pi \cdot f$ $I_L = \frac{U_L}{X_L}$ $X_L = \frac{U_L}{I_L}$ $U_L = I_L \cdot X_L$	**Spule / Induktivität**  $1\,H = 1\,\frac{Vs}{A} = 1\,\Omega s$

Beispiel

$U_L = 230\,V$
$f = 50\,Hz$
$L = 0{,}2\,H$ (Henry)
$\omega = ?$
$X_L = ?$
$I_L = ?$

$$X_L = 2 \cdot \pi \cdot f \cdot L = 2 \cdot \pi \cdot 50\frac{1}{s} \cdot 0{,}2\,H = 314{,}16\frac{1}{s} \cdot 0{,}2\,H = 314{,}16\frac{1}{\cancel{s}} \cdot 0{,}2\frac{V\cancel{s}}{A} = \underline{\underline{62{,}83\,\Omega}}$$

$$L = \frac{U_L}{X_L} = \frac{230\,V}{62{,}83\,\Omega} = \underline{\underline{3{,}66\,A}}$$

4

Wechselspannungsgeräte

Abbildung	Formel / Formelumstellung	Formelzeichen / Einheiten
Reihenschaltung von Induktivitäten 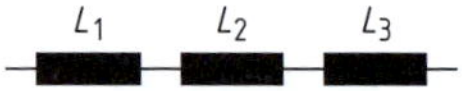 	$L = L_1 + L_2 + \ldots + L_n$ $L_1 = L - L_2 - \ldots - L_n$ $\frac{1}{X_L} = \frac{1}{X_{L1}} + \frac{1}{X_{L2}} + \ldots + \frac{1}{X_{Ln}}$ $\frac{1}{X_{L1}} = \frac{1}{X_L} - \frac{1}{X_{L2}} - \ldots - \frac{1}{X_{Ln}}$ $I_L = \frac{U}{X_L}$ $X_L = \frac{U}{I_L}$ $U = I_L \cdot X_L$	L Ersatzinduktivität (Gesamtinduktivität) H L_1, L_2 Einzelinduktivitäten H X_L induktiver Ersatzblindwiderstand Ω X_{L1}, X_{L2} induktive Einzelblindwiderstände Ω I_L Strom durch die Reihenschaltung A U Gesamtspannung an der Reihenschaltung V

Beispiel

$L_1 = 30\,\text{mH}$

$L_2 = 50\,\text{mH}$

$U = 230\,\text{V} / 50\,\text{Hz}$

$L = ?$

$X_L = ?$

$I_L = ?$

$$L = L_1 + L_2 = 30\,\text{mH} + 50\,\text{mH} = 80\,\text{mH}$$

$$X_L = 2 \cdot \pi \cdot f \cdot L = 2 \cdot \pi \cdot 50\frac{1}{\text{s}} \cdot 80\,\text{mH} = \underline{\underline{25{,}13\,\Omega}}$$

$$I_L = \frac{U}{X_L} = \frac{230\,\text{V}}{25{,}13\,\Omega} = \underline{\underline{9{,}15\,\text{A}}}$$

Wechselspannungsgeräte

Formelzeichen / Einheiten

L	Ersatzinduktivität (Gesamtinduktivität)	H
L_1, L_2	Einzelinduktivitäten	H
X_L	induktiver Ersatzblindwiderstand	Ω
X_{L1}, X_{L2}	induktive Einzelblindwiderstände	Ω
I_L	Strom durch die Parallelschaltung	A
U	Gesamtspannung an der Parallelschaltung	V

Formel / Formelumstellung

$$\frac{1}{L} = \frac{1}{L_1} + \frac{1}{L_2} + \ldots + \frac{1}{L_n} \qquad \frac{1}{L_1} = \frac{1}{L} - \frac{1}{L_2} - \ldots - \frac{1}{L_n}$$

$$\frac{1}{X_L} = \frac{1}{X_{L1}} + \frac{1}{X_{L2}} + \ldots + \frac{1}{X_{Ln}} \qquad \frac{1}{X_{L1}} = \frac{1}{X} - \frac{1}{X_{L2}} - \ldots - \frac{1}{X_{Ln}}$$

$$I_L = \frac{U}{X_L} \qquad X_L = \frac{U}{I_L} \qquad U = I_L \cdot X_L$$

$$I_{Ln} = \frac{U}{X_{Ln}} \qquad X_{Ln} = \frac{U}{I_{Ln}} \qquad U = I_{Ln} \cdot X_{Ln}$$

Abbildung

Parallelschaltung von Induktivitäten

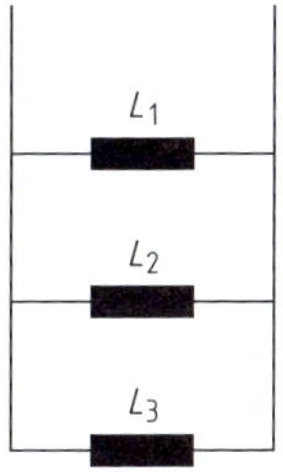

Beispiel

$L_1 = 30\,\text{mH}$

$L_2 = 50\,\text{mH}$

$U = 230\,\text{V} / 50\,\text{Hz}$

$L = ?$

$$\frac{1}{L} = \frac{1}{L_1} + \frac{1}{L_2} = \frac{1}{30\,\text{mH}} + \frac{1}{50\,\text{mH}} = 0{,}0533\,\frac{1}{\text{mH}} \Rightarrow L = \frac{1}{0{,}0533\,\frac{1}{\text{mH}}} = \underline{\underline{18{,}75\,\text{mH}}}$$

Wechselspannungsgeräte

Abbildung	Formel / Formelumstellung	Formelzeichen / Einheiten
Reihenschaltung aus Wirkwiderstand und Induktivität	$Z = \sqrt{R^2 + X_L^2}$ $R = \sqrt{Z^2 - X_L^2}$ $X_L = \sqrt{Z^2 - R^2}$	Z Scheinwiderstand Ω R Wirkwiderstand Ω X_L induktiver Blindwiderstand Ω
	$R = Z \cdot \cos\varphi$ $Z = \frac{R}{\cos\varphi}$	φ Phasenverschiebungswinkel ° $\cos\varphi$ Wirkfaktor $\sin\varphi$ Blindfaktor
	$X_L = Z \cdot \sin\varphi$ $Z = \frac{R}{\sin\varphi}$	
	$U = \sqrt{U_W^2 + U_{bL}^2}$ $U_W = \sqrt{U^2 - U_{bL}^2}$ $U_{bL} = \sqrt{U^2 - U_W^2}$	U Gesamtspannung V U_W Wirkspannung V U_{bL} induktive Blindspannung V I Stromstärke A
	$U = I \cdot Z$ $I = \frac{U}{Z}$ $Z = \frac{U}{I}$	
	$U_w = U \cdot \cos\varphi$	
	$U_{bL} = U \cdot \sin\varphi$	

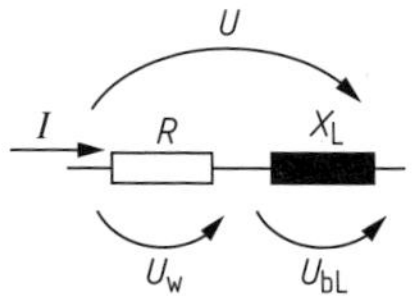

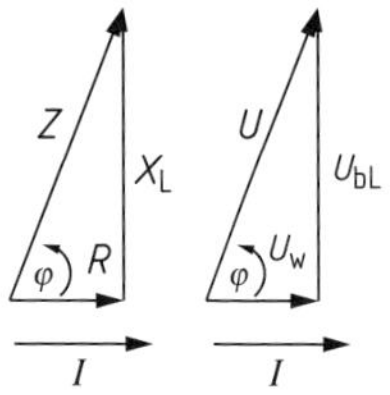

4

Beispiel

$R = 200\,\Omega$

$L = 0{,}5\,\text{H}$

$U = 230\,\text{V} / 50\,\text{Hz}$

$Z = ?$

$$Z = \sqrt{R^2 + X_L^2} = \sqrt{(200\,\Omega)^2 + (157{,}07\,\Omega)^2} = \underline{\underline{254{,}30\,\Omega}}$$

NR (vgl. S. 111):

$$X_L = 2 \cdot \pi \cdot f \cdot L = 2 \cdot \pi \cdot 50\,\text{Hz} \cdot 0{,}5\,\text{H} = \underline{\underline{157{,}07\,\Omega}}$$

Wechselspannungsgeräte

Formelzeichen / Einheiten

Z	Scheinwiderstand	Ω
R	Wirkwiderstand	Ω
X_L	induktiver Blindwiderstand	Ω
φ	Phasenverschiebungswinkel	°
$\cos\varphi$	Wirkfaktor	
$\sin\varphi$	Blindfaktor	
I	Gesamtscheinstromstärke	A
I_W	Wirkstromstärke	A
I_{bL}	induktive Blindstromstärke	A
U	Spannung	V

Formel / Formelumstellung

$$Z = \frac{1}{\sqrt{\frac{1}{R^2} + \frac{1}{X_L^2}}} \qquad R = \frac{1}{\sqrt{\frac{1}{Z^2} - \frac{1}{X_L^2}}} \qquad X_L = \frac{1}{\sqrt{\frac{1}{Z^2} - \frac{1}{R^2}}}$$

$$R = \frac{Z}{\cos\varphi} \qquad Z = R \cdot \cos\varphi$$

$$X_L = \frac{Z}{\sin\varphi} \qquad Z = X_L \cdot \sin\varphi$$

$$I = \sqrt{I_W^2 + I_{bL}^2} \qquad I_W = \sqrt{I^2 - I_{bL}^2} \qquad I_{bL} = \sqrt{I^2 - I_W^2}$$

$$I = \frac{U}{Z} \qquad U = I \cdot Z \qquad Z = \frac{U}{I}$$

$$I_W = I \cdot \cos\varphi$$

$$I_{bL} = I \cdot \sin\varphi$$

Abbildung

Parallelschaltung aus Wirkwiderstand und Induktivität

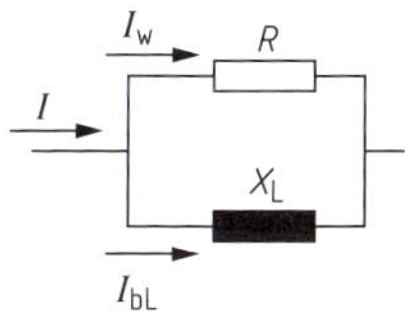

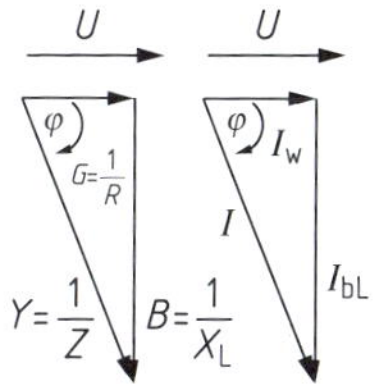

Beispiel

$R = 15\,\Omega$

$L = 45\,\text{mH}$

$U = 24\,\text{V}/50\,\text{Hz}$

$Z = ?$

$$Z = \frac{1}{\sqrt{\frac{1}{R^2} + \frac{1}{X_L^2}}} = \frac{1}{\sqrt{\frac{1}{(15\,\Omega)^2} + \frac{1}{(14{,}14\,\Omega)^2}}} = 10{,}29\,\Omega$$

NR (vgl. S. 111):

$$X_L = 2 \cdot \pi \cdot f \cdot L = 2 \cdot \pi \cdot 50\,\text{Hz} \cdot 45\,\text{mH} = \underline{14{,}14\,\Omega}$$

Wechselspannungsgeräte

Abbildung	Formel / Formelumstellung	Formelzeichen / Einheiten

Reihenschaltung aus Wirkwiderstand, Induktivität und Kapazität

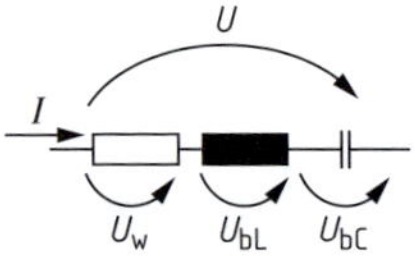

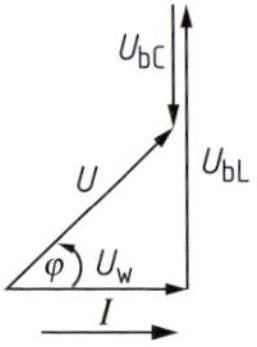

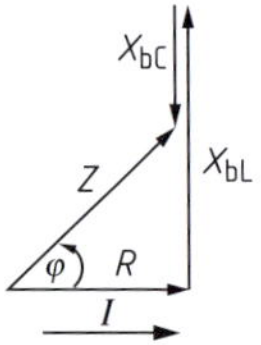

$$Z = \sqrt{R^2 + (X_L - X_C)^2}$$

$$R = Z \cdot \cos\varphi$$

$$X_L = Z \cdot \cos\varphi$$

$$U = \sqrt{U^2 + (U_{bL} - U_{bC})^2}$$

$$U_w = U \cdot \cos\varphi$$

$$U_{bL} = U \cdot \sin\varphi$$

$$U = I \cdot Z$$

$$I = \frac{U}{\sqrt{R^2 + (X_L - X_C)^2}}$$

Zeichen	Bedeutung	Einheit
Z	Scheinwiderstand	Ω
R	Wirkwiderstand	Ω
X_L	induktiver Blindwiderstand	Ω
X_C	kapazitiver Blindwiderstand	Ω
X	resultierender Blindwiderstand	Ω
φ	Phasenverschiebungswinkel	°
$\cos\varphi$	Wirkfaktor	
$\sin\varphi$	Blindfaktor	
U	Gesamtspannung	V
U_{bL}	induktive Blindspannung	V
U_{bC}	kapazitive Blindspannung	V
U_w	Wirkspannung	V
I	Stromstärke	A

4

Beispiel

$R = 1000\,\Omega$

$L = 200\,\text{mH}$

$C = 4\,\mu\text{F}$

$U = 24\,\text{V} / 50\,\text{Hz}$

$X_L = ?$

$X_C = ?$

$Z = ?$

$$Z = \sqrt{R^2 + (X_L - X_C)^2}$$

$$= \sqrt{(1000\,\Omega)^2 + (62{,}83\,\Omega - 795{,}77\,\Omega)^2} = \underline{\underline{1239{,}83\,\Omega}}$$

NR (vgl. S. 106 und 111):

$$X_C = \frac{1}{2 \cdot \pi \cdot f \cdot C} = \frac{1}{2 \cdot \pi \cdot 50\,\text{Hz} \cdot 4\,\mu\text{F}} = \underline{\underline{795{,}77\,\Omega}}$$

$$X_L = 2 \cdot \pi \cdot f \cdot L = 2 \cdot \pi \cdot 50\,\text{Hz} \cdot 200\,\text{mH} = \underline{\underline{62{,}83\,\Omega}}$$

Wechselspannungsgeräte

Formelzeichen / Einheiten

Z	Scheinwiderstand	Ω
R	Wirkwiderstand	Ω
X_L	induktiver Blindwiderstand	Ω
X_C	kapazitiver Blindwiderstand	Ω
I	Gesamtstromstärke	A
I_w	Wirkstromstärke	A
I_{bL}	induktive Blindstromstärke	A
I_{bC}	kapazitive Blindstromstärke	A
I_b	resultierende Blindstromstärke	A
φ	Phasenverschiebungswinkel	°
$\cos\varphi$	Wirkfaktor	
$\sin\varphi$	Blindfaktor	

Formel / Formelumstellung

$$Z = \frac{1}{\sqrt{\frac{1}{R^2} + (\frac{1}{X_L} - \frac{1}{X_C})^2}}$$

$$I = \sqrt{I_W^2 + (I_{bL} - I_{bC})^2}$$

$$I_W = I \cdot \cos\varphi$$

$$I_{bL} = I \cdot \sin\varphi$$

Abbildung

Parallelschaltung aus Wirkwiderstand, Induktivität und Kapazität

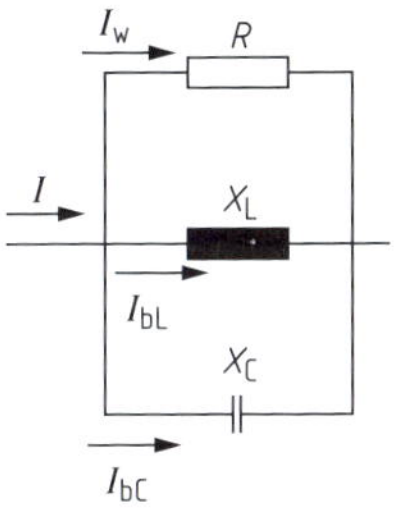

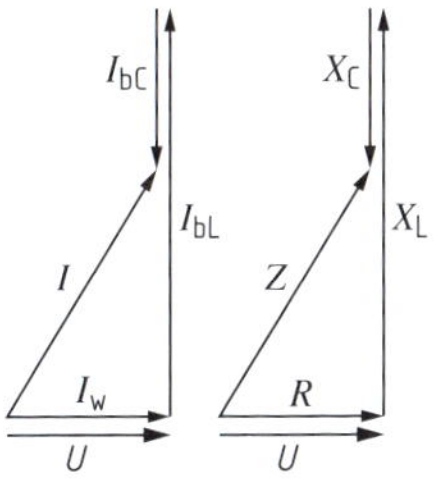

Beispiel

$R = 10\,\Omega$

$X_L = 20\,\Omega$

$X_C = 10\,\Omega$

$Z = ?$

$$Z = \frac{1}{\sqrt{\frac{1}{R^2} + \left(\frac{1}{X_L} - \frac{1}{X_C}\right)^2}}$$

$$Z = \frac{1}{\sqrt{\frac{1}{(10\,\Omega)^2} + \left(\frac{1}{20\,\Omega} - \frac{1}{10\,\Omega}\right)^2}} = 8{,}944\,\Omega$$

4

Wechselspannungsgeräte

Abbildung	Formel / Formelumstellung	Formelzeichen / Einheiten
Transformator		

Transformator

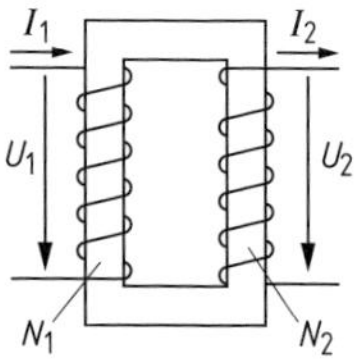

Formel / Formelumstellung

$$\frac{U_1}{U_2} = \frac{N_1}{N_2} \qquad U_1 = \frac{N_1 \cdot U_2}{N_2} \qquad U_2 = \frac{N_2 \cdot U_1}{N_1}$$

$$N_1 = \frac{U_1 \cdot N_2}{U_2} \qquad N_2 = \frac{U_2 \cdot N_1}{U_1}$$

$$\frac{U_1}{U_2} = \frac{I_2}{I_1} \qquad U_1 = \frac{U_2 \cdot I_2}{I_1} \qquad U_2 = \frac{U_1 \cdot I_1}{I_2}$$

$$I_2 = \frac{U_1 \cdot I_1}{U_2} \qquad I_1 = \frac{I_2 \cdot U_2}{U_1}$$

$$\frac{I_1}{I_2} = \frac{N_2}{N_1} \qquad I_1 = \frac{N_2 \cdot I_2}{N_1} \qquad I_2 = \frac{N_1 \cdot I_1}{N_2}$$

$$N_1 = \frac{I_2 \cdot N_2}{I_1} \qquad N_2 = \frac{I_1 \cdot N_1}{I_2}$$

$$ü = \frac{I_2}{I_1} \qquad ü = \frac{U_1}{U_2} \qquad ü = \frac{N_1}{N_2}$$

Formelzeichen / Einheiten

U_1	Eingangsspannung	V
U_2	Ausgangsspannung	V
N_1	Windungszahl der Eingangswicklung	
N_2	Windungszahl der Ausgangswicklung	
I_1	Eingangsstromstärke	A
I_2	Ausgangsstromstärke	A
$ü$	Übersetzungsverhältnis	

Beispiel

$U_1 = 400\,\text{V}$

$U_2 = 230\,\text{V}$

$I_2 = 1{,}5\,\text{A}$

$I_1 = ?$

$ü = ?$

$$I_1 = \frac{I_2 \cdot U_2}{U_1} = \frac{1{,}5\,\text{A} \cdot 230\,\not{\text{V}}}{400\,\not{\text{V}}} = \underline{\underline{0{,}863\,\text{A}}}$$

$$ü = \frac{U_1}{U_2} = \frac{400\,\not{\text{V}}}{230\,\not{\text{V}}} = \underline{\underline{1{,}73}}$$

4

Wechselspannungsgeräte

Formelzeichen / Einheiten			Formel / Formelumstellung
u_k	bezogene Kurzschluss-Spannung	%	$u_k = \frac{U_k}{U_{1n}} \cdot 100\,\%$
U_k	absolute Kurzschluss-Spannung	V	
U_{1n}	Transformator-Bemessungs-Primärspannung	V	
U_{2n}	Transformator-Bemessungs-Sekundärspannung	V	
I_n	Bemessungsstromstärke am Ausgang	A	$I_{kd} = \frac{I_n}{u_k} \cdot 100\,\%$
I_{kd}	Dauerkurzschluss-Stromstärke (Ausgangsseite)	A	
i_s	Stoßkurzschluss-Stromstärke		$i_s \leq 2{,}55 \cdot I_{kd}$

Abbildung

Kurzschluss-Spannung, Dauerkurzschluss-Strom

Transformator ausgangsseitig im Kurzschluss

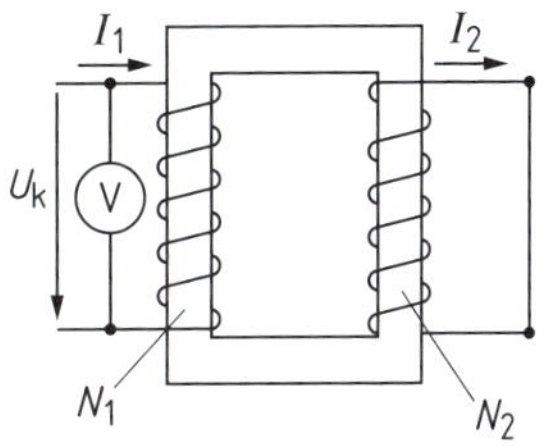

Beispiel

$U_{1n} = 200\,V$

$U_{2n} = 40\,V$

$U_k = 13\,V$

$u_k = ?$

$$u_k = \frac{U_k}{U_{1n}} \cdot 100\,\% = \frac{13\,\cancel{V}}{200\,\cancel{V}} \cdot 100\,\% = \underline{\underline{6{,}5\,\%}}$$

Leistung an Wechselspannungsgeräten

Abbildung	Formel / Formelumstellung	Formelzeichen / Einheiten
Ohmsche Last an Wechselspannung 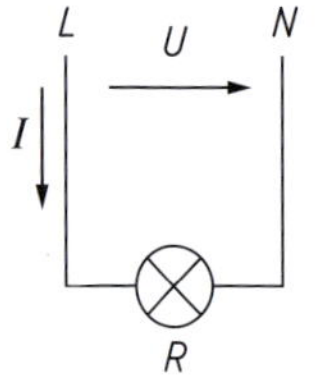	Bei Wechselspannung $P = U \cdot I$ $\quad U = \frac{P}{I} \quad I = \frac{P}{U}$	P Leistung W U Leiterspannung V I Leiterstromstärke A
Ohmsche Last an Dreiphasenwechselspannung 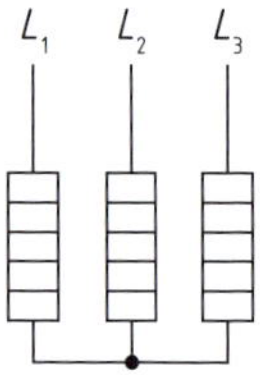	Bei Dreiphasenwechselspannung $P = U \cdot I \cdot \sqrt{3}$ $\quad U = \frac{P}{I \cdot \sqrt{3}} \quad I = \frac{P}{U \cdot \sqrt{3}}$	

Beispiel

$U = 230\,V$

$I = 3{,}5\,A$

$P = ?$

$P = U \cdot I = 230\,V \cdot 3{,}5\,A = \underline{\underline{805\,W}}$

Leistung an Wechselspannungsgeräten

Formelzeichen / Einheiten

P	Wirkleistung	W
U	Leiterspannung	V
I	Leiterstromstärke	A
$\cos\varphi$	Wirkfaktor	
S	Scheinleistung	VA
Q	Blindleistung	var
$\sin\varphi$	Blindfaktor	

Formel / Formelumstellung

Bei Wechselspannung:

$P = U \cdot I \cdot \cos\varphi$	$U = \frac{P}{I \cdot \cos\varphi}$	$I = \frac{P}{U \cdot \cos\varphi}$
$P = S \cdot \cos\varphi$		
$S = U \cdot I$	$U = \frac{S}{I}$	$I = \frac{S}{U}$
$Q = \sqrt{S^2 - P^2}$	$S = \sqrt{P^2 + Q^2}$	$P = \sqrt{S^2 + Q^2}$
$Q = U \cdot I \cdot \sin\varphi$	$U = \frac{Q}{I \cdot \sin\varphi}$	$I = \frac{Q}{U \cdot \sin\varphi}$
$Q = S \cdot \sin\varphi$	$S = \frac{Q}{\sin\varphi}$	

Abbildung

Wechselstrommotor

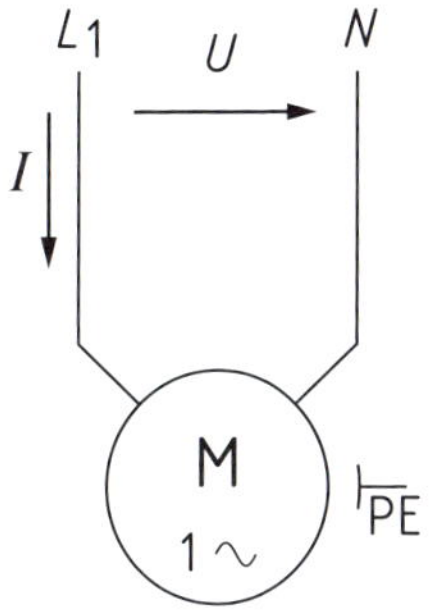

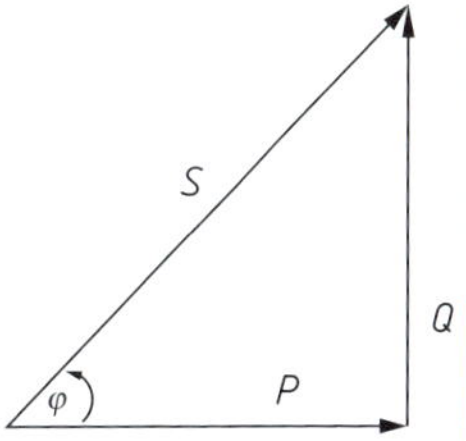

Beispiel

$U = 230\,\text{V}$

$I = 4{,}5\,\text{A}$

$\cos\varphi = 0{,}85$

$P = ?$

$P = U \cdot I \cdot \cos\varphi = 230\,\text{V} \cdot 4{,}5\,\text{A} \cdot 0{,}85 = \underline{\underline{879{,}75\,\text{W}}}$

Leistung an Wechselspannungsgeräten

Abbildung	Formel / Formelumstellung	Formelzeichen / Einheiten
Dreiphasenmotor	Bei Dreiphasenwechselspannung:	

Dreiphasenmotor

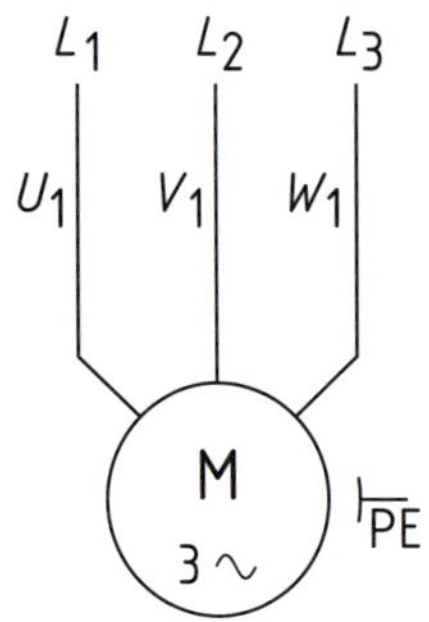

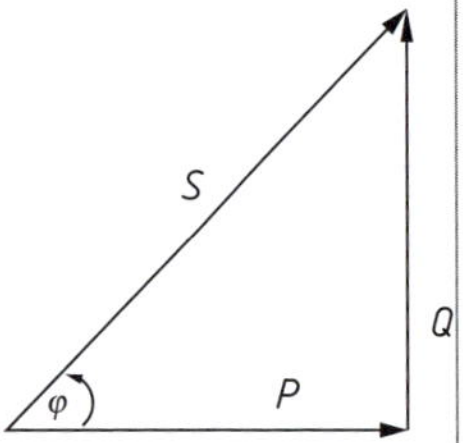

Bei Dreiphasenwechselspannung:

$$P = U \cdot I \cdot \cos\varphi \cdot \sqrt{3} \qquad U = \frac{P}{I \cdot \cos\varphi \cdot \sqrt{3}} \qquad I = \frac{P}{U \cdot \cos\varphi \cdot \sqrt{3}}$$

$$P = S \cdot \cos\varphi \cdot \sqrt{3}$$

$$S = U \cdot I \cdot \sqrt{3} \qquad U = \frac{S}{I \cdot \sqrt{3}} \qquad I = \frac{S}{U \cdot \sqrt{3}}$$

$$Q = \sqrt{S^2 - P^2} \qquad S = \sqrt{P^2 + Q^2} \qquad P = \sqrt{S^2 + Q^2}$$

$$Q = U \cdot I \cdot \sin\varphi \cdot \sqrt{3} \qquad U = \frac{Q}{I \cdot \sin\varphi \cdot \sqrt{3}} \qquad I = \frac{Q}{U \cdot \sin\varphi \cdot \sqrt{3}}$$

$$Q = S \cdot \sin\varphi \cdot \sqrt{3} \qquad S = \frac{Q}{\sin\varphi \cdot \sqrt{3}}$$

P	Wirkleistung	W
U	Leiterspannung	V
I	Leiterstromstärke	A
$\cos\varphi$	Wirkfaktor	
S	Scheinleistung	VA
Q	Blindleistung	var
$\sin\varphi$	Blindfaktor	

Beispiel

$U = 400\,\text{V}$

$I = 1{,}2\,\text{A}$

$\cos\varphi = 0{,}86$

$S = ?$

$P = ?$

$$S = U \cdot I \cdot \sqrt{3} = 400\,\text{V} \cdot 1{,}2\,\text{A} \cdot \sqrt{3} = 831{,}38\,\text{VA}$$

$$P = U \cdot I \cdot \cos\varphi \cdot \sqrt{3} = 400\,\text{V} \cdot 1{,}2\,\text{A} \cdot 0{,}86 \cdot \sqrt{3} = 714{,}99\,\text{W}$$

$$Q = \sqrt{S^2 - P^2} = \sqrt{(831{,}38\,\text{VA})^2 - (714{,}99\,\text{VA})^2} = 424{,}24\,\text{var}$$

Wechselspannungsnetz und Drehstromnetz

Formelzeichen / Einheiten	Formel / Formelumstellung	Abbildung
I Leiterstromstärke A I_{Str} Strangstromstärke A U Leiterspannung V U_{Str} Strangspannung V	$I = I_{Str}$ $U = U_{Str} \cdot \sqrt{3}$ $U_{Str} = \frac{U}{\sqrt{3}}$	**Sternschaltung**
	$U = U_{Str}$ $I = I_{Str} \cdot \sqrt{3}$ $I_{Str} = \frac{I}{\sqrt{3}}$	**Dreieckschaltung**

Sternschaltung

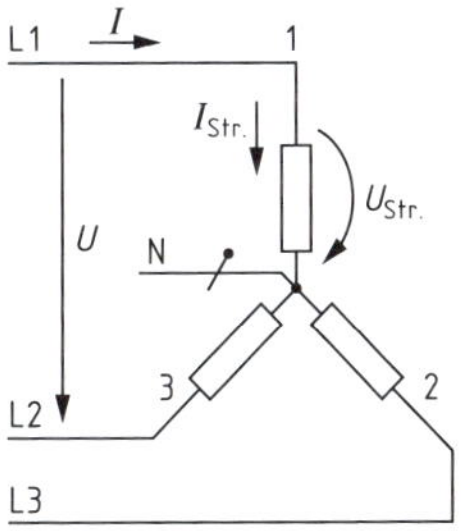

Dreieckschaltung

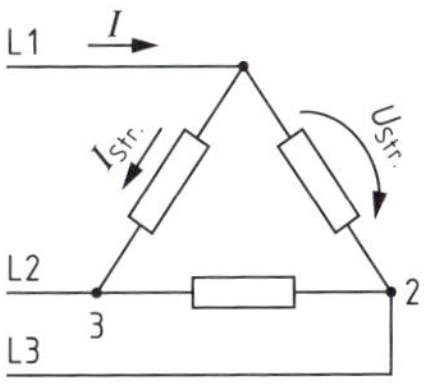

Beispiel

Bei Sternschaltung

$I_{Str} = 2{,}4\,A$

$U = 400\,V$

$I = ?$

$U_{Str} = ?$

$I = I_{Str} = 2{,}4\,A$

$$U_{Str} = \frac{U}{\sqrt{3}} = \frac{400\,V}{\sqrt{3}} = 230{,}94\,V$$

4

Wechselspannungsnetz und Drehstromnetze

Einteilung der Netzspannungsbereiche

Spannungsbereich	Technische Netzspannungen	Wechselstrom	Gleichstrom
Niederspannungsbereich	Schutzkleinspannung (Schutzklasse III) SELV (Safety Extra Low Voltage) PELV (Protective Extro Low Voltage)	bis 50 Volt	bis 120 Volt
	Kleinspannung (Schwachstrom)	bis 50 Volt	bis 120 Volt
	Niederspannung (Starkstrom)	bis 1000 Volt	bis 1500 Volt
Hochspannungsbereich	Mittelspannung	bis 30 000 Volt	
	Hochspannung	bis 110 000 Volt	
	Höchstspannung	bis 1 150 000 Volt	

Wechselspannungsnetz und Drehstromnetze DIN VDE 0100-100 : 2009-06

Aufbau der öffentlichen Stromversorgungsnetze

Internationale Kennzeichnung (Auswahl)

Bedeutung der Kurzzeichen Beispiel: **T N - S**

Erdung des öffentlichen Netzes		**Erdung der Gebäudeinstallation**		**Anordnung von Neutral- und Schutzleiter**	
T	(franz. terre) Betriebserder (Erdung des Neutralleiters der Stromquelle)	T	(franz terre) Anlagen- oder Schutzerder (direkte Erdung, z. B. Fundamenterder im Gebäude)	S	(engl. separated) Neutralleiter (N) und Schutzleiter (PE) sind getrennte Leitungen
I	(franz. isolation) keine Erdung	N	(Neutralleiter) Erdung über eine Schutzleiterverbindung zum Betriebserder	C	(engl. combined) Neutralleiter (N) und Schutzleiter (PE) sind in einer Leitung kombiniert

4

Wechselspannungsnetz und Drehstromnetze

Spannungen im Dreiphasenwechselstromnetz (Drehstromnetz)

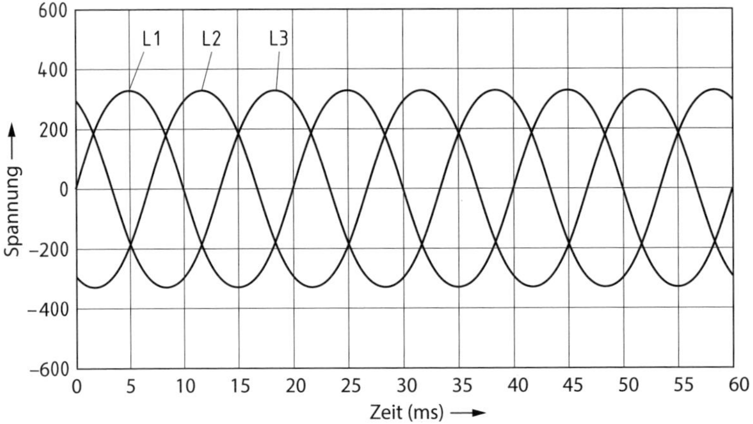

Ein System aus 3 gleich großen Wechselspannungen, die zueinander jeweils um 120° phasenverschoben sind, wird als

Dreiphasenwechselstrom oder Drehstrom

bezeichnet.

Wechselspannungsnetz und Drehstromnetze

Spannungen im öffentlichen europäischen Stromnetz

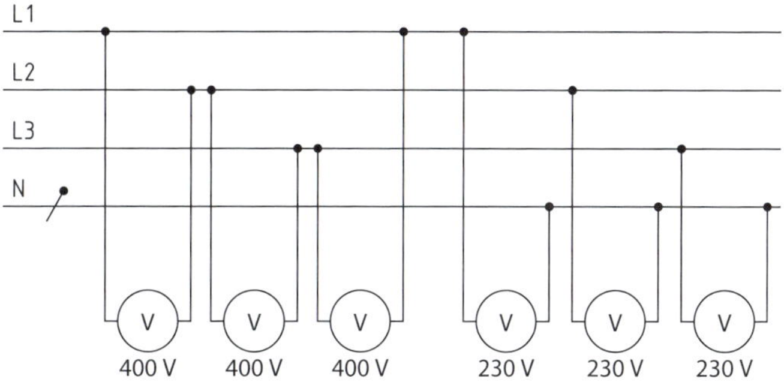

Leiterspannungen:

$$U_{L1-L2} = 400\,V$$
$$U_{L2-L3} = 400\,V$$
$$U_{L3-L1} = 400\,V$$

Spannung zwischen Außenleiter und Neutralleiter

$$U_{L\text{-}N} = \frac{U_{L\text{-}L}}{\sqrt{3}} = 230\,V$$

Wechselspannungsnetz und Drehstromnetze

Leiterkennzeichnung von Kabeln und Leitungen DIN EN 60445 VDE 0197: 2018-02

Art des Leiters		Bezeichnung	Farbe
Wechselstromnetz	Außenleiter 1	L1	braun (Empfehlung des ZVEH*)
	Außenleiter 2	L2	schwarz (Empfehlung des ZVEH*)
	Außenleiter 3	L3	grau (Empfehlung des ZVEH*)
	Neutralleiter	N	blau vorgeschrieben (darf auch als Schaltdraht benutzt werden)
Schutzleiter		PE, PEN 	grün-gelb vorgeschrieben (nur für Schutzleiterfunktion)
Gleichstrom-anschlüsse	Positiv	L+	keine Empfehlung
	Negativ	L–	keine Empfehlung

* ZVEH: Zentralverband der Elektro- und Informationstechnischen Handwerke

Wechselspannungsnetz und Drehstromnetze

Klemmbrett Drehstrommotor

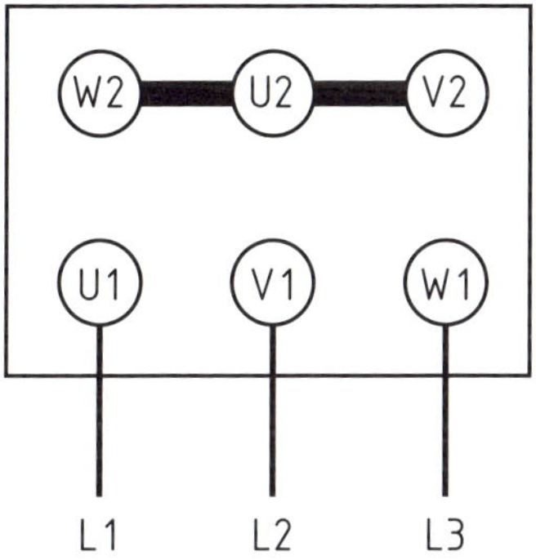

Sternschaltung
(rechtslauf)

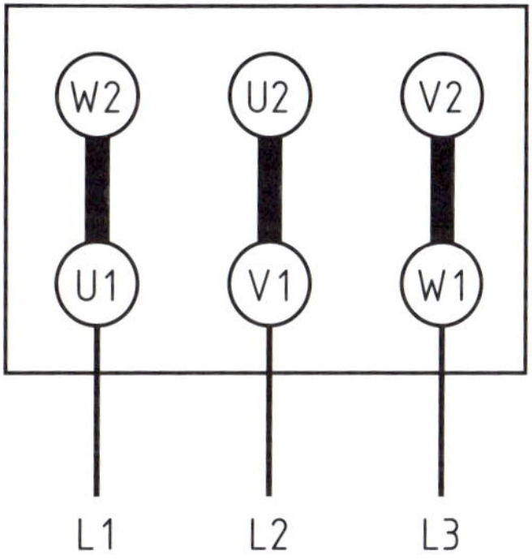

Dreieckschaltung
(rechtslauf)

Hinweis:
Für eine Drehrichtungsumkehr müssen zwei beliebige Phasen gewechselt werden.

Mechanische Größen eines Elektromotors

Abbildung	Formel / Formelumstellung	Formelzeichen / Einheiten
Schlupf – Drehstrom-Asynchronmotor 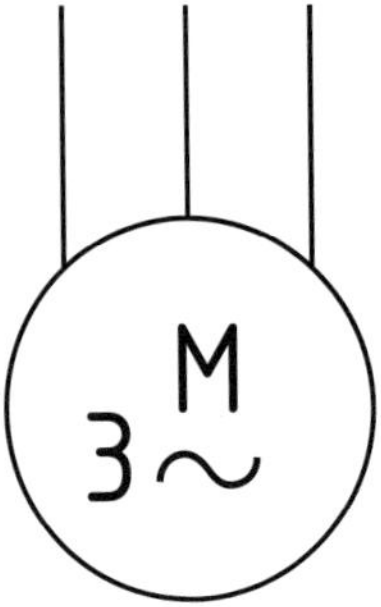	$s = \frac{n_s - n}{n_s} \cdot 100\,\%$ $\Delta n = n_s - n$	s Schlupf % n Läuferdrehzahl 1/min n_s Drehfelddrehzahl 1/min Δn Schlupfdrehzahl 1/min

Drehfelddrehzahlen bei $f = 50\,\text{Hz}$	
Polpaarzahl	n_s in 1/min
1	3000
2	1500
3	1000
4	750

Beispiel

Polpaarzahl = 2

$n = 1460\,1/\text{min}$

$S = ?$

Polpaarzahl = 2 $\Rightarrow n_s = 1500\,1/\text{min}$

$$s = \frac{n_s - n}{n_s} \cdot 100\,\% = \frac{1500\frac{1}{\text{min}} - 1460\frac{1}{\text{min}}}{1500\frac{1}{\text{min}}} \cdot 100\,\% = \underline{\underline{2{,}67\,\%}}$$

Mechanische Größen eines Elektromotors

Formelzeichen / Einheiten

P	Leistung	W
W	Arbeit	J (Joule) oder Nm (Newtonmeter)
t	Zeit	s, (h)
F	Kraft	N
s	Weg	m
v	Geschwindigkeit	m/s
n	Drehzahl	1/s (Umdrehungen pro Sekunde)
M	Drehmoment	Nm (Newtonmeter)

Formel / Formelumstellung

$P = \frac{W}{t}$	$W = P \cdot t$	$t = \frac{W}{P}$
$P = \frac{F \cdot s}{t}$	$F = \frac{P \cdot t}{s}$	$s = \frac{P \cdot t}{F}$
	$t = \frac{F \cdot s}{P}$	
$P = F \cdot v$	$F = \frac{P}{v}$	$v = \frac{P}{F}$
$P = M \cdot 2 \cdot \pi \cdot n$	$M = \frac{P}{2 \cdot \pi \cdot n}$	$n = \frac{P}{2 \cdot \pi \cdot M}$

Praxisformel:
P in kW, *M* in Nm, *n* in 1/min

$P = \frac{M \cdot n}{9549}$	$n = \frac{P \cdot 9549}{M}$	$M = \frac{P \cdot 9549}{n}$

Abbildung

Leistung bei Drehbewegung und geradliniger Bewegung

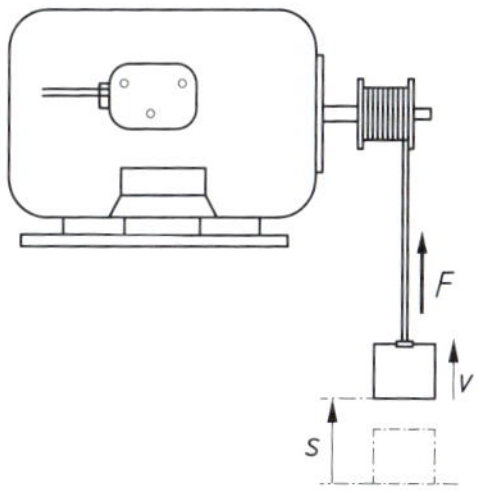

Beispiel

$P = 31{,}5\,\text{kW}$

$n = 2982\,1/\text{min}$

$M = ?$

$$M = \frac{P \cdot 9549}{n} = \frac{31{,}5\,\text{kW} \cdot 9549}{2982\,\frac{1}{\text{min}}} = \underline{\underline{100{,}86\,\text{Nm}}}$$

Schutz elektrischer Betriebsmittel

Schutzarten durch Gehäuse (vgl. DIN EN 60529 : 2014-09)

Codebuchstaben für Internationale Sicherheit (**I**nternational **P**rotection) ← | IP | 5 | 4 |

1. Kennziffer		
Kenn-ziffer	Schutz gegen Fremdkörper	Schutz vor Berührung
0	kein Schutz	Kein Schutz
1	größer 50 mm	Handrücken
2	größer 12,5 mm	Finger
3	größer 2,5 mm	Werkzeug
4	größer 1 mm	Draht
5	staubgeschützt 	Staubablagerung
6	staubdicht 	vollständiger Eindringschutz

2. Kennziffer		
Kenn-ziffer	Schutz gegen Wasser	Symbol
0	nicht geschützt	Kein Symbol
1	Tropfwasser bei senkrechtem Gehäuse	
2	Tropfwasser bei bis zu 15° Gehäuseneigung	
3	Sprühwasser (Winkel bis 60°)	
4	Spritzwasser	
5	Strahlwasser	
6	starkes Strahlwasser	
7	zeitweiliges Untertauchen	
8	dauerhaftes Untertauchen	 … bar

Schutz elektrischer Betriebsmittel

Schutzklassen I bis III (DIN EN 61140/VDE 0140-1)

Schutzklasse I	**Schutzklasse II**	**Schutzklasse III**
	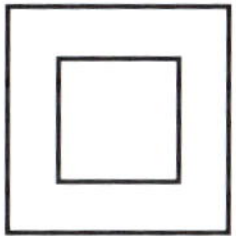	
Geräte mit Schutzleiteranschluss	Geräte mit verstärkter oder doppelter Isolierung (Schutzisolierung)	Geräte mit Schutzkleinspannung

Schutz elektrischer Betriebsmittel

Elektrische Leitung / Kurzzeichen für Leitungen

International harmonisierte Leitungen DIN VDE 0292 : 2007:05 (Auszug)

Kennzeichnung	H	07	V	V		-F	5	G	2,5

Bestimmung

Harmonisierter Typ	**H**
Anerkannter nationaler Typ	**A**

Nennspannung U_0 / U [1]

100 / 100	**01**
300 / 300	**03**
300 / 500	**05**
450 / 750	**07**

Leiterisolierung

PVC	**V**
Natur- oder Styrol-Butadienkautschuk	**R**
Silikonkautschuk	**S**
Thylenpropylenkautschuk	**B**

Mantelisolierung

PVC	**V**
PVC, erhöht temperaturbeständig	**V2**
PVC für niedrige Temperaturen	**V3**
Natur- oder Styrol-Butadienkautschuk	**R**
Polychloroprenkautschuk	**N**
Glasfasergeflecht	**J**
Textilgeflecht	**T**
Polyrethan	**Q**

Aufbau / Besonderheiten

H	flache teilbare Leitung
H2	flache nicht teilbare Leitung

Leiter

-U	eindrähtig
-R	mehrdrähtig
-K	feindrähtig für feste Verlegung
-F	feindrähtig für flexible Verlegung
-H	feinstdrähtig für flexible Verlegung
-Y	Lahnlitze

n	**Aderzahl**

Schutzleiter

G	mit Schutzleiter grün-gelb
X	ohne Schutzleiter

nn	**Nennquerschnitt in mm²**

[1] **Spannungsangaben** bei harmonisierten Leitungen

U_0: Effektivwert Außenleiter Erde

U: Effektivwert Außen-Außenleiter

Schutz elektrischer Betriebsmittel

Elektrische Leitung / Kurzzeichen für Leitungen

Alte deutsche Bezeichnung DIN VDE 0250-204 : 2000-12 (Auszug)

Kennzeichnung	**NY**	**M**	**Y**	**-J**	**5X**	**1,5²**	
Normleitung	N			ÖU			Ölfest
Normleitung mit PVC-Isolierung	NY			-J			Mit Schutzleiter
				-O			Ohne Schutzleiter
Ader		A			n		Aderzahl
Bleimantel		BU					
Fassungsader		F				X_n	Nennquerschnitt
Flexibel			F				
Gummiisolierung		G	G				
Handlampenleitung		H					
Leitende Hülle		H					
Stegleitung		IF					
Leichte Beanspruchung		L					
Mittlere Beanspruchung		M					
Mantelleitung		M					
Pendelschnur		PL					
Schwere Beanspruchung		S					
Zwillingsleitung		Z					
PVC-Isolierung			Y				

Schutz elektrischer Betriebsmittel

Auslösekennlinien von Überstrom-Schutzeinrichtungen

Niederspannungssicherungen
(Ganzbereichssicherungen gG)

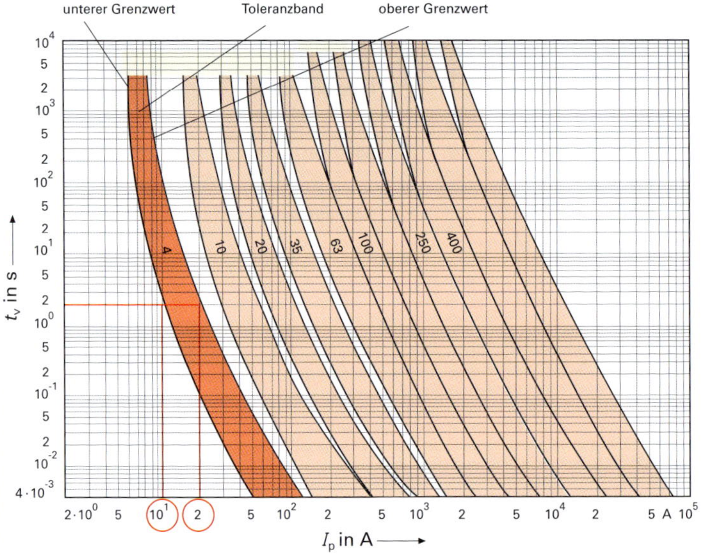

Leitungsschutzschalter
(LS-Schalter)

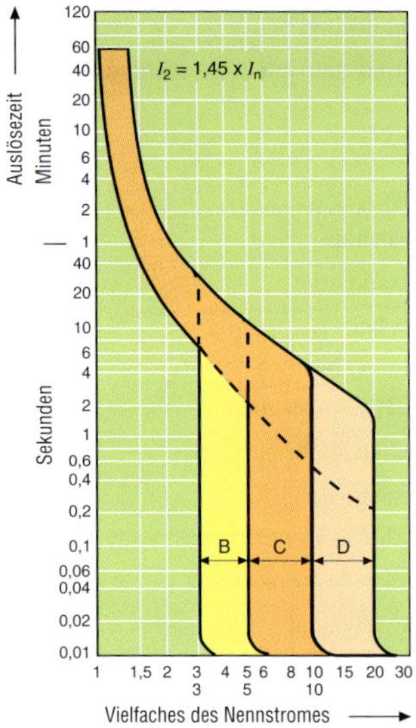

Schutz elektrischer Betriebsmittel

Sicherheitsregeln nach DIN VDE 0105-100 : 2015-10

1. Freischalten	Der Anlagenteil muss allpolig und allseitig abgeschaltet werden. LS-Schalter abschalten, Schraubsicherungen oder NH-Sicherungen entfernen.
2. Gegen Wiedereinschalten sichern	• LS-Sicherungen mit Einschaltschutz oder Klebeband absichern • Schmelzsicherungseinsätze mitnehmen • Schaltschrank abschließen • Verbotsschild anbringen 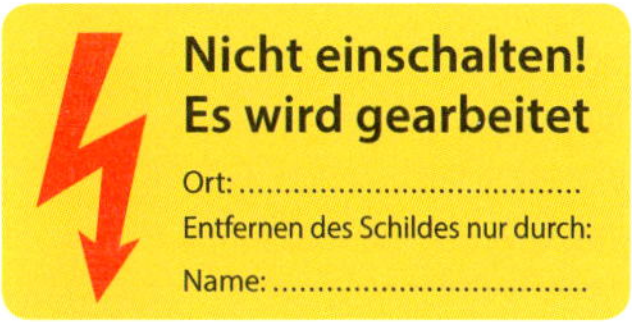 Nur die Person, die an der Anlage arbeitet, darf den Anlagenteil wieder in Betrieb nehmen.
3. Spannungsfreiheit feststellen	Spannungsfreiheit mit **zweipoligem** Spannungsprüfer allpolig feststellen.
4. Erden und Kurzschließen	Zuerst immer erden, dann mit den kurzzuschließenden aktiven Teilen verbinden. (Muss von der Arbeitsstelle aus sichtbar sein) Diese Regel kann bei übersichtlichen Anlagen unter 1000 V entfallen.
5. Benachbarte, unter Spannung stehende Teile abdecken und abschranken	Bei Anlagen unter 1000 V genügen zum Abdecken isolierte Tücher, über 1000 V sind zusätzliche Absperrtafeln, Seile, Warntafeln erforderlich.

Das Aufheben der Sicherheitsregeln geschieht in umgekehrter Reihenfolge!

Schutz elektrischer Betriebsmittel

Prüfen der Schutzmaßnahmen

Hersteller und Betreiber sind verpflichtet, vor der **Inbetriebnahme** sowie nach **Änderung, Erweiterung** und **Instandsetzung** die Funktion der Schutzmaßnahmen durch eine Elektrofachkraft überprüfen zu lassen.

Grundlage für diese Überprüfung sind die VDE-Vorschriften, die „**B**erufs**g**enossenschaftlichen **V**orschriften" (BGV A3) und die „Technischen **R**egeln für **B**etriebs**s**icherheit" (TRBS).

Die Überprüfung erfolgt in den Schritten: Besichtigung ⇒ Erprobung ⇒ Messung ⇒ Protokollieren

Besichtigung:

- Auswahl der Betriebsmittel
- Betriebsmittel unbeschädigt
- Zielbezeichnungen der Verteilungen
- Leitungsverlegung, Sicherheitseinrichtungen
- Schaltungsunterlagen

…

Erproben:

- Funktion der Schutzeinrichtungen RCD-Schalter, LS-Schalter …
- Rechtsdrehfeld der Drehstrom-Steckdosen
- Funktion der elektrischen Anlage
- Schaltungsunterlagen

…

Messen:

- Schutz- und Potenzialausgleichsleiter
- Schleifenwiderstand Außenleiter, PE-Leiter
- Isolationswiderstand
- Erdungswiderstand
- Netzinnenwiderstand (Kontrollmessung)

…

Erstprüfung
Elektrische Anlagen, DIN VDE 0100, Teil 600

Instandsetzung, Änderung
Elektrische Anlagen, DIN VDE 0100, Teil 600
Elektrische Geräte, DIN VDE 0701-0702

Wiederholungs- bzw. wiederkehrende Prüfungen
Elektrische Anlagen, DIN VDE 0105, Teil 100
Elektrische Geräte, DIN VDE 0701-0702

4

Schutz elektrischer Betriebsmittel

Prüfen der Schutzmaßnahmen

Prüfprotokoll

Prüfprotokoll

Prüfung elektrischer Anlagen Prüfprotokoll								
Auftraggeber	Auftrag Nr.:			Auftragnehmer				
Anlage:				Prüfer:				
Prüfung nach:		DIN VDE 0100 Teil 610 ☐		DIN VDE 0105 ☐		BGV ☐		
Neuanlage ☐	Erweiterung ☐	Änderung ☐		Instandsetzung ☐		Wiederholungsprüfung ☐		
Netz: . . / . . .	Netzform:	TN-C ☐	TN-S ☐	TN-C-S ☐	TT ☐	IT ☐		

Besichtigung	i.O	n.i.O		i.O.	n.i.O
Auswahl der Betriebsmittel			Kennzeichnung N- und PE-Leiter		
Trenn- und Schaltgeräte			Leiterverbindungen		
Kabel, Leitungen, Stromschienen			Schutz und Überwachungseinrichtungen		
Kennzeichnung der Betriebsmittel			Schutz gegen direktes Berühren		
Hauptpotentialausgleich			Zugänglichkeit		

Erprobung der Anlagenteile	i.O	n.i.O	Erprobung der Schutzeinrichtungen	i.O.	n.i.O
Funktion der Leuchten			Leitungsschutzschalter		
Funktion der Steckdosen			RCD (Fi-Schutzschalter)		
Funktion der Kälteanlage					

Stromkreis		Leitung / Kabel			*Überstrom-Schutzeinrichtung*			R_{Iso} *(MΩ)*	*Fehlerstromschutzeinrichtung RCD*				*Fehler-code*
Nr.	Zielbezeichnung	Typ	Leiter Anzahl	Leiter Querschnitt mm²	Art Charakteristik	I_n *(A)*	$Z_s(\Omega)$☐ $I_k(A)$	*ohne*☐ *mit*☐ *Verbraucher*					

Leitungsinstallation

Installationszonen und Vorzugsmaße

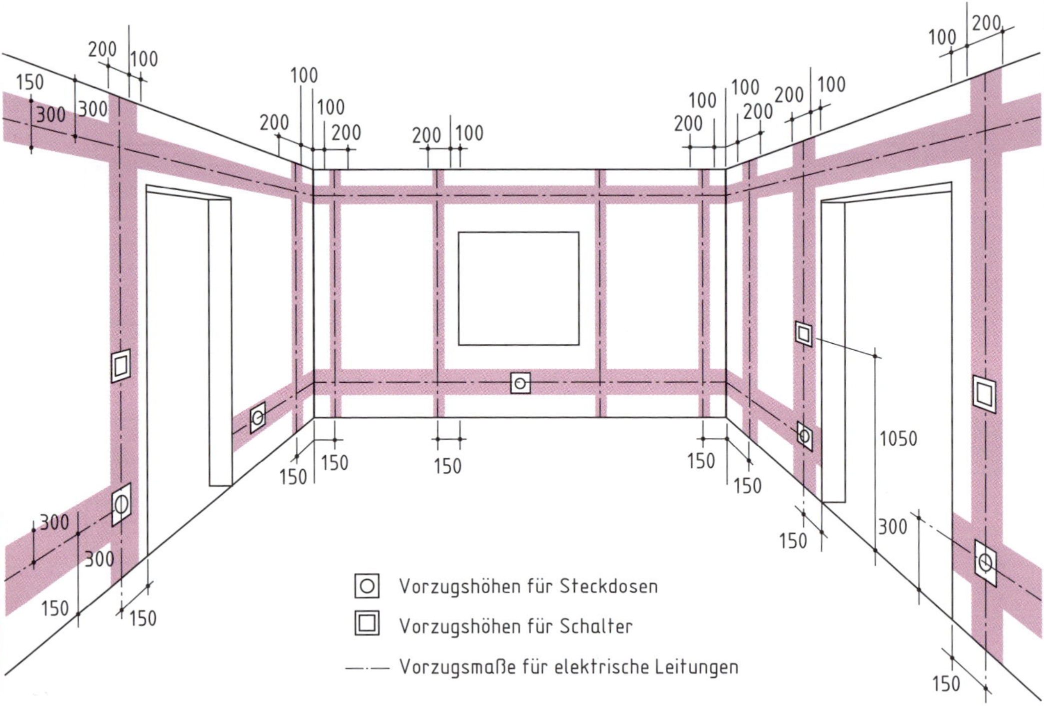

Leitungsinstallation

Hauptpotenzialausgleich

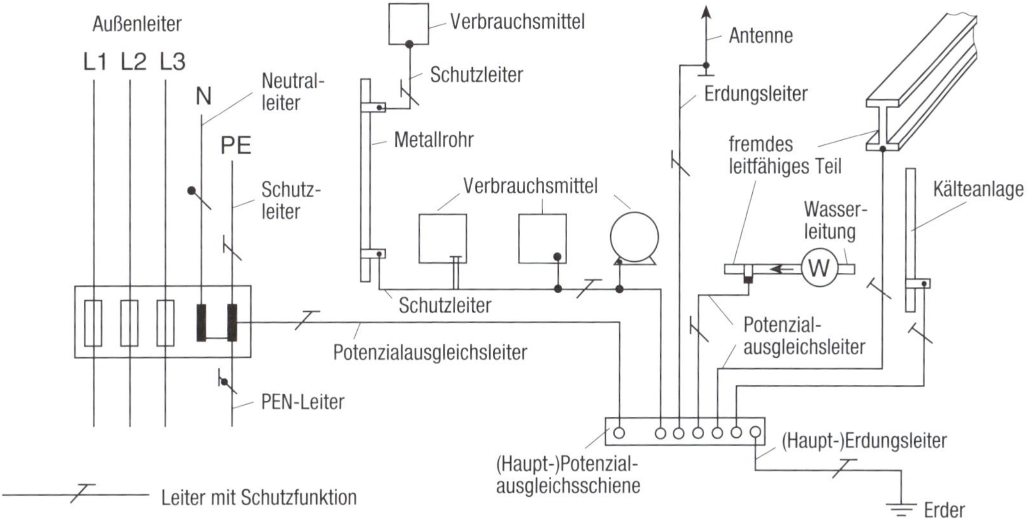

Leitungsinstallation

Abbildung	Formel / Formelumstellung	Formelzeichen / Einheiten

Spannungsabfall und Leitungsverlust auf belasteten Leitungen

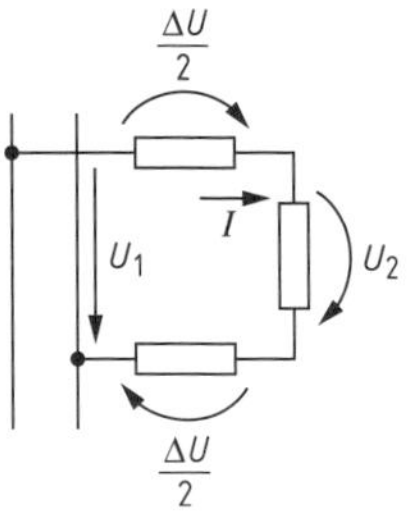

Maximaler Spannungsabfall

(nach DIN 18015, Teil 1)

im 230 V-Netz : 3 % = 6,9 V

Leitung bei „Ein-Phasen-Wechselspannung“

$$\Delta U = U_1 - U_2 \qquad U_1 = U_2 + \Delta U \qquad U_2 = U_1 - \Delta U$$

$$\Delta U = \frac{2 \cdot I \cdot \ell \cdot \cos\varphi}{\gamma \cdot A} \qquad \ell = \frac{\Delta U \cdot \gamma \cdot A}{2 \cdot I \cdot \cos\varphi}$$

$$I = \frac{\Delta U \cdot \gamma \cdot A}{2 \cdot \ell \cdot \cos\varphi} \qquad A = \frac{2 \cdot I \cdot \ell \cdot \cos\varphi}{\gamma \cdot \Delta U}$$

$$U = \frac{2 \cdot P \cdot \ell}{\gamma \cdot A \cdot \Delta U} \qquad P = \frac{\Delta U \cdot \gamma \cdot A \cdot U}{2 \cdot \ell} \qquad \ell = \frac{\Delta U \cdot \gamma \cdot A \cdot U}{2 \cdot P}$$

$$\Delta U = \frac{2 \cdot P \cdot \ell}{\gamma \cdot A \cdot U} \qquad A = \frac{2 \cdot P \cdot \ell}{\gamma \cdot \Delta U \cdot U}$$

$$\Delta u = \frac{\Delta U}{U} \cdot 100\,\% \qquad \Delta U = \frac{\Delta u \cdot U}{100\,\%}$$

$$P_v = \frac{2 \cdot I^2 \cdot \ell}{\gamma \cdot A} \qquad A = \frac{2 \cdot I^2 \cdot \ell}{\gamma \cdot P_v}$$

$$P_{v\%} = \frac{2 \cdot I \cdot \ell \cdot 100\,\%}{\gamma \cdot A \cdot U \cdot \cos\varphi} \qquad P_{v\%} = \frac{P_v \cdot 100\,\%}{P}$$

Hinweis:
Spezifische Leitwerte siehe Tabelle S. 93

Formelzeichen	Bedeutung	Einheit
ΔU	Spannungsabfall	V
U_1	Spannung am Leitungsanfang (Netzspannung)	V
U_2	Spannung am Leitungsende (Verbraucherspannung)	V
I	Leiterstromstärke	A
ℓ	Länge der Leitung	m
$\cos\varphi$	Wirkfaktor	
γ	spezifischer Leitwert	$\frac{\text{m}}{\Omega \cdot \text{mm}^2}$
A	Leiterquerschnitt	mm^2
U	Netz-Nennspannung	230 V
P	übertragene Leistung	W
Δu	Spannungsabfall	%
P_v	Leistungsverlust	W
$P_{v\%}$	Leistungsverlust	%

Leitungsinstallation

Spannungsabfall und Leitungsverlust auf belasteten Leitungen

Beispiel:

Ein Wechselspannungsverdichter hat die folgenden Bemessungswerte: $P = 2{,}3\,\text{kW}$, $U = 230\,\text{V}/50\,\text{Hz}$, $\cos\varphi = 0{,}75$

Der Verdichter soll über eine 60 m lange Mantelleitung NYM-J 3 × 1,5 mm² am Stromnetz angeschlossen werden.

Es soll überprüft werden, ob der Spannungsabfall noch unterhalb der von der DIN 18015 tolerierten Grenze liegt.

$P = 2{,}3\,\text{kW}$

$\cos\varphi = 0{,}75$

$U = 230\,\text{V}$

$A = 1{,}5\,\text{mm}^2$

$\gamma_{\text{Kupfer}} = 56\,\text{m}/(\Omega\,\text{mm}^2)$

$\Delta U = ?$

$\Delta u = ?$

$$P = U \cdot I \cdot \cos\varphi \Rightarrow I = \frac{P}{U \cdot \cos\varphi} = \frac{2300\,\text{W}}{230\,\text{V} \cdot 0{,}75} = \underline{13{,}\overline{33}\,\text{A}}$$

$$\Delta U = \frac{2 \cdot I \cdot \ell \cdot \cos\varphi}{\gamma \cdot A} = \frac{2 \cdot 13{,}\overline{33}\,\text{A} \cdot 60\,\text{m} \cdot 0{,}75}{56\,\frac{\text{m}}{\Omega \cdot \text{mm}^2} \cdot 1{,}5\,\text{mm}^2} = \underline{14{,}28\,\text{V}}$$

$$\Delta u = \frac{\Delta U}{U} \cdot 100\,\% = \frac{14{,}28\,\text{V}}{230\,\text{V}} \cdot 100\,\% = 6{,}2\,\%$$

Der Spannungsabfall liegt über 3 %.

Der gewählte Leitungsquerschnitt ist zu gering.

4

Leitungsinstallation

Abbildung

Spannungsabfall und Leitungsverlust auf belasteten Leitungen

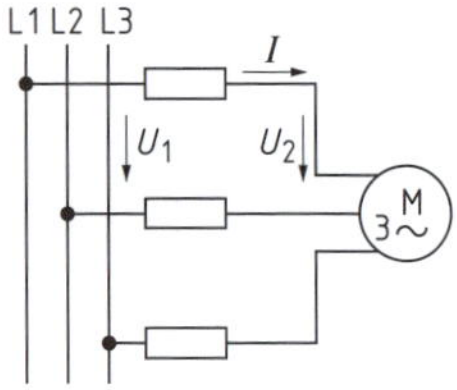

Maximaler Spannungsabfall

(nach DIN 18015, Teil 1)

im 400V-Netz: 3 % = 12 V

Formel / Formelumstellung

Leitung bei Drehstrom (symmetrischer Belastung)

$$\Delta U = \frac{\sqrt{3} \cdot I \cdot \ell \cdot \cos\varphi}{\gamma \cdot A} \qquad I = \frac{\Delta U \cdot \gamma \cdot A}{\sqrt{3} \cdot \ell \cdot \cos\varphi} \qquad \ell = \frac{\Delta U \cdot \gamma \cdot A}{\sqrt{3} \cdot I \cdot \cos\varphi}$$

$$A = \frac{\sqrt{3} \cdot \ell \cdot I \cdot \cos\varphi}{\gamma \cdot \Delta U}$$

$$\Delta U = \frac{P \cdot \ell}{\gamma \cdot A \cdot U} \qquad P = \frac{\Delta U \cdot \gamma \cdot A \cdot U}{\ell} \qquad \ell = \frac{\Delta U \cdot \gamma \cdot A \cdot U}{P}$$

$$A = \frac{P \cdot \ell}{\gamma \cdot \Delta U \cdot U}$$

$$\Delta u = \frac{\Delta U}{U} \cdot 100\,\% \qquad \Delta U = \frac{\Delta u \cdot U}{100\,\%}$$

$$P_v = \frac{3 \cdot I^2 \cdot \ell}{\gamma \cdot A} \qquad A = \frac{3 \cdot I^2 \cdot \ell}{\gamma \cdot P_v}$$

$$P_{v\%} = \frac{\sqrt{3} \cdot I \cdot \ell \cdot 100\,\%}{\gamma \cdot A \cdot U \cdot \cos\varphi}$$

$$P_{v\%} = \frac{P_v \cdot 100\,\%}{P} \qquad P_v = \frac{P_{v\%} \cdot P}{100\,\%}$$

Hinweis:
Spezifische Leitwerte siehe Tabelle S. 93

Formelzeichen / Einheiten

ΔU	Spannungsabfall	V
U_1	Spannung am Leitungsanfang (Netzspannung)	V
U_2	Spannung am Leitungsende (Verbraucherspannung)	V
I	Leiterstromstärke	A
ℓ	Länge der Leitung	m
$\cos\varphi$	Wirkfaktor	
γ	spezifischer Leitwert	$\frac{m}{\Omega \cdot mm^2}$
A	Leiterquerschnitt	mm^2
P	übertragene Leistung	W
Δu	Spannungsabfall	%
U	Netz-Nennspannung	400V
P_v	Leistungsverlust	W
$P_{v\%}$	Leistungsverlust	%

Leitungsinstallation

Spannungsabfall und Leitungsverlust auf belasteten Leitungen

Beispiel:

Ein Drehstromverdichter hat die folgenden Bemessungswerte: $P = 11{,}3\,\text{kW}$, $I = 19{,}6\,\text{A}$

Der Verdichter soll über eine 50 m lange Mantelleitung NYM-J 5 × 2,5 mm² am Stromnetz angeschlossen werden.

Es soll überprüft werden, ob der Spannungsabfall noch unterhalb der von der DIN 18015 tolerierten Grenze liegt.

$P = 11{,}3\,\text{kW}$

$I = 19{,}6\,\text{A}$

$U = 400\,\text{V}$

$A = 2{,}5\,\text{mm}^2$

$\ell = 50\,\text{m}$

$\gamma_{\text{Kupfer}} = 56\,\text{m}/(\Omega\,\text{mm}^2)$

$\Delta U = ?$

$\Delta u = ?$

$$P = \sqrt{3} \cdot U \cdot I \cdot \cos\varphi \Rightarrow \cos\varphi = \frac{P}{\sqrt{3} \cdot U \cdot I} = \frac{11\,300\,\text{W}}{\sqrt{3} \cdot 400\,\text{V} \cdot 19{,}6\,\text{A}} = \underline{0{,}83}$$

$$\Delta U = \frac{\sqrt{3} \cdot I \cdot \ell \cdot \cos\varphi}{\gamma \cdot A} = \frac{\sqrt{3} \cdot 19{,}6\,\text{A} \cdot 50\,\cancel{\text{m}} \cdot 0{,}83}{56 \frac{\cancel{\text{m}}}{\Omega \cdot \cancel{\text{mm}^2}} \cdot 2{,}5\,\cancel{\text{mm}^2}} = \underline{10{,}06\,\text{V}}$$

$$\Delta u = \frac{\Delta U}{U} \cdot 100\,\% = \frac{10{,}06\,\cancel{\text{V}}}{400\,\cancel{\text{V}}} \cdot 100\,\% = \underline{\underline{2{,}5\,\%}}$$

Der Spannungsabfall liegt unterhalb der 3%-Grenze!

4

Leitungsinstallation

Verlegearten von Kabeln und isolierten Leitungen nach DIN VDE 0298-4: 2013-06

Verlegeart		**Beispiele für Verlegebedingungen**
A1	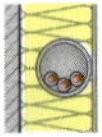	*Verlegung in wärmgedämmten Wänden* • Aderleitungen im Elektroinstallationsrohr • Aderleitungen in Formteilen oder Formleisten
A2	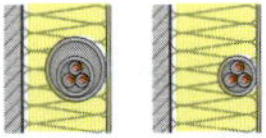	*Verlegung in wärmgedämmten Wänden* • Mehradrige Kabel oder mehradrige Mantelleitungen im Elektroinstallationsrohr • Mehradrige Kabel oder mehradrige Mantelleitung in einer wärmegedämmten Wand
B1		*Verlegung in Elektroinstallationsrohren* • Aderleitungen im Elektroinstallationsrohr auf oder in der Wand • Aderleitungen, einadrige Kabel oder Mantelleitungen im Installationskanal
B2	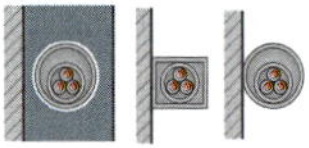	*Verlegung in Elektroinstallationsrohren* • Mehradrige Kabel oder Mantelleitungen im Elektroinstallationsrohr auf oder in der Wand • Mehradrige Kabel oder Mantelleitungen im Installationskanal
C	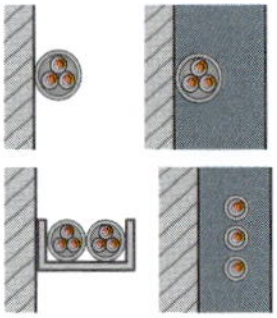	*Verlegung direkt auf oder in der Wand* • Ein- oder mehradrige Kabel oder Mantelleitungen auf oder in der Wand oder unter der Decke • Stegleitung im Putz • Mantelleitungen in Kabelwannen
D		*Verlegung in der Erde* • Mehradrige Kabel oder mehradrige ummantelte Installationsleitung im Elektroinstallationsrohr oder im Kabelschacht in der Erde
E	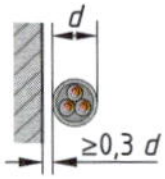	*Verlegung frei in der Luft* • Mehradrige Kabel oder mehradrige Mantelleitungen frei in der Luft verlegt mit einem Mindestabstand zur Wand $a \geq 0{,}3 \cdot d$ (d = Leitungsdurchmesser) • Kabel oder Leitungen auf gelochten Kabelrinnen oder Kabelkonsolen
F	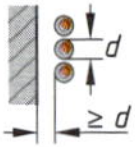	*Verlegung frei in der Luft* • Einadrige Kabel oder Mantelleitungen mit gegenseitiger Berührung verlegt mit einem Mindestabstand $a \geq 1 \cdot d$ zur Wand

Leitungsinstallation

Strombelastbarkeit von Leitungen in Abhängigkeit von der Verlegeart

Bemessungswert I_r

der Strombelastbarkeit von elektrischen Leitungen für feste Verlegung *Umgebungstemperatur 25 °C*
der Verlegearten A1, A2, B1, B2, C, E nach DIN VDE 0100-430:2010-10

Verlegeart	A1		A2		B1		B2		C		E	
Belastete Adern	2	3	2	3	2	3	2	3	2	3	2	3
Nennquerschnitt in mm² Cu	Bemessungswert I_n der Strombelastbarkeit in A für PVC-Isolierung											
1,5	16,5	14,5	16,5	14,0	18,5	16,5	17,5	16,0	21,0	18,5	23,0	19,5
2,5	21,0	19,0	19,5	18,5	25,0	22,0	24,0	21,0	29,0	25,0	32,0	27,0
4,0	28,0	25,0	27,0	24,0	34,0	30,0	32,0	29,0	38,0	35,0	42,0	36,0
6,0	36,0	33,0	34,0	31,0	43,0	38,0	40,0	36,0	49,0	43,0	54,0	46,0
10,0	49,0	45,0	46,0	41,0	60,0	53,0	55,0	50,0	67,0	63,0	74,0	64,0
16,0	65,0	59,0	60,0	55,0	81,0	72,0	73,0	66,0	90,0	81,0	100	85,0
25,0	85,0	77,0	80,0	72,0	107	94,0	95,0	85,0	119	102	126	107
35,0	105	94,0	98,0	88,0	133	117	118	106	146	126	157	134

Zuordnung von Leitungsschutzsicherungen gG und LS-Schaltern Typ B, C, und D

Umgebungstemperatur 25 °C der Verlegearten A1, A2, B1, B2, C, E

Verlegeart	A1		A2		B1		B2		C		E	
Belastete Adern	2	3	2	3	2	3	2	3	2	3	2	3
Nennquerschnitt in mm² Cu	Bemessungswert I_n der Strombelastbarkeit in A für PVC-Isolierung											
1,5	16	13	16	13	16	16	16	16	20	16	16	16
2,5	20	16	16	16	25	20	20	20	25	25	25	20
4,0	25	25	25	20	32	25	32	25	35	35	35	25
6,0	35	32	32	25	40	35	40	35	40	40	35	35
10,0	40	40	40	40	50	50	50	35	63	50	50	35
16,0	63	50	50	50	80	63	63	63	80	80	63	63

Leitungsinstallation

Strombelastbarkeit von isolierten Leitungen

Umrechnungsfaktor f_1 für abweichende Umgebungstemperaturen

	Umrechnungsfaktor f_1												
Umgebungs-temperatur in °C	10	15	20	25	30	35	40	45	50	55	60	65	70
PVC-Isolierung	1,17	1,12	1,06	1,0	0,94	0,87	0,79	0,71	0,61	0,5	–	–	–
Gummi-Isolation	1,22	1,15	1,08	1,0	0,91	0,82	0,71	0,58	0,41	–	–	–	–
ERP-Isolation	1,14	1,10	1,05	1,0	0,95	0,89	0,84	0,77	0,71	0,63	0,55	0,45	–

Umrechnungsfaktor f_2 bei Häufung von Leitungen nach DIN VDE 0298 Teil 4 (Auszug)

Anordnung	Anzahl der mehradrigen fest verlegten oder flexiblen Leitungen oder Anzahl der Stromkreise oder Drehstromkreise, die aus einadrigen Leitungen bestehen				
	1	2	3	4	5
Gebündelt direkt auf der Wand, dem Boden, im Elektroinstallationsrohr oder Installationskanal, auf oder in der Wand	1,0	0,80	0,70	0,65	0,60
Einlagig auf Wand oder Boden mit gegenseitiger Berührung	1,0	0,85	0,79	0,75	0,73
Einlagig auf Wand oder Boden	1,0	0,94	0,90	0,90	0,90

Strombelastbarkeit von Leitungen bei abweichender Betriebstemperatur Zuordnung der Überstrom-Schutzeinrichtung		
$I_Z = I_r \cdot f_1 \cdot f_2$	I_r Bemessungswert der Strombelastbarkeit der Leitung bei Umgebungstemperatur 25 °C	A
	I_Z Strombelastbarkeit der Leitung bei abweichender Betriebstemperatur	A
$I_n \leq I_Z$	f_1 Umrechnungsfaktor für abweichende Umgebungstemperatur	
	f_2 Umrechnungsfaktor für Häufungen von Leitungen	
	I_n Bemessungsstrom für Überstromschutzeinrichtung	A

4

Leitungsinstallation

Strombelastbarkeit von isolierten Leitungen

Beispiel:

Ein Außengerät hat folgende Bemessungswerte: U = AC 400V; P_{max} = 5200W; $\cos\varphi = 0{,}7$

Die Umgebungstemperatur beträgt 25 °C

Die 8 m lange NYM-Leitung soll in einem Installationsrohr verlegt werden.

Es sollen der erforderliche Leitungsquerschnitt und der Wert der Leitungsschutzsicherung bestimmt werden.

$U = 400\,\text{V}$ (Drehstrom)

$P = 5200\,\text{W}$

$\cos\varphi = 0{,}7$

$t = 25\,°\text{C}$

$$P = \sqrt{3} \cdot U \cdot I \cdot \cos\varphi \quad \Rightarrow \quad I = \frac{P}{\sqrt{3} \cdot U \cdot \cos\varphi} = \frac{5200\,\text{W}}{\sqrt{3} \cdot 400\,\text{V} \cdot 0{,}7} = \underline{\underline{10{,}72\,\text{A}}}$$

Verlegeart: ?

Nennquerschnitt der Zuleitung: ?

Wert der Leitungsschutzsicherung: ?

Verlegung im Installationsrohr ⇒ **Verlegeart: B2**

belastete **Aderzahl: 3**

Umrechnungsfaktor (Temperatur) **f1: 1,0**

Aus den Tabellen

Nennquerschnitt: 1,5 mm² (belastbar bis 16 A)

Leitungsschutzsicherung für NYM 1,5 mm²: 16 A

Normgerechte Darstellung von ausgewählten Betriebsmitteln

Einbauposition und Einstellung von Sicherungen und Überstromrelais

<table>
<tr><th></th><th>1 Phasen-Wechselstrommotor</th><th colspan="3">Sternschaltung</th><th colspan="3">Dreieckschaltung</th></tr>
<tr><td></td><td>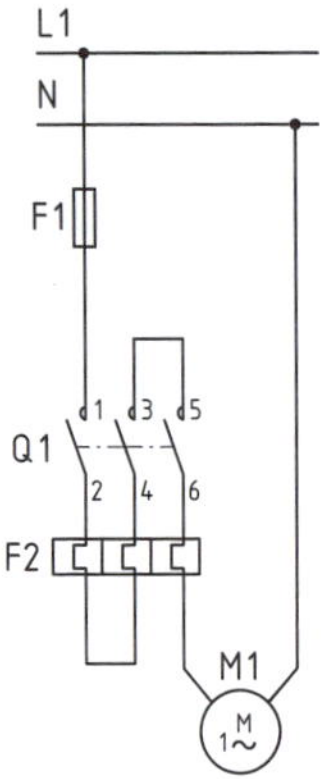</td><td colspan="3">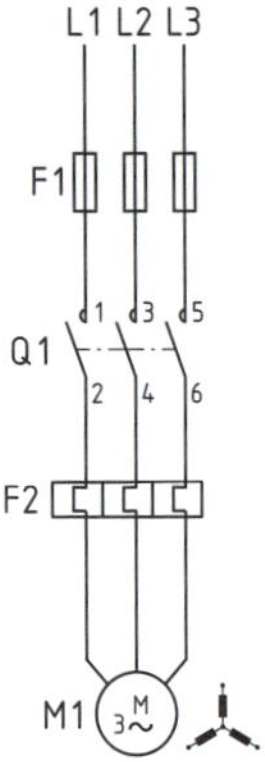</td><td colspan="3">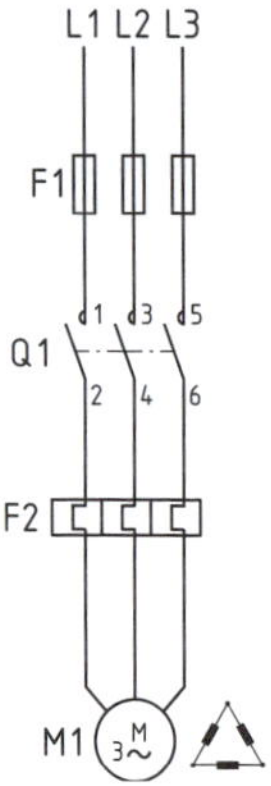</td></tr>
<tr><td>max. Betriebsstrom I_B</td><td>bis 10 A</td><td>bis 16 A</td><td>16 – 50 A</td><td>50 – 195 A</td><td>bis 16 A</td><td>16 – 50 A</td><td>50 – 195 A</td></tr>
<tr><td>Sicherungs-nennstrom F_1</td><td>2,4 bis 3,4 mal I_B
max. 16 A</td><td>2,4 – 3,4 mal I_B</td><td>1,5 – 2,5 mal I_B</td><td>1,3 – 2,5 mal I_B</td><td>2,4 – 3,4 mal I_B</td><td>1,5 – 2,5 mal I_B</td><td>1,3 – 2,5 mal I_B</td></tr>
<tr><td>Einstellstrom Motor-schutzschalter I_E</td><td>$F_2: I_E \le I_B$</td><td colspan="3">$F_2: I_E \le I_B$</td><td colspan="3">$F_2: I_E \le I_B$</td></tr>
</table>

4

Normgerechte Darstellung von ausgewählten Betriebsmitteln

Einbauposition und Einstellung von Sicherungen und Überstromrelais

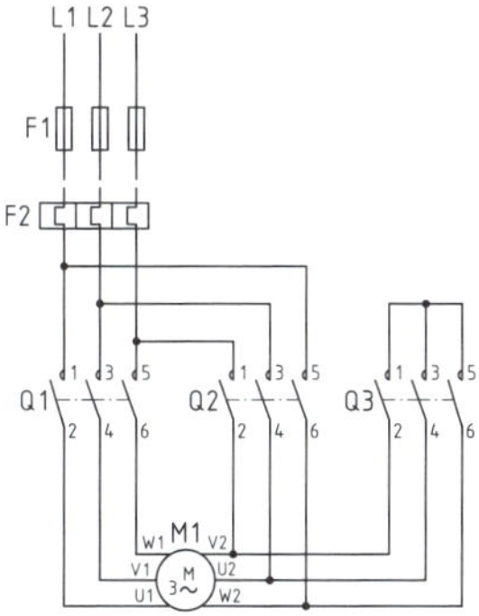

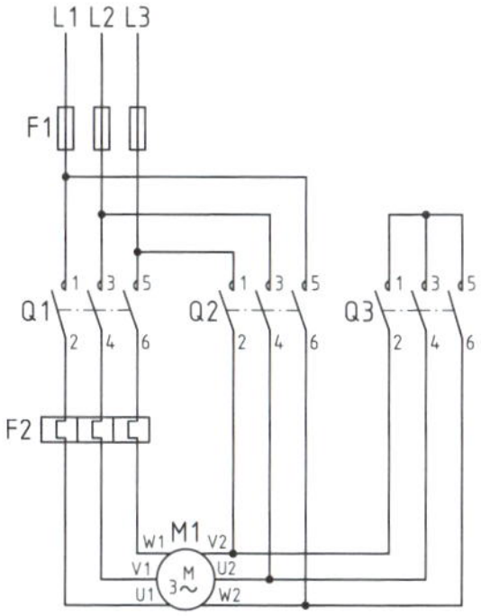

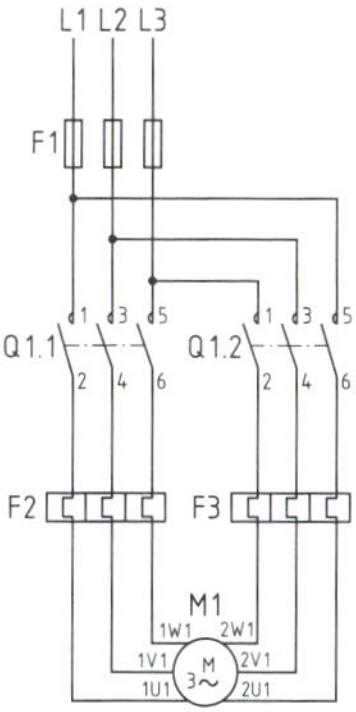

	Stern-Dreieckanlauf			Stern-Dreieckanlauf			Teilwicklungsmotor (PWM) (Stern/Stern 50 % : 50 %)		
max. Betriebsstrom I_B	bis 16 A	16 – 50 A	50 – 195 A	bis 16 A	16 – 50 A	50 – 195 A	bis 16 A	16 – 50 A	50 – 195 A
Sicherungsnennstrom F_1	1,5 – 2,0 mal I_B	1,1 – 1,4 mal I_B	1,1 – 1,4 mal I_B	1,5 – 2,0 mal I_B	1,1 – 1,4 mal I_B	1,3 – 2,5 mal I_B	1,5 – 2,0 mal I_B	1,3 – 1,5 mal I_B	1,1 – 1,4 mal I_B
Einstellstrom Motorschutzschalter I_E	$F_2: I_E \leq I_B$			$F_2: I_E \leq 0{,}58 \cdot I_B$			F_2 und $F_3: I_E \leq 0{,}6 \cdot I_B$		

4

Normgerechte Darstellung von ausgewählten Betriebsmitteln

Leitungen – Verbindungen – Sicherungen

Leitung allgemein		Steckverbindung	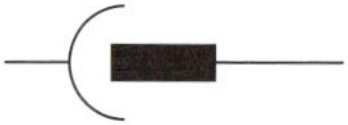
Leitungsverbindung nicht lösbar		Stecker	
Leitungsverbindung lösbar	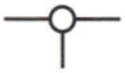	Buchse	
Neutralleiter N		Erdung allgemein	
Schutzleiter PE		Anschlussstelle für Schutzleiter	
Anschlussleiste		Sicherung allgemein	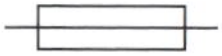
Klemmenleiste mit Reihenklemmen und Reihentrennklemmen	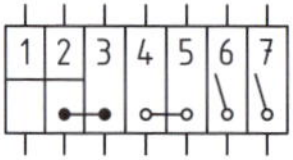	Sicherung gekennzeichnete Seite = netzseitiger Anschluss	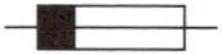
Trennstelle geschlossen		Schraubsicherung 16 A, Typ DII, dreipolig	

4

Normgerechte Darstellung von ausgewählten Betriebsmitteln

Antriebe

Handantrieb allgemein		Betätigung durch	
Betätigung durch drücken		Drehbewegung in nur eine Richtung	
Betätigung durch ziehen		Drehbewegung in beide Richtungen	
Betätigung durch drehen		Raste	
Betätigung durch kippen		Kraftantrieb allgemein	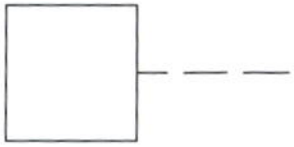
Betätigung durch Steck-schlüssel	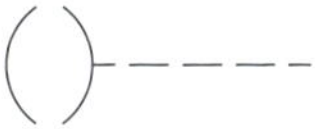	Kraftantrieb durch Temperatur	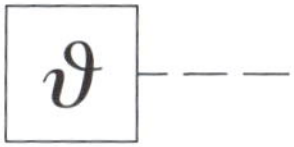
Betätigung durch Rolle Endschalterfunktion		Kraftantrieb durch Feuchte	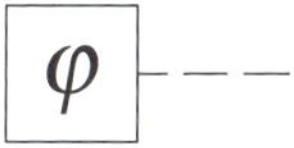
NOT-AUS		Kraftantrieb durch Drehzahl	

Normgerechte Darstellung von ausgewählten Betriebsmitteln

Antriebe

Hochdruckschalter	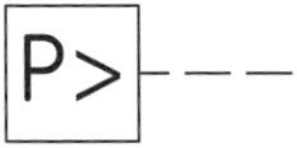	Antrieb mit Rückfallverzögerung	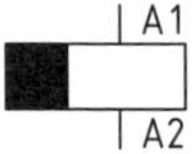
Niederdruckschalter	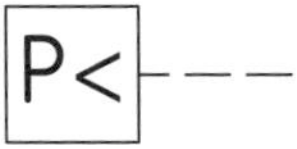	Antrieb mit Anzugsverzögerung	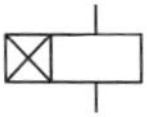
Schaltschloss mit mechanischem Freiauslöser	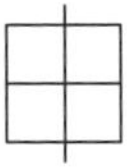	Antrieb mit Anzugs- und Rückfallverzögerung	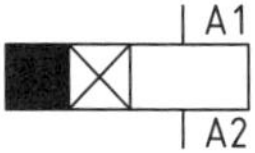
Elektromagnetischer Antrieb (Schütz)	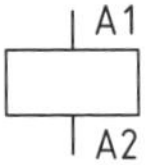		
Elektromagnetischer Überstromauslöser	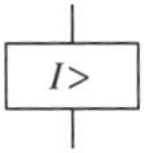		
Elektrothermischer Überstromauslöser	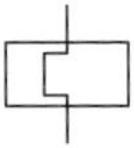		
Schaltuhr	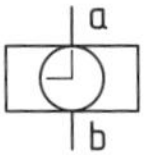		
Elektromagnetisches Absperrorgan / Magnetventil	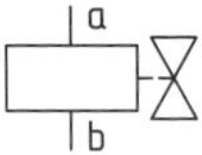		

Normgerechte Darstellung von ausgewählten Betriebsmitteln

Schaltglieder und Schaltgeräte

Schließer		Schließer mit verzögertem Schließverhalten	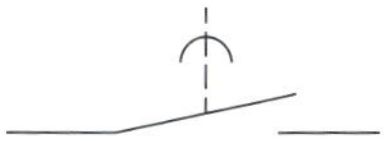
Öffner		Schließer mit verzögertem Öffnungsverhalten	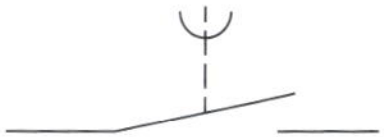
Wechsler		Öffner mit verzögertem Öffnungsverhalten	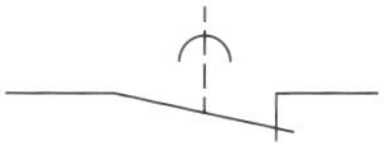
Taster Schließer handbetätigt		Öffner mit verzögertem Schließverhalten	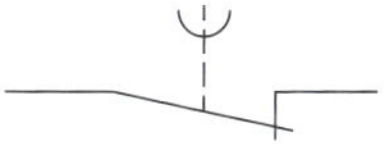
Schalter Schließer handbetätigt		Handbetätigter Schalter mit drei Stellungen: Automatik – Aus – Hand	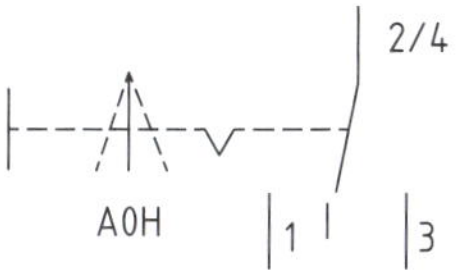
Sperre allgemein von Hand lösbar			
Leitungsschutzschalter L		Motorvollschutz INT 69 ®	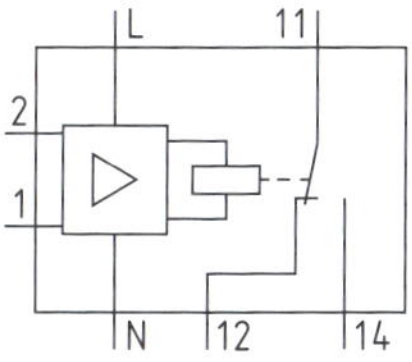
(Motor-)Schutzschalter G mit thermischem und magnetischem Auslöser	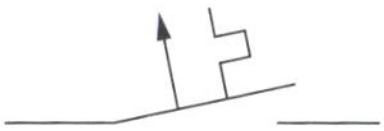		

Normgerechte Darstellung von ausgewählten Betriebsmitteln

Meldegeräte – Anzeigegeräte – Dioden – Gleichrichter

Leuchtmelder allgemein	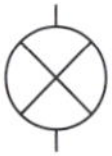	Hupe , Horn	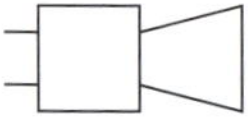
Spannungsmesser	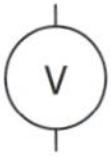	Strommesser	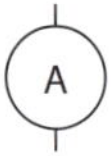
Leistungsmesser		Kilo-Watt-Stunden-Zähler (Elektrizitätszähler)	
Blindleistungmesser	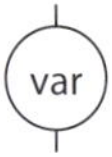	Blindleistungszähler	
		Betriebsstundenzähler	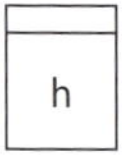
Diode allgemein	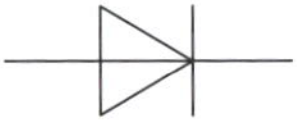	Leuchtdiode	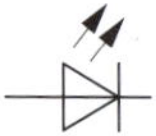
Brückengleichrichter	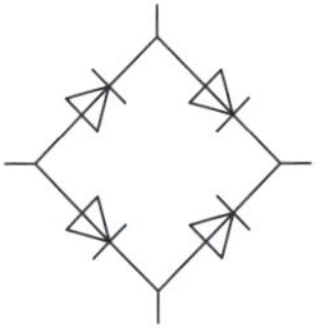		

4

Normgerechte Darstellung von ausgewählten Betriebsmitteln

Motoren

Motor allgemein		Generator	
Asynchronmotor einphasig		Drehstromasynchronmotor mit Thermistor	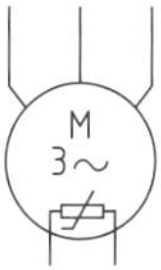
Asynchronmotor einphasig mit thermischen Auslöser Klixon	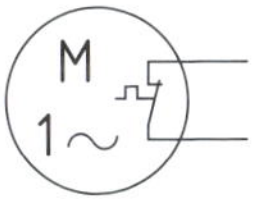	Drehstrommotor mit Dahlanderwicklung	
Kondensatormotor	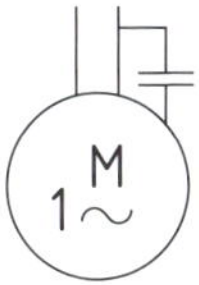	Part-Winding-Motor	
Drehstromasynchronmotor			

Normgerechte Darstellung von ausgewählten Betriebsmitteln

Widerstände – Heizungen – Kondensatoren – Spulen – Transformatoren

Widerstand allgemein	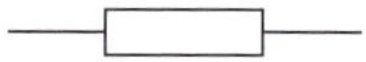	Kondensator allgemein	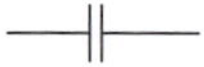
Widerstand verstellbar	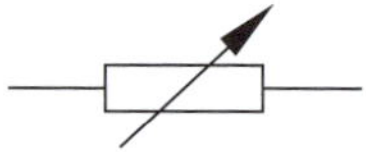	Kondensator verstellbar	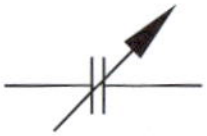
Heizwiderstand	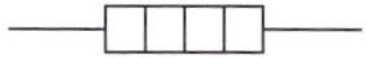	Kondensator gepolt	
Abtauheizung Sternschaltung	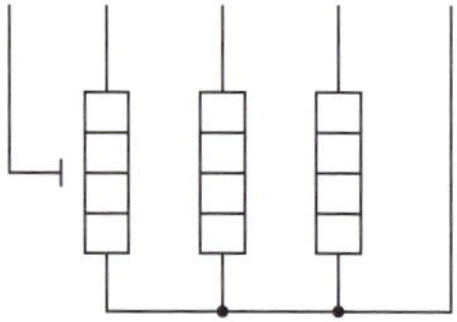	Kondensator ELKO	
		Kondensator ELKO gepolt	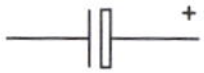
Spule Form 1		Spule Form2	
Transformator Form 1		Transformator Form 2	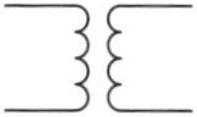
Transformator mit zwei unterschiedlichen Sekundärspannungen		Transformator Form 2 mit Schirm	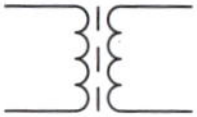

Normgerechte Darstellung von ausgewählten Betriebsmitteln

Anschlussbezeichnungen von Schaltgeräten DIN EN 50011: 1978-05

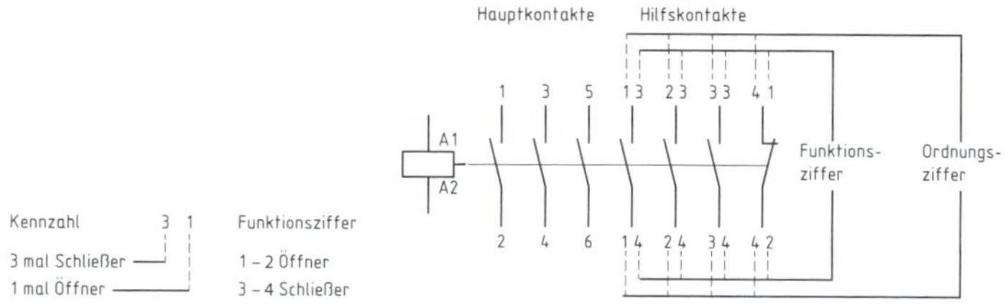

Kennzahl	Schaltglieder	Kennzahl	Schaltglieder
10 E		01 E	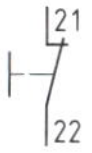
20 E	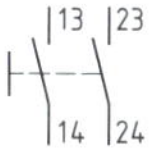	11 E	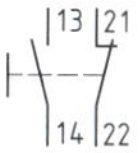
12 E	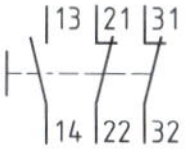	21 E	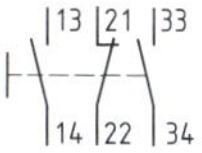
50 E	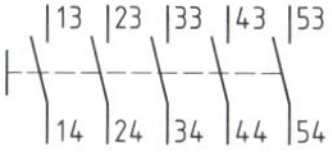	14 E	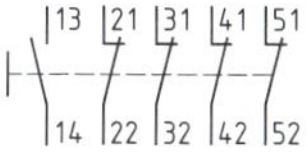
23 E	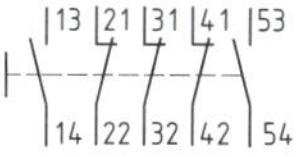	41 E	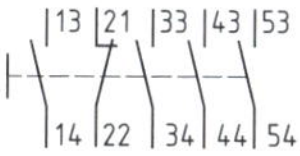

Normgerechte Darstellung von ausgewählten Betriebsmitteln

Betriebsmittelkennzeichnung nach DIN EN 81346-2: 2010-05

Kennbuchstabe **ALT**	Kennbuchstabe **NEU**	Zweck und Aufgabe	Beschreibung des Zwecks oder der Aufgabe	Typische elektrische Produkte
A	A	mehrere Zwecke und Aufgaben		Sensorbildschirm
B	B	Umwandeln einer physikalischen Eigenschaft in ein zur Weiterverarbeitung bestimmtes Signal	Ermitteln und Messen von Werten, Überwachen, Erfassung, Wiegen	Fühler, Sensoren, Wächter, Messwandler, Bewegungsmelder, Näherungsschalter, Positionsschalter, Mikrofon, Videokamera
C(D)	C	Speichern von Energie oder Informationen	Aufzeichnen, Registrieren, Speichern	Kondensator, Pufferbatterie, Festplatte, Speiche, Schreiber
	D	Reserviert für spätere Normung		
E	E	Bereitstellen von Strahlung und Energie	Heizen, Kühlen, Beleuchtung, Strahlen	Peltierelement, Heizung, Boiler, Lampe, Leuchte, Laser
F	F	Direkter Schutz eines Energie- oder Signalflusses, Schutz von Personen	Absorbieren, Überwachen, Schützen, Sichern	Schutzanode, Sicherung, Leitungsschutzschalter, RCD, Motorschutzschalter
G	G	Initiieren eines Signals oder Energieflusses, Erzeugen von Informationssignalen	Erzeugen, Herstellen	Galvanisches Element, Batterie, Generator, Solarzelle
	H	Produzieren einer neuen Art von Material / Produkt		
	I	Nicht anwendbar		
	J	Reserviert für spätere Normung		
K(V)	K	Verarbeiten, Bereitstellung von Signalen und Informationen	Schließen, Öffnen, Schalten von Steuer- und Regelkreisen, Regeln Verzögern	Schaltrelais, Zeitrelais, Hilfsschütze, Analogbaustein, Binärbaustein, Regler, Filter, Transistor Mikro-Prozessor
	L	Reserviert für spätere Normung		

4

Normgerechte Darstellung von ausgewählten Betriebsmitteln

Betriebsmittelkennzeichnung nach DIN EN 81346-2: 2010-05

Kennbuchstabe **ALT**	Kennbuchstabe **NEU**	Zweck und Aufgabe	Beschreibung des Zwecks oder der Aufgabe	Typische elektrische Produkte
	M	Bereitstellen mechanischer Energie	Betätigen, Antreiben	Elektromotor. Linearmotor, Stellantrieb. Betätigungsspule, elektromagnetisches Ventil, Kupplung, Bremse
	N	Reserviert für spätere Normung		
	O	Nicht anwendbar		
P (H) (V)	P	Darstellung von Informationen	Anzeigen, Melden, Warnen, Alarmieren, Darstellen	Meldeleuchten, LED, Anzeigegeräte, Hupe, Klingel. Messgeräte, Drucker
Q (K) (V)	Q	Kontrolliertes Schalten, variieren eines Energie- / Materialflusses	Schließen, Öffnen, Schalten, Kuppeln eines Energieflusses	Leistungsschalter, Installationsschalter Lastschütz, Trenner Motoranlasser
	R	Begrenzen, Stabilisieren eines Energie- / Materialflusses	Blockieren, Dampfen, Begrenzen, Stabilisieren	Widerstand, Drosselspüle, Diode, Z-Diode
	S	Umwandlung manueller Tätigkeit in ein Signal	Manuelles Steuern, Wählen	Steuer- und Quittiertaster, Tastatur, Maus, Wahlschalter
	T	Umwandlung von Energie unter Beibehaltung der Energieart, Signalumwandlung	Transformator, Verstärken, Modulieren	Leistungstransformator Gleichrichter , DC-DC-Wandler, Frequenz Umrichter. Verstärker, Antenne, Messumformer
	U	Halten von Objekten in definierter Lage	Tragen, Halten, Stützen	Isolator, Stützer
	V	Bearbeiten von Materialien	Filter, Wärmebehandlung	Filter
	W	Leiten, Führen von Energie und Signalen	Leiten, Verteilen, Führen	Leiter, Kabel, Stromschiene, Sammelschiene, Lichtwellenleiter
	X	Verbinden von Objekten	Verbinden, Koppeln	Klemmen, Klemmleisten, Steckverbindungen, Steckdose
	Y / Z	Reserviert für spätere Normung		

4

Druckschalter

Niederdruckschalter	**Hochdruckschalter (Wächter)**
Danfoss KP1	Danfoss KP7W

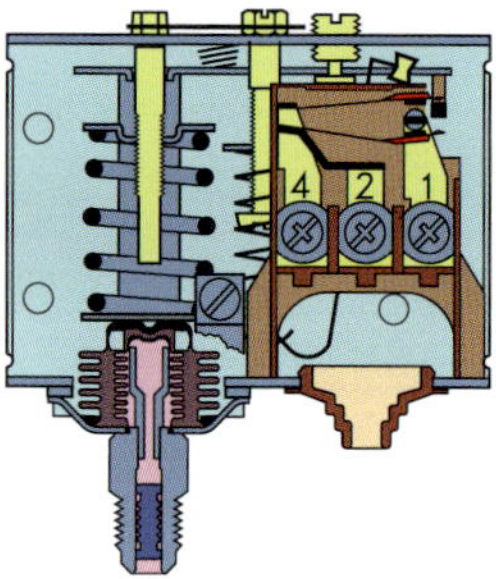

Kontaktsysteme

Aus: Danfoss Tipps für den Monteur

Niederdruck (LP)

SPDT

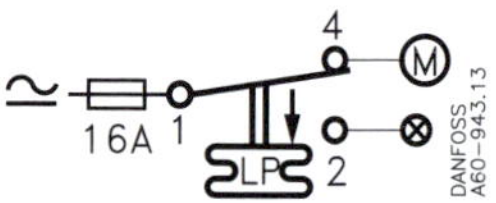

Hinweis:
SPST → single pole – single throw
SPDT → single pole – double throw

Hochdruck (HP)

SPDT

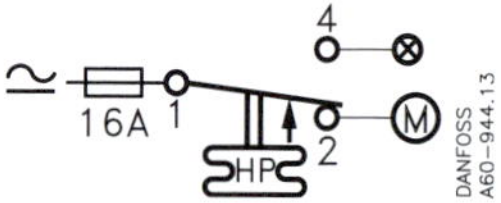

Dualdruck (LP/HP)

SPDT+LP signal

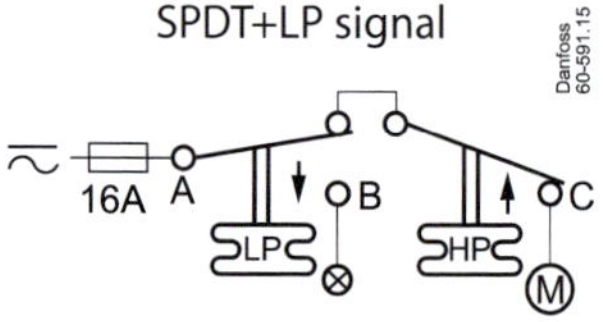

Dualdruck (LP/HP)

SPDT+LP+HP signal

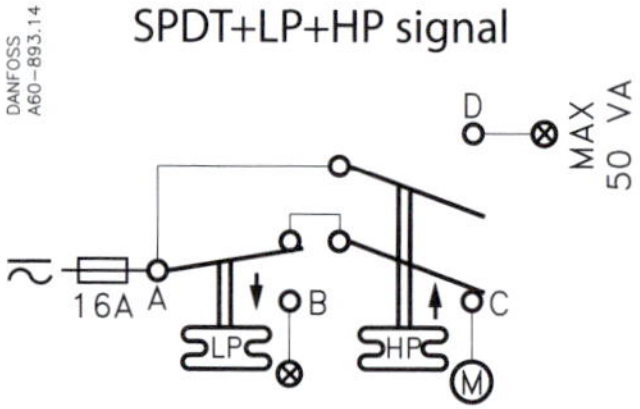

Dualdruck (HP/HP)

SPST

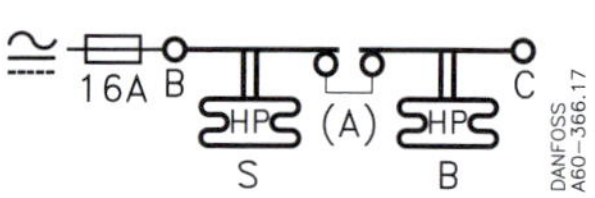

Druckschalter

Öldruckdifferenzbegrenzer Danfoss MP55

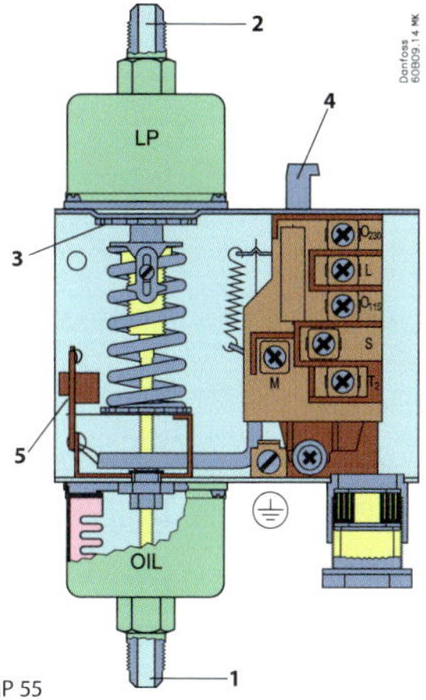

MP 55

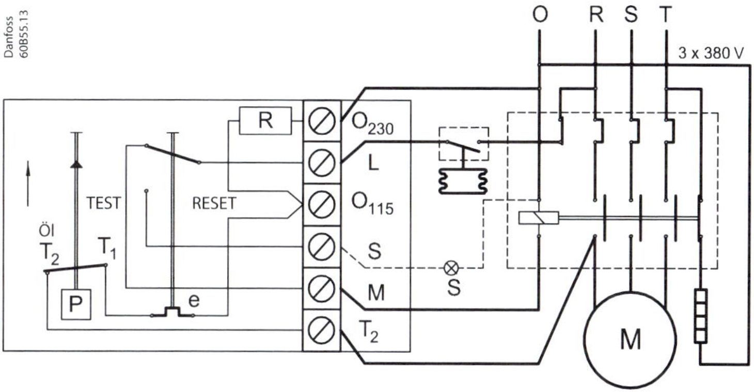

4

Werkstoffe

Werkstoffwerte von Metallen

Stoff	Kurzzeichen	Spezifischer Widerstand ϱ_{a20} $\frac{\Omega \cdot mm^2}{m}$	Spezifischer Leitwert Υ $\frac{m}{\Omega \cdot mm^2}$	Dichte ϱ $\frac{kg}{dm^3}$	Widerstandstemperaturkoeffizient α $\frac{1}{K}$	Schmelztemperatur °C
Aluminium	Al	0,0278	36	2,7	0,004	658
Blei	Pb	0,208	4,8	11,34	0,00422	327
Cadmium	Cd	0,077	13	8,64	0,0042	321
Chrom	Cr	0,130	6,7	7,19	–	1890
Eisen (fein)	Fe	0,1	10	7,87	0,00657	1539
Gusseisen	GG	–	–	7,25	0,005	~1200
Gold	Au	0,022	45,7	19,3	0,00398	1063
Kobalt	Co	0,062	16,1	8,9	0,0066	1490
Kohle	–	100	0,01	2,0	–0,0005	~3540
Kupfer (99,9%)	Cu	0,0178	56	8,9	0,0039	1085
Lithium	Li	0,086	11,62	0,534	–	179
Magnesium	Mg	0,044	22,7	1,74	0,0041	650
Mangan	Mn	1,85	0,54	7,43	0,0053	1245
Molybdän	Mo	0,047	21	10,2	0,0047	2620
Nickel	Ni	0,095	10,5	8,85	0,0055	1452
Platin	Pt	0,098	10,2	21,5	0,0038	1770
Quecksilber	Hg	0,9406	1,063	13,5	0,0009	–38,9
Silber	Ag	0,0167	60	10,5	0,0041	960
Tantal	Ta	0,15	6,67	16,7	0,0034	3030
Titan	Ti	0,8	1,25	4,54	0,00564	1670
Wismut	Bi	1,07	0,94	9,8	0,0045	270
Wolfram	W	0,055	18,2	19,3	0,0046	3370
Zink	Zn	0,0625	16	7,14	0,0042	419
Zinn	Sn	0,115	8,7	7,28	0,00463	232

RI – Fließbildsymbole Kältetechnik (Auswahl nach DIN EN 1861)

Symbol	Beschreibung	Symbol	Beschreibung
	Kältemittel, Kältemittellösung, Hauptkreislauf	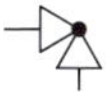	Ventil, Eckform
	Kältemittel, Nebenkreislauf		Dreiwegeventil
	Wärmeträger		Ventil, gegen unbefugte Betätigung gesichert
	Kühlwasser für Verflüssiger		Ventil, geschlossen bei normalem Betrieb
	Sonstige Stoffe (z. B. Öl)		Rückschlagventil
	zu kühlender oder zu erwärmender Stoff		Ventil mit stetigem Regelverhalten
	Rohrleitung, beheizt	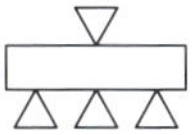	Vierwegeventil
	Rohrleitung, wärmegedämmt		
	Prozess-Impulsleitung		
	Wirklinie, allgemein		
	Kapillare		
	Ventil		

RI – Fließbildsymbole Kältetechnik (Auswahl nach DIN EN 1861)

Symbol	Beschreibung	Symbol	Beschreibung
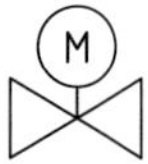	Ventil, Antrieb durch Elektromotor	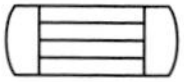	Rohrbündel-Wärmetauscher mit Festböden
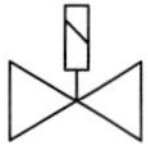	Ventil, Antrieb durch Elektromagnet	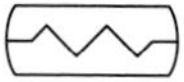	Wärmetauscher mit Rohrschlange
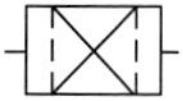	Filtertrockner	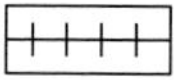	Rippenrohr-Wärmetauscher
	Schauglas mit Feuchtigkeitsindikator	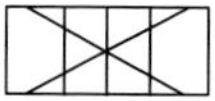	Platten-Wärmetauscher
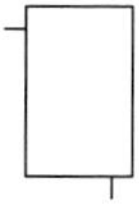	Behälter allgemein	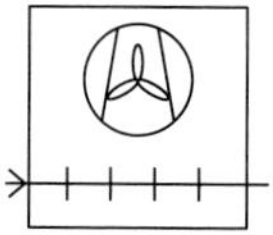	Luftgekühlter Rippenrohr-Wärmetauscher
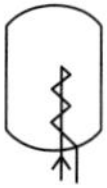	Behälter mit Einsteckrohrschlange		
	Wärmetauscher		

RI – Fließbildsymbole Kältetechnik (Auswahl nach DIN EN 1861)

Symbol	Beschreibung	Symbol	Beschreibung
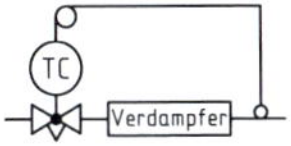	Thermostatisches Expansionsventil mit innerem Druckausgleich		Schraubenverdichter
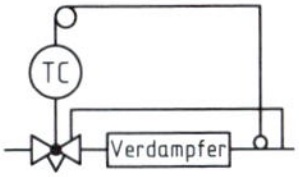	Thermostatisches Expansionsventil mit äußerem Druckausgleich		Turboverdichter
	Konstantdruckventil	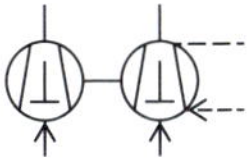	Zweistufiger Hubkolbenverdichter mit Kühlung
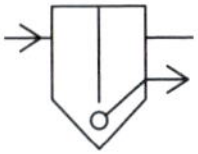	Ölabscheider mit Schwimmerausschleusung	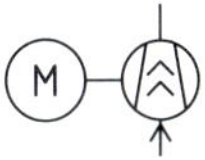	Schraubenverdichter mit Elektromotor
	Pumpe	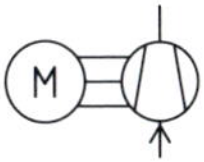	Hermetischer oder halbhermetischer Verdichter
	Hubkolbenverdichter	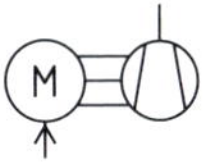	Hermetischer oder halbhermetischer Verdichter, saugdampfgekühlt
	Spiralverdichter		

RI – Fließbildsymbole für RLT-Anlagen, Luftverteilung (Auswahl nach DIN EN 12792)

Symbol	Beschreibung	Symbol	Beschreibung
	Zuluftdurchlass	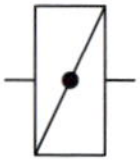	Rauchschutzklappe
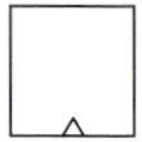	Fortluftdurchlass		Brandschutzklappe
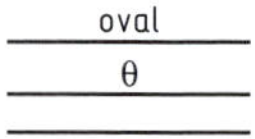	Starre Luftleitung oval rund rechteckig		Radialventilator
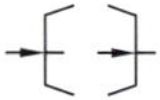	Übergang, gleichmäßig		Axialventilator
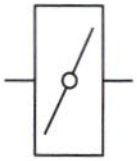	Drosselklappe	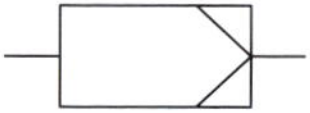	Luftfilter
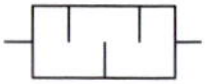	Schalldämpfer	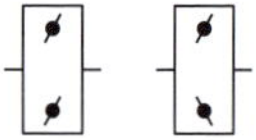	Jalousieklappe
	Rückschlagklappe		Wetterschutzgitter

RI – Fließbildsymbole für RLT-Anlagen, Luftbehandlung und Regelung (Auswahl nach DIN EN 12792)

Symbol	Beschreibung	Symbol	Beschreibung
Luftbehandlung		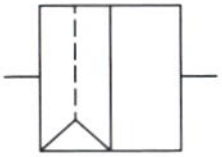	Tropfenabscheider
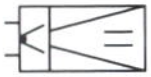	Mischkammer mit konstantem Luftvolumenstrom	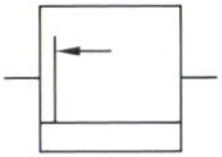	Luftbefeuchter allgemein
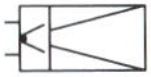	Mischkammer mit geregeltem Luftvolumenstrom		Dampfbefeuchter (außerhalb der DIN)
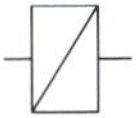	Lufterwärmer	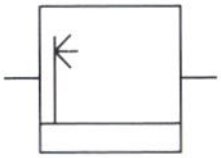	Sprühbefeuchter (adiabat) (außerhalb der DIN)
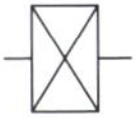	Luftkühler	**Regelung**	
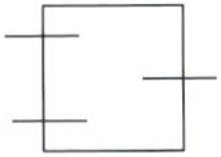	Luftmischkammer		Messfühler
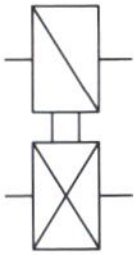	Rotationswärmeübertrager (außerhalb der DIN)	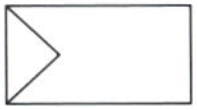	Regler
			Stellantrieb

Symbole für Messen, Steuern und Regeln (Auswahl nach DIN EN 1861)

Symbol	Beschreibung	Symbol	Beschreibung
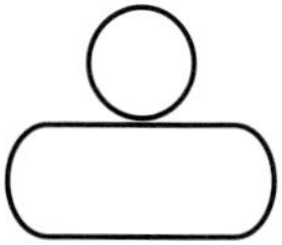	Ausgabe und Bedienung am Instrument	PI	Druckmessgerät
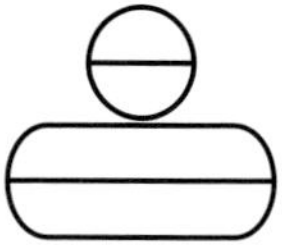	Prozessleitwarte	PDI	Differenz- Druckmessgerät
TI	Thermometer	PS	Einrichtung zur Druckbegrenzung
TSHL	Temperaturschalter	PSH	Druckwächter für steigenden Druck
TZAH	Sicherheitstemperaturschalter, Einstellung / Alarm max.	PSL	Druckwächter für fallenden Druck
TZAL	Sicherheitstemperaturschalter, Einstellung / Alarm min.	PC	Druck- Regelung / Steuerung
		PZH	Druckbegrenzer für steigenden Druck
		PZHH	Sicherheitsdruckbegrenzer für steigenden Druck

Widerstandsbeiwerte von kreisrunden Formstücken in RLT-Anlagen

Bogen 90°

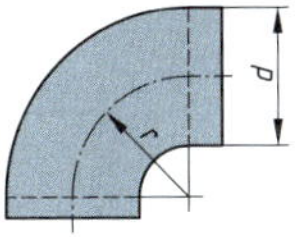

r/d	ζ
0,5	0,9
0,75	0,43
1,0	0,33
2,0	0,19
3,0	0,17

Bogen 45°

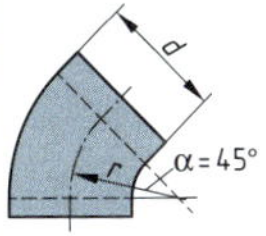

r/d	ζ
1	0,1
2	0,05

Übergangsstück symmetrisch

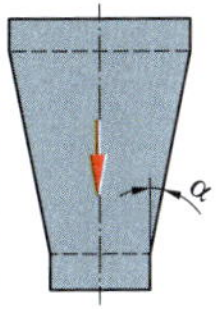

A_1/A_2	ζ
0,2	0,08
0,4	0,08
0,6	0,06
0,8	0,02

Abzweig 45°

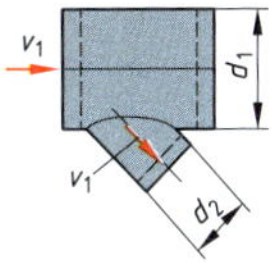

v_1/v_2	ζ
0,4	3,5
0,6	1,3
0,8	0,7
1,0	0,4

Widerstandsbeiwerte von rechteckigen Formstücken in RLT-Anlagen

Bogen 90°

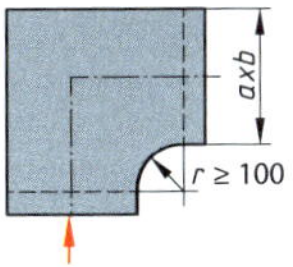

a/b	ζ
0,25	2,1
0,5	1,7
1,0	1,2
2,0	0,6

Bogen 45°

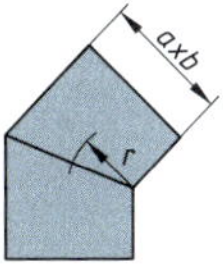

r/a	ζ
0	1,4
0,2	0,7
0,4	0,6
0,6	0,7

Übergangsstück $A_1A_2 = 0{,}5$ symmetrisch

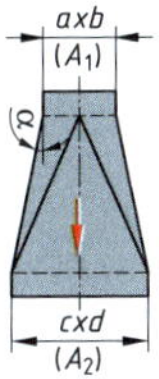

α	ζ
5°	0,06
10°	0,12
20°	0,28

Abzweig 90° Trennung

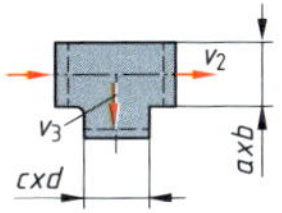

v_3/v_1	ζ
0,4	7
0,6	3,4
0,8	2,1
1,0	1,5

Widerstandsbeiwerte von sonstigen Formstücken und Einbauten in RLT-Anlagen

Außen und Fortluftgitter

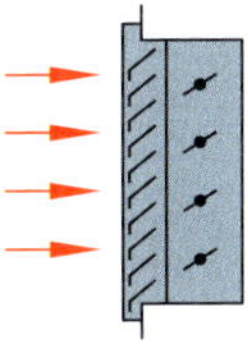

$\zeta = 10$

stark abhängig von der Klappenstellung

Jalousienklappe gleichläufig

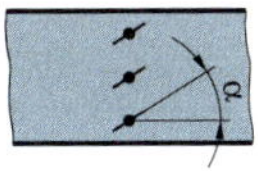

α	ζ
5°	0,25
15	0,7
45	6,5
60	20

Etagenstück

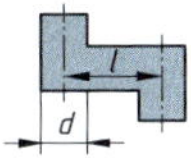

l/d	ζ
0,5	1,6
2	2,1
3	2,3
4	2,5

Deckenzu- und abluftgitter

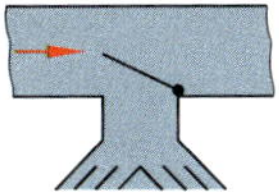

$\zeta = 2{,}0$

stark abhängig von der Klappenstellung

Lagerung von Kühlgut

Kühlgut	Lagertemperatur	Relative Feuchte – Lagerfeuchte	höchster Gefrierpunkt	spezifische Wärmekapazität vor dem Erstarren	spezifische Wärmekapazität nach dem Erstarren	Erstarrungswärme	Atmungswärme
	°C	%	°C	kJ / (kg K)	kJ / (kg K)	kJ / kg	kJ / (kg d)
Butter	0 bis 4	80 – 85	–5,6	1,38	1,05	53	
Eier frisch	0		–2,2		1,76	246	
Eier gekocht	–2 bis 0	85 – 90	–2,2	3,05		223	
Fisch frisch	0,6 bis 2	90 – 95	–2,2	3,26	1,74	245	
Fisch gefroren	–18						
Geflügel frisch	0	80 – 90	–2,7	3,3	1,76	246	
Geflügel gefroren	–18	90 – 95					
Schinken frisch	0 bis 1	85 – 90	–2	2,53	1,46	167	
Schinken gefroren	–18	90 – 95					
Erbsen	0	90 – 95	–0,6	3,31	1,76	246	9,6
Grüne Bohnen	4 bis 7	90 – 95	–0,7	3,81	1,97	298	11,6
Gurken	7 bis 10	90 – 95	–0,5	4,06	2,05	319	
Mais	0	90 – 95	–0,5	3,31	1,76	246	10,8
Mohrrüben	0	90 – 95	–1,4	3,76	1,93	293	2,4
Spinat	0	90 – 95	–0,3	3,94	2,00	307	11,1
Rosenkohl	0	90 – 95	–0,8	3,68	1,93	284	6,7
Äpfel	–3 bis –1	90	–1,5	3,64	1,88	281	1,92
Erdbeeren	–0,5 bis 0	90 – 95	–0,8	3,85	1,76	300	3,78
Melone	2 bis 4	85 – 90	–1,1	3,89	2,0	307	1,5
Kirschen	–0,6 bis 0	90 – 95	–1,8	3,64	1,88	280	1,8
Weintrauben	–1 bis 0	85 – 90	–2,2	3,60	1,84	270	0,4
Speiseeis	–18			2,93	1,63	207	

Spezifische Wärmekapazität, Schmelz- und Erstarrungsenthalpie, Normbedingungen

Stoff	spezifische Wärmekapazität *c*	Schmelzenthalpie *q*	Verdampfungsenthalpie *r*
	$\frac{kJ}{kg \cdot K}$	$\frac{kJ}{kg}$	$\frac{kJ}{kg}$
Aluminium	0,9	398	11723
Ammoniak	2,219	339,13	1369
Blei	0,125	24,79	921
Chlor	0,481	188,4	260
Eisen	0,435	272,14	6364
Gold	0,128	64,48	1758
Kupfer	0,381	204,8	4647,3
Luft	1,009		
Wasser (liquid)	4,180	333,7	2256,2
Dampf (gas ca. 100 °C)	2,010	–	–
Eis (solid)	2,093	–	–
Zink	0,385	104,7	1800
Zinn	0,226	58,6	2535,8

Wärmeleitfähigkeit (Wärmeleitkoeffizient)

Stoff	Wärmeleitfähigkeit λ (bei 0 °C)	Stoff	Wärmeleitfähigkeit λ (bei 0 °C)
	$\frac{W}{m \cdot K}$		$\frac{W}{m \cdot K}$
Rigips	0,25	Aluminium	236
Holz, Fichte, Kiefer	0,13	Kupfer	401
Holzfaserplatten	0,02	Blei	35,5
Kalksandstein	0,79	Wolfram	182
Fensterglas	0,58	Zinn	68
Gummi	0,17	Zementestrich	1,4
PU-Schaum	0,05	Fliesen und Kacheln	1,05
Luft	0,02	Sand	1,0

Überschlagswerte für Wärmeübergangskoeffizienten

Stoff	Zustandsform bzw. Bewegungszustand des Fluides	Wärmeübergangskoeffizient α
		$\frac{W}{m^2 \cdot K}$
Wasser	ruhend	396,07
Wasser	strömend	339,13
Wasser	siedend	24,79
Gase (Luft, überhitzte Dämpfe)	ruhend	188,4
Gase (Luft, überhitzte Dämpfe)	strömend	272,14
Wasserdampf	kondensierend	64,48
Ammoniak	kondensierend	204,8
Kältemittel R134a	siedend	426
Ammoniak bei –30 °C	siedend	490

Strahlungskonstante C bei 20 °C

Stoff	C	Stoff	C
	$\frac{W}{m^2 \cdot K^4}$		$\frac{W}{m^2 \cdot K^4}$
vollkommen schwarzer Körper	$5{,}77 \cdot 10^{-8}$	Kupfer, poliert	$0{,}23 \cdot 10^{-8}$
Aluminium, poliert	$0{,}30 \cdot 10^{-8}$	Kupfer, schwarz oxidiert	$4{,}49 \cdot 10^{-8}$
Aluminium, roh	$0{,}41 \cdot 10^{-8}$	Silber, poliert	$0{,}12 \cdot 10^{-8}$
Blei, grau oxidiert	$1{,}62 \cdot 10^{-8}$	Stahlblech mit rauer Oxidschicht	$4{,}63 \cdot 10^{-8}$
Gußeisen, frisch abgedreht	$2{,}51 \cdot 10^{-8}$	Stahlblech mit glänzender Oxidschicht	$4{,}72 \cdot 10^{-8}$
Gußeisen, Gußhaut rau	$4{,}72 \cdot 10^{-8}$	Eisenblech, verzinkt	$1{,}31 \cdot 10^{-8}$

Spezifische Gaskonstanten unterschiedlicher Stoffe

Stoff	R $\frac{J}{kg \cdot K}$	Stoff	R $\frac{J}{kg \cdot K}$
Sauerstoff	259,8329	R 134 a	81,4889
trockene Luft	287,12	R1234yf	72,9084
Wasserdampf	461	Ammoniak	488,2175
Methan	518,358	CO_2	188,9241

Einteilung der Kältemittel (nach DIN EN 378-1:2018-04)

Kältemittel-nummer	Einstufung	chem. Bezeichnung oder Zusammensetzung	Sicherheits-gruppe	Praktischer Grenzwert kg/m³	GWP kg_{CO_2}/kg_R (100 y ITH)	Siedepunkt °C
R12	FCKW	Dichlordifluormethan	A1	0,5	10 900	–29,0
R 32	HFKW	Difluormethan	A2L	0,061	675	–52
R134a	HFKW	Tetrafluorethan	A1	0,25	1430	–26
R290	KW	Propan	A3	0,008	3	–42,0
R407C	Gemisch	R32/R125/R134a 23,0/25,0/52,0	A1	0,31	1774	–43,8 / –36,7
R410A	Gemisch	R32/R125 50,0/50,0	A1	0,44	2088	–51,6 / –51,5
R422D	Gemisch	R125/R134a/R600a 65,1/31,5/3,4	A1	0,26	2729	–43,2 / –38,4
R452A	Gemisch	R-32/125/1234yf 11/59/30	A1	0,423	2140	–47 / –43,2
R513A	Gemisch	R-134a/1234yf 44/56	A1	0,319	631,4	–29,05
R600a	KW	Isobutan	A3	0,011	3	–12,0
R717		Ammoniak	B2L	0,00035	0	–33,0
R744		Kohlendioxid	A1	0,1	1	–78,0*
R1234yf	HFO	Tetrafluorprop-1-en	A2L	0,058	4	–26

*Sublimation

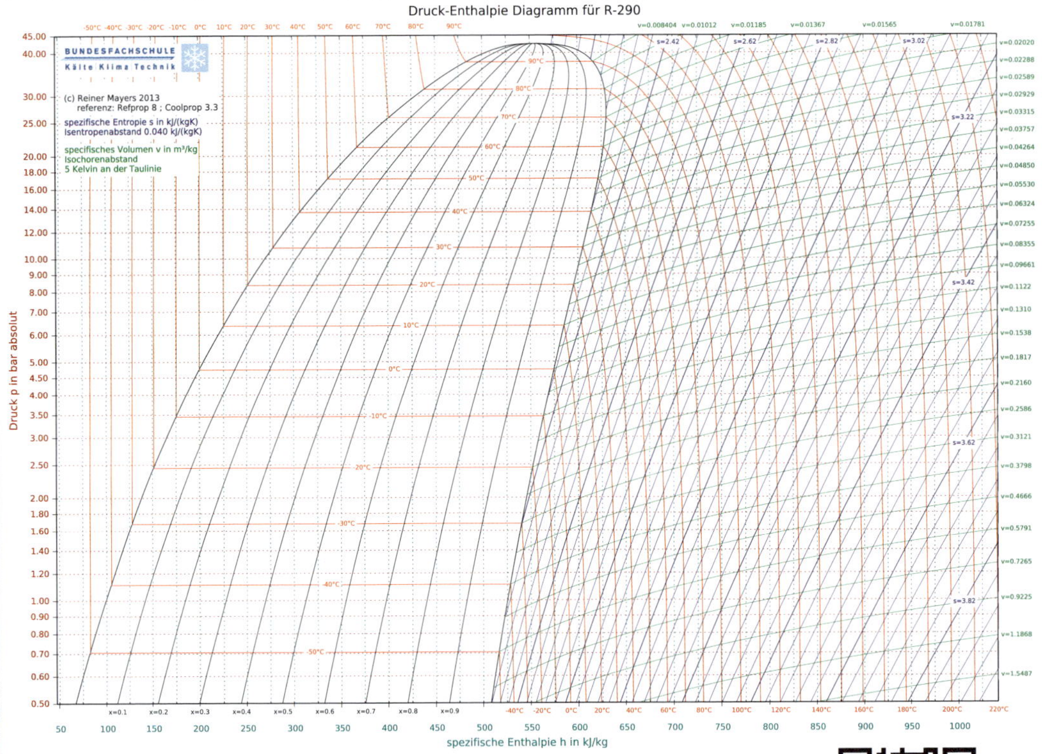

Log-p-h-Diagramm R290

Dampftafel R290 Nassdampf (Daikin Ref 11 Berechnungsprogramm)

ϑ	p	v'	v''	h'	h''	Δh	ϑ	p	v'	v''	h'	h''	Δh
°C	bar	dm³/kg	dm³/kg	kJ/kg	kJ/kg	kJ/kg	°C	bar	dm³/kg	dm³/kg	kJ/kg	kJ/kg	kJ/kg
−30	1,68	566,7	3,875	127,48	540,39	412,92	8	6,01	517,5	13,06	220,69	583,17	362,48
−29	1,74	565,5	4,019	129,76	541,56	411,8	9	6,19	516,1	13,44	223,3	584,23	360,93
−28	1,81	564,3	4,168	132,05	542,73	410,68	10	6,37	514,7	13,82	225,92	585,29	359,38
−27	1,89	563,1	4,321	134,35	543,89	409,54	11	6,55	513,3	14,2	228,54	586,35	357,81
−26	1,96	561,9	4,479	136,66	545,06	408,4	12	6,73	511,8	14,6	231,16	587,4	356,23
−25	2,03	560,7	4,64	138,98	546,22	407,24	13	6,92	510,4	15,01	233,8	588,44	354,64
−24	2,11	559,4	4,806	141,31	547,38	406,07	14	7,12	508,9	15,42	236,44	589,48	353,04
−23	2,19	558,2	4,977	143,65	548,53	404,89	15	7,32	507,5	15,85	239,08	590,52	351,43
−22	2,27	557	5,152	145,99	549,69	403,7	16	7,52	506	16,28	241,73	591,54	349,81
−21	2,36	555,7	5,332	148,35	550,84	402,49	17	7,72	504,5	16,73	244,39	592,57	348,18
−20	2,44	554,5	5,517	150,72	552	401,28	18	7,93	503	17,18	247,05	593,59	346,54
−19	2,53	553,3	5,707	153,1	553,15	400,05	19	8,15	501,5	17,64	249,72	594,6	344,88
−18	2,63	552	5,902	155,49	554,29	398,81	20	8,37	500	18,12	252,39	595,61	343,22
−17	2,72	550,7	6,102	157,88	555,44	397,55	21	8,59	498,5	18,6	255,07	596,61	341,54
−16	2,82	549,5	6,307	160,29	556,58	396,29	22	8,81	497	19,1	257,75	597,6	339,85
−15	2,92	548,2	6,517	162,71	557,72	395,01	23	9,05	495,4	19,6	260,44	598,59	338,15
−14	3,02	547	6,733	165,14	558,86	393,73	24	9,28	493,9	20,12	263,14	599,57	336,44
−13	3,12	545,7	6,954	167,57	560	392,43	25	9,52	492,3	20,65	265,84	600,55	334,71
−12	3,23	544,4	7,181	170,02	561,13	391,11	26	9,77	490,7	21,19	268,55	601,51	332,97
−11	3,34	543,1	7,413	172,47	562,26	389,79	27	10,01	489,2	21,75	271,26	602,48	331,22
−10	3,45	541,8	7,651	174,94	563,39	388,45	28	10,27	487,6	22,31	273,98	603,43	329,45
−9	3,57	540,5	7,895	177,41	564,52	387,11	29	10,53	486	22,89	276,71	604,37	327,67
−8	3,69	539,2	8,145	179,89	565,64	385,75	30	10,79	484,3	23,48	279,44	605,31	325,87
−7	3,81	537,9	8,402	182,38	566,76	384,38	31	11,06	482,7	24,08	282,18	606,24	324,06
−6	3,93	536,6	8,664	184,88	567,88	383	32	11,33	481,1	24,7	284,93	607,16	322,24
−5	4,06	535,3	8,933	187,39	568,99	381,6	33	11,61	479,4	25,33	287,68	608,07	320,39
−4	4,19	534	9,208	189,91	570,1	380,2	34	11,89	477,7	25,98	290,44	608,98	318,53
−3	4,32	532,6	9,49	192,43	571,21	378,78	35	12,18	476,1	26,64	293,22	609,87	316,66
−2	4,46	531,3	9,779	194,96	572,32	377,35	36	12,47	474,4	27,32	296	610,76	314,76
−1	4,6	529,9	10,07	197,5	573,42	375,92	37	12,77	472,6	28,01	298,79	611,63	312,85
0	4,74	528,6	10,38	200	574,52	374,52	38	13,07	470,9	28,71	301,58	612,5	310,91
1	4,89	527,2	10,69	202,61	575,61	373,01	39	13,38	469,2	29,44	304,39	613,35	308,96
2	5,04	525,9	11	205,17	576,7	371,53	40	13,69	467,4	30,18	307,21	614,19	306,98
3	5,19	524,5	11,33	207,74	577,79	370,05	41	14,01	465,6	30,93	310,04	615,03	304,98
4	5,35	523,1	11,66	210,32	578,88	368,56	42	14,34	463,9	31,71	312,89	615,85	302,96
5	5,51	521,7	12	212,9	579,95	367,05	43	14,67	462	32,5	315,74	616,65	300,91
6	5,68	520,3	12,35	215,49	581,03	365,54	44	15	460,2	33,31	318,61	617,45	298,84
7	5,84	518,9	12,7	218,09	582,1	364,02	45	15,34	458,4	34,14	321,49	618,23	296,74

Dampftafel R290 überhitzt (Daikin Ref 11 Berechnungsprogramm)

$\vartheta_s = -30{,}00\,°C$		$p_s = 1{,}677$ bar	
ϑ	v	h	s
°C	dm³/kg	kJ/kg	kJ/(kg K)
–30	258,21	540,4	2,419
–28	260,78	543,46	2,4316
–26	263,34	546,53	2,444
–24	265,88	549,62	2,4565
–22	268,42	552,71	2,4688
–20	270,95	555,81	2,4811
–18	273,47	558,93	2,4934
–16	275,98	562,05	2,5056
–14	278,48	565,19	2,5177
–12	280,98	568,34	2,5298
–10	283,46	571,5	2,5419
–8	285,94	574,67	2,5539
–6	288,42	577,86	2,5659
–4	290,88	581,05	2,5778
–2	293,34	584,27	2,5897
0	295,8	587,49	2,6015
2	298,25	590,73	2,6133
4	300,69	593,98	2,6251
6	303,13	597,24	2,6369
8	305,56	600,52	2,6486
10	307,99	603,81	2,6602
12	310,41	607,12	2,6719
14	312,83	610,44	2,6835
16	315,24	613,78	2,695
18	317,65	617,13	2,7066

$\vartheta_s = -28{,}00\,°C$		$p_s = 1{,}813$ bar	
ϑ	v	h	s
°C	dm³/kg	kJ/kg	kJ/(kg K)
–28	240,04	542,73	2,4147
–26	242,43	545,82	2,4273
–24	244,81	548,92	2,4397
–22	247,18	552,03	2,4522
–20	249,54	555,15	2,4645
–18	251,9	558,28	2,4769
–16	254,24	561,42	2,4891
–14	256,58	564,57	2,5013
–12	258,91	567,73	2,5135
–10	261,23	570,91	2,5256
–8	263,54	574,09	2,5376
–6	265,85	577,29	2,5497
–4	268,15	580,5	2,5616
–2	270,44	583,72	2,5736
0	272,73	586,96	2,5854
2	275,01	590,21	2,5973
4	277,28	593,47	2,6091
6	279,55	596,74	2,6209
8	281,82	600,03	2,6326
10	284,08	603,33	2,6443
12	286,33	606,65	2,656
14	288,58	609,98	2,6676
16	290,83	613,32	2,6792
18	293,07	616,68	2,6908
20	295,31	620,06	2,7024

$\vartheta_s = -26{,}00\,°C$		$p_s = 1{,}958$ bar	
ϑ	v	h	s
°C	dm³/kg	kJ/kg	kJ/(kg K)
–26	223,32	545,06	2,4105
–24	225,55	548,18	2,4231
–22	227,77	551,3	2,4356
–20	229,99	554,44	2,448
–18	232,19	557,58	2,4604
–16	234,38	560,74	2,4727
–14	236,57	563,91	2,485
–12	238,74	567,08	2,4972
–10	240,91	570,27	2,5094
–8	243,08	573,47	2,5215
–6	245,23	576,68	2,5335
–4	247,38	579,9	2,5455
–2	249,52	583,14	2,5575
0	251,65	586,39	2,5695
2	253,78	589,65	2,5813
4	255,91	592,92	2,5932
6	258,02	596,2	2,605
8	260,14	599,5	2,6168
10	262,24	602,82	2,6285
12	264,34	606,14	2,6402
14	266,44	609,48	2,6519
16	268,53	612,84	2,6635
18	270,62	616,2	2,6751
20	272,71	619,59	2,6867
22	274,79	622,98	2,6983

Dampftafel R290 überhitzt (Daikin Ref 11 Berechnungsprogramm)

$\vartheta_s = -25{,}00\,°C$		$p_s = 2{,}033$ bar		$\vartheta_s = -24{,}00\,°C$		$p_s = 2{,}111$ bar		$\vartheta_s = -22{,}00\,°C$		$p_s = 2{,}273$ bar	
ϑ	v	h	s	ϑ	v	h	s	ϑ	v	h	s
°C	dm³/kg	kJ/kg	kJ/(kg K)	°C	dm³/kg	kJ/kg	kJ/(kg K)	°C	dm³/kg	kJ/kg	kJ/(kg K)
−25	215,51	546,22	2,4085	−24	208,09	547,38	2,4066	−22	194,12	549,69	2,4028
−23	217,66	549,35	2,4211	−22	210,18	550,52	2,4192	−20	196,07	552,87	2,4154
−21	219,81	552,49	2,4336	−20	212,25	553,68	2,4317	−18	198,01	556,05	2,4279
−19	221,95	555,64	2,446	−18	214,32	556,84	2,4441	−16	199,94	559,24	2,4404
−17	224,08	558,8	2,4584	−16	216,38	560,02	2,4565	−14	201,87	562,44	2,4528
−15	226,19	561,97	2,4707	−14	218,43	563,2	2,4688	−12	203,78	565,65	2,4651
−13	228,31	565,15	2,483	−12	220,47	566,39	2,4811	−10	205,69	568,87	2,4774
−11	230,41	568,34	2,4952	−10	222,5	569,6	2,4933	−8	207,59	572,1	2,4896
−9	232,5	571,54	2,5074	−8	224,52	572,81	2,5055	−6	209,49	575,34	2,5018
−7	234,59	574,75	2,5195	−6	226,54	576,04	2,5176	−4	211,37	578,6	2,5139
−5	236,67	577,98	2,5316	−4	228,55	579,27	2,5297	−2	213,25	581,86	2,526
−3	238,75	581,21	2,5436	−2	230,55	582,52	2,5417	0	215,12	585,13	2,5381
−1	240,81	584,46	2,5555	0	232,55	585,78	2,5537	2	216,99	588,42	2,55
1	242,87	587,72	2,5675	2	234,54	589,05	2,5656	4	218,85	591,72	2,562
3	244,93	590,99	2,5794	4	236,53	592,34	2,5775	6	220,7	595,03	2,5739
5	246,98	594,28	2,5912	6	238,51	595,63	2,5894	8	222,55	598,35	2,5857
7	249,02	597,57	2,603	8	240,48	598,94	2,6012	10	224,39	601,68	2,5976
9	251,06	600,89	2,6148	10	242,45	602,27	2,613	12	226,23	605,03	2,6093
11	253,09	604,21	2,6266	12	244,41	605,61	2,6247	14	228,06	608,39	2,6211
13	255,12	607,55	2,6383	14	246,37	608,96	2,6364	16	229,89	611,77	2,6328
15	257,15	610,9	2,6499	16	248,33	612,32	2,6481	18	231,72	615,16	2,6445
17	259,17	614,27	2,6616	18	250,28	615,7	2,6597	20	233,53	618,56	2,6561
19	261,18	617,65	2,6732	20	252,22	619,09	2,6713	22	235,35	621,97	2,6677
21	263,19	621,04	2,6848	22	254,16	622,5	2,6829	24	237,16	625,4	2,6793
23	265,2	624,45	2,6963	24	256,1	625,92	2,6945	26	238,97	628,85	2,6909

Dampftafel R290 überhitzt (Daikin Ref 11 Berechnungsprogramm)

$\vartheta_s = -20{,}00\,°C$		$p_s = 2{,}444$ bar		$\vartheta_s = -18{,}00\,°C$		$p_s = 2{,}625$ bar		$\vartheta_s = -16{,}00\,°C$		$p_s = 2{,}816$ bar	
ϑ	v	h	s	ϑ	v	h	s	ϑ	v	h	s
°C	dm^3/kg	kJ/kg	kJ/(kg K)	°C	dm^3/kg	kJ/kg	kJ/(kg K)	°C	dm^3/kg	kJ/kg	kJ/(kg K)
–20	181,3	552	2,3992	–18	169,48	554,3	2,3958	–16	158,59	556,58	2,3925
–18	183,13	555,2	2,4119	–16	171,2	557,53	2,4084	–14	160,21	559,85	2,4052
–16	184,95	558,42	2,4244	–14	172,91	560,77	2,421	–12	161,82	563,12	2,4177
–14	186,76	561,64	2,4369	–12	174,61	564,02	2,4335	–10	163,42	566,4	2,4302
–12	188,57	564,87	2,4493	–10	176,3	567,28	2,4459	–8	165,01	569,69	2,4427
–10	190,36	568,1	2,4616	–8	177,99	570,55	2,4583	–6	166,59	572,98	2,4551
–8	192,15	571,35	2,4739	–6	179,66	573,82	2,4706	–4	168,16	576,29	2,4674
–6	193,93	574,61	2,4862	–4	181,33	577,11	2,4828	–2	169,73	579,6	2,4797
–4	195,7	577,88	2,4984	–2	182,99	580,4	2,495	0	171,29	582,92	2,4919
–2	197,47	581,15	2,5105	0	184,65	583,71	2,5072	2	172,84	586,26	2,504
0	199,22	584,44	2,5226	2	186,29	587,02	2,5193	4	174,39	589,6	2,5161
2	200,98	587,74	2,5346	4	187,93	590,35	2,5313	6	175,93	592,96	2,5282
4	202,72	591,06	2,5466	6	189,57	593,69	2,5433	8	177,46	596,32	2,5402
6	204,46	594,38	2,5586	8	191,2	597,04	2,5553	10	178,99	599,7	2,5522
8	206,2	597,72	2,5705	10	192,82	600,4	2,5672	12	180,51	603,08	2,5641
10	207,92	601,06	2,5823	12	194,44	603,77	2,5791	14	182,03	606,48	2,576
12	209,65	604,42	2,5942	14	196,06	607,16	2,5909	16	183,54	609,9	2,5878
14	211,37	607,8	2,6059	16	197,67	610,56	2,6027	18	185,05	613,32	2,5996
16	213,08	611,18	2,6177	18	199,27	613,97	2,6144	20	186,56	616,76	2,6114
18	214,79	614,58	2,6294	20	200,87	617,4	2,6262	22	188,06	620,21	2,6231
20	216,49	618	2,6411	22	202,46	620,83	2,6379	24	189,55	623,67	2,6348
22	218,19	621,42	2,6527	24	204,06	624,28	2,6495	26	191,04	627,15	2,6465
24	219,89	624,86	2,6644	26	205,64	627,75	2,6611	28	192,53	630,64	2,6581
26	221,58	628,32	2,6759	28	207,23	631,23	2,6727	30	194,01	634,14	2,6697
28	223,27	631,78	2,6875	30	208,81	634,72	2,6843	32	195,49	637,66	2,6812

Dampftafel R290 überhitzt (Daikin Ref 11 Berechnungsprogramm)

$\vartheta_s = -15{,}00\,°C$		$p_s = 2{,}9155$ bar		$\vartheta_s = -14{,}00\,°C$		$p_s = 3{,}0173$ bar		$\vartheta_s = -12{,}00\,°C$		$p_s = 3{,}229$ bar	
ϑ	v	h	s	ϑ	v	h	s	ϑ	v	h	s
°C	dm³/kg	kJ/kg	kJ/(kg K)	°C	dm³/kg	kJ/kg	kJ/(kg K)	°C	dm³/kg	kJ/kg	kJ/(kg K)
–15	153,46	557,72	2,3909	–14	148,55	558,86	2,3894	–12	139,3	561,13	2,3864
–13	155,03	561,01	2,4036	–12	150,08	562,16	2,402	–10	140,73	564,46	2,3991
–11	156,59	564,29	2,4162	–10	151,59	565,46	2,4146	–8	142,16	567,8	2,4117
–9	158,14	567,59	2,4287	–8	153,09	568,77	2,4272	–6	143,58	571,14	2,4243
–7	159,68	570,89	2,4411	–6	154,59	572,09	2,4396	–4	144,99	574,48	2,4367
–5	161,22	574,2	2,4535	–4	156,08	575,41	2,452	–2	146,39	577,84	2,4492
–3	162,74	577,52	2,4659	–2	157,56	578,75	2,4644	0	147,78	581,2	2,4615
–1	164,26	580,85	2,4781	0	159,03	582,09	2,4767	2	149,17	584,57	2,4738
1	165,77	584,18	2,4903	2	160,5	585,44	2,4889	4	150,55	587,95	2,4861
3	167,28	587,53	2,5025	4	161,96	588,8	2,5011	6	151,92	591,34	2,4982
5	168,78	590,89	2,5146	6	163,41	592,17	2,5132	8	153,29	594,74	2,5104
7	170,27	594,26	2,5267	8	164,86	595,56	2,5252	10	154,65	598,15	2,5225
9	171,76	597,63	2,5387	10	166,3	598,95	2,5373	12	156,01	601,57	2,5345
11	173,24	601,02	2,5507	12	167,73	602,35	2,5492	14	157,36	605	2,5465
13	174,71	604,42	2,5626	14	169,17	605,77	2,5612	16	158,71	608,44	2,5584
15	176,19	607,84	2,5745	16	170,59	609,19	2,5731	18	160,05	611,9	2,5703
17	177,65	611,26	2,5863	18	172,01	612,63	2,5849	20	161,38	615,36	2,5822
19	179,11	614,7	2,5981	20	173,43	616,08	2,5967	22	162,71	618,84	2,594
21	180,57	618,15	2,6099	22	174,84	619,54	2,6085	24	164,04	622,33	2,6058
23	182,02	621,61	2,6216	24	176,25	623,02	2,6202	26	165,36	625,83	2,6175
25	183,47	625,09	2,6333	26	177,65	626,51	2,6319	28	166,68	629,34	2,6292
27	184,91	628,58	2,645	28	179,05	630,01	2,6436	30	167,99	632,87	2,6409
29	186,35	632,08	2,6566	30	180,44	633,52	2,6552	32	169,31	636,41	2,6526
31	187,79	635,59	2,6682	32	181,83	637,05	2,6668	34	170,61	639,96	2,6642
33	189,22	639,12	2,6798	34	183,22	640,59	2,6784	36	171,92	643,53	2,6757

Dampftafel R290 überhitzt (Daikin Ref 11 Berechnungsprogramm)

$\vartheta_s = -10{,}00\,°C$		$p_s = 3{,}45$ bar		$\vartheta_s = -8{,}00\,°C$		$p_s = 3{,}687$ bar		$\vartheta_s = -6{,}00\,°C$		$p_s = 3{,}93$ bar	
ϑ	v	h	s	ϑ	v	h	s	ϑ	v	h	s
°C	dm³/kg	kJ/kg	kJ/(kg K)	°C	dm³/kg	kJ/kg	kJ/(kg K)	°C	dm³/kg	kJ/kg	kJ/(kg K)
–10	130,72	563,39	2,3835	–8	122,77	565,64	2,3808	–6	115,42	567,88	2,3782
–8	132,08	566,75	2,3963	–6	124,05	569,03	2,3935	–4	116,63	571,31	2,391
–6	133,42	570,12	2,4089	–4	125,32	572,43	2,4062	–2	117,84	574,74	2,4037
–4	134,76	573,49	2,4215	–2	126,59	575,84	2,4188	0	119,04	578,17	2,4163
–2	136,09	576,87	2,434	0	127,84	579,25	2,4313	2	120,23	581,62	2,4289
0	137,41	580,26	2,4464	2	129,09	582,66	2,4438	4	121,41	585,06	2,4414
2	138,73	583,65	2,4588	4	130,34	586,09	2,4562	6	122,58	588,52	2,4538
4	140,04	587,05	2,4711	6	131,57	589,52	2,4685	8	123,75	591,98	2,4661
6	141,34	590,46	2,4834	8	132,8	592,96	2,4808	10	124,91	595,45	2,4784
8	142,63	593,88	2,4956	10	134,02	596,41	2,493	12	126,07	598,93	2,4907
10	143,92	597,31	2,5077	12	135,24	599,86	2,5052	14	127,22	602,42	2,5029
12	145,21	600,74	2,5198	14	136,45	603,33	2,5173	16	128,36	605,91	2,515
14	146,48	604,19	2,5319	16	137,65	606,81	2,5294	18	129,5	609,42	2,5271
16	147,76	607,65	2,5439	18	138,85	610,29	2,5414	20	130,63	612,93	2,5391
18	149,02	611,12	2,5558	20	140,05	613,79	2,5534	22	131,76	616,46	2,5511
20	150,29	614,6	2,5677	22	141,24	617,3	2,5653	24	132,88	619,99	2,563
22	151,54	618,09	2,5796	24	142,42	620,82	2,5772	26	134	623,54	2,5749
24	152,8	621,59	2,5914	26	143,6	624,35	2,589	28	135,11	627,1	2,5868
26	154,04	625,11	2,6032	28	144,78	627,89	2,6008	30	136,22	630,67	2,5986
28	155,29	628,64	2,615	30	145,95	631,44	2,6126	32	137,33	634,25	2,6104
30	156,53	632,18	2,6267	32	147,12	635,01	2,6243	34	138,43	637,84	2,6221
32	157,77	635,73	2,6384	34	148,28	638,59	2,636	36	139,53	641,45	2,6338
34	159	639,3	2,65	36	149,45	642,18	2,6477	38	140,63	645,06	2,6455
36	160,23	642,88	2,6617	38	150,6	645,78	2,6593	40	141,72	648,69	2,6571
38	161,45	646,47	2,6732	40	151,76	649,4	2,6709	42	142,8	652,34	2,6687

Dampftafel R290 überhitzt (Daikin Ref 11 Berechnungsprogramm)

$\vartheta_s = -5{,}00\,°C$		$p_s = 4{,}06$ bar		$\vartheta_s = -4{,}00\,°C$		$p_s = 4{,}19$ bar		$\vartheta_s = -2{,}00\,°C$		$p_s = 4{,}46$ bar	
ϑ	v	h	s	ϑ	v	h	s	ϑ	v	h	s
°C	dm³/kg	kJ/kg	kJ/(kg K)	°C	dm³/kg	kJ/kg	kJ/(kg K)	°C	dm³/kg	kJ/kg	kJ/(kg K)
–5	111,95	568,99	2,377	–4	108,61	570,11	2,3757	–2	102,27	572,32	2,3734
–3	113,13	572,44	2,3898	–2	109,76	573,57	2,3886	0	103,36	575,82	2,3862
–1	114,31	575,89	2,4025	0	110,9	577,03	2,4013	2	104,45	579,32	2,399
1	115,47	579,34	2,4151	2	112,04	580,5	2,4139	4	105,53	582,82	2,4117
3	116,63	582,8	2,4277	4	113,16	583,98	2,4265	6	106,59	586,33	2,4243
5	117,78	586,26	2,4402	6	114,28	587,46	2,439	8	107,66	589,84	2,4368
7	118,92	589,73	2,4526	8	115,39	590,94	2,4515	10	108,71	593,36	2,4493
9	120,06	593,21	2,465	10	116,5	594,44	2,4639	12	109,76	596,89	2,4617
11	121,19	596,7	2,4773	12	117,6	597,94	2,4762	14	110,8	600,42	2,4741
13	122,31	600,19	2,4895	14	118,69	601,45	2,4884	16	111,84	603,96	2,4863
15	123,43	603,69	2,5017	16	119,78	604,96	2,5007	18	112,87	607,5	2,4986
17	124,54	607,2	2,5139	18	120,86	608,49	2,5128	20	113,89	611,06	2,5107
19	125,65	610,72	2,526	20	121,94	612,02	2,5249	22	114,91	614,62	2,5229
21	126,75	614,25	2,538	22	123,01	615,57	2,5369	24	115,92	618,2	2,5349
23	127,85	617,79	2,55	24	124,07	619,12	2,5489	26	116,93	621,78	2,5469
25	128,94	621,34	2,5619	26	125,14	622,68	2,5609	28	117,94	625,37	2,5589
27	130,03	624,9	2,5738	28	126,19	626,26	2,5728	30	118,94	628,97	2,5708
29	131,11	628,47	2,5857	30	127,25	629,84	2,5847	32	119,93	632,59	2,5827
31	132,19	632,05	2,5975	32	128,3	633,44	2,5965	34	120,92	636,21	2,5946
33	133,26	635,65	2,6093	34	129,34	637,05	2,6083	36	121,91	639,85	2,6064
35	134,33	639,26	2,6211	36	130,38	640,67	2,62	38	122,9	643,5	2,6181
37	135,4	642,87	2,6328	38	131,42	644,3	2,6317	40	123,88	647,16	2,6298
39	136,46	646,51	2,6444	40	132,45	647,95	2,6434	42	124,85	650,83	2,6415
41	137,52	650,15	2,6561	42	133,48	651,6	2,6551	44	125,83	654,51	2,6532
43	138,58	653,81	2,6677	44	134,51	655,27	2,6667	46	126,8	658,21	2,6648

Dampftafel R290 überhitzt (Daikin Ref 11 Berechnungsprogramm)

$\vartheta_s = 0{,}00\,°C$		$p_s = 4{,}74$ bar		$\vartheta_s = 2{,}00\,°C$		$p_s = 5{,}041$ bar		$\vartheta_s = 4{,}00\,°C$		$p_s = 5{,}351$ bar	
ϑ	v	h	s	ϑ	v	h	s	ϑ	v	h	s
°C	dm³/kg	kJ/kg	kJ/(kg K)	°C	dm³/kg	kJ/kg	kJ/(kg K)	°C	dm³/kg	kJ/kg	kJ/(kg K)
0	96,38	574,52	2,3712	2	90,89	576,7	2,369	4	85,77	578,88	2,3669
2	97,42	578,05	2,384	4	91,88	580,27	2,3819	6	86,72	582,48	2,3799
4	98,46	581,59	2,3968	6	92,86	583,85	2,3947	8	87,65	586,09	2,3928
6	99,48	585,13	2,4096	8	93,83	587,42	2,4075	10	88,58	589,7	2,4056
8	100,49	588,67	2,4222	10	94,8	591	2,4202	12	89,5	593,31	2,4183
10	101,5	592,22	2,4348	12	95,76	594,58	2,4328	14	90,41	596,93	2,4309
12	102,5	595,77	2,4473	14	96,71	598,16	2,4453	16	91,31	600,55	2,4435
14	103,5	599,33	2,4597	16	97,65	601,75	2,4578	18	92,21	604,17	2,456
16	104,49	602,89	2,4721	18	98,59	605,35	2,4702	20	93,11	607,8	2,4684
18	105,47	606,46	2,4844	20	99,52	608,95	2,4825	22	93,99	611,44	2,4807
20	106,45	610,04	2,4966	22	100,45	612,56	2,4948	24	94,88	615,08	2,493
22	107,42	613,62	2,5088	24	101,37	616,18	2,507	26	95,75	618,73	2,5053
24	108,38	617,22	2,521	26	102,29	619,8	2,5191	28	96,62	622,38	2,5175
26	109,34	620,82	2,533	28	103,2	623,44	2,5312	30	97,49	626,05	2,5296
28	110,3	624,43	2,5451	30	104,11	627,08	2,5433	32	98,35	629,72	2,5417
30	111,25	628,05	2,5571	32	105,01	630,73	2,5553	34	99,21	633,4	2,5537
32	112,2	631,69	2,569	34	105,91	634,39	2,5673	36	100,06	637,09	2,5657
34	113,14	635,33	2,5809	36	106,8	638,06	2,5792	38	100,91	640,79	2,5776
36	114,08	638,98	2,5928	38	107,69	641,74	2,591	40	101,75	644,5	2,5895
38	115,02	642,65	2,6046	40	108,58	645,44	2,6029	42	102,6	648,22	2,6013
40	115,95	646,32	2,6163	42	109,46	649,14	2,6147	44	103,43	651,95	2,6131
42	116,88	650,01	2,6281	44	110,34	652,85	2,6264	46	104,27	655,7	2,6249
44	117,8	653,71	2,6398	46	111,22	656,58	2,6381	48	105,1	659,45	2,6366
46	118,72	657,42	2,6514	48	112,09	660,32	2,6498	50	105,93	663,22	2,6483
48	119,64	661,14	2,6631	50	112,96	664,07	2,6614	52	106,75	666,99	2,66

Dampftafel R290 überhitzt (Daikin Ref 11 Berechnungsprogramm)

$\vartheta_s = 5{,}00\,°C$		$p_s = 5{,}51$ bar		$\vartheta_s = 6{,}00\,°C$		$p_s = 5{,}675$ bar		$\vartheta_s = 8{,}00\,°C$		$p_s = 6{,}01$ bar	
ϑ	v	h	s	ϑ	v	h	s	ϑ	v	h	s
°C	dm³/kg	kJ/kg	kJ/(kg K)	°C	dm³/kg	kJ/kg	kJ/(kg K)	°C	dm³/kg	kJ/kg	kJ/(kg K)
5	83,35	579,96	2,366	6	81,01	581,03	2,365	8	76,57	583,18	2,3632
7	84,28	583,58	2,3789	8	81,91	584,68	2,378	10	77,43	586,86	2,3762
9	85,19	587,21	2,3918	10	82,8	588,32	2,3909	12	78,28	590,55	2,3892
11	86,09	590,84	2,4047	12	83,68	591,97	2,4037	14	79,13	594,23	2,4021
13	86,99	594,47	2,4174	14	84,56	595,62	2,4165	16	79,97	597,92	2,4149
15	87,88	598,1	2,43	16	85,43	599,27	2,4292	18	80,79	601,6	2,4276
17	88,77	601,74	2,4426	18	86,29	602,93	2,4418	20	81,62	605,29	2,4402
19	89,64	605,38	2,4551	20	87,15	606,58	2,4543	22	82,44	608,99	2,4527
21	90,51	609,03	2,4676	22	88	610,25	2,4667	24	83,25	612,68	2,4652
23	91,38	612,68	2,4799	24	88,84	613,91	2,4791	26	84,05	616,39	2,4776
25	92,24	616,34	2,4922	26	89,68	617,59	2,4914	28	84,85	620,09	2,49
27	93,09	620	2,5045	28	90,52	621,27	2,5037	30	85,64	623,81	2,5023
29	93,94	623,67	2,5167	30	91,34	624,96	2,5159	32	86,43	627,53	2,5145
31	94,79	627,35	2,5288	32	92,17	628,65	2,5281	34	87,22	631,25	2,5267
33	95,63	631,04	2,5409	34	92,99	632,35	2,5402	36	88	634,99	2,5388
35	96,46	634,74	2,5529	36	93,8	636,07	2,5522	38	88,77	638,73	2,5509
37	97,3	638,44	2,5649	38	94,61	639,79	2,5642	40	89,55	642,48	2,5629
39	98,12	642,16	2,5769	40	95,42	643,52	2,5761	42	90,31	646,24	2,5749
41	98,95	645,88	2,5888	42	96,22	647,26	2,5881	44	91,08	650,01	2,5868
43	99,77	649,62	2,6006	44	97,02	651,01	2,5999	46	91,84	653,79	2,5987
45	100,58	653,36	2,6124	46	97,82	654,77	2,6117	48	92,59	657,58	2,6105
47	101,4	657,12	2,6242	48	98,61	658,54	2,6235	50	93,35	661,38	2,6223
49	102,21	660,89	2,6359	50	99,4	662,32	2,6352	52	94,1	665,19	2,634
51	103,01	664,67	2,6476	52	100,18	666,11	2,6469	54	94,84	669,01	2,6458
53	103,82	668,46	2,6593	54	100,97	669,92	2,6586	56	95,59	672,84	2,6574

Dampftafel R290 überhitzt (Daikin Ref 11 Berechnungsprogramm)

ϑ_s = 10,00 °C		p_s = 6,366 bar		ϑ_s = 12,00 °C		p_s = 6,734 bar		ϑ_s = 14,00 °C		p_s = 7,117 bar	
ϑ	v	h	s	ϑ	v	h	s	ϑ	v	h	s
°C	dm³/kg	kJ/kg	kJ/(kg K)	°C	dm³/kg	kJ/kg	kJ/(kg K)	°C	dm³/kg	kJ/kg	kJ/(kg K)
10	72,39	585,29	2,3613	12	68,5	587,4	2,3596	14	64,85	589,48	2,358
12	73,21	589,02	2,3744	14	69,28	591,17	2,3728	16	65,61	593,3	2,3712
14	74,02	592,74	2,3874	16	70,06	594,93	2,3858	18	66,36	597,1	2,3843
16	74,83	596,47	2,4004	18	70,84	598,7	2,3988	20	67,1	600,91	2,3973
18	75,63	600,19	2,4132	20	71,6	602,46	2,4117	22	67,83	604,71	2,4103
20	76,42	603,92	2,4259	22	72,36	606,22	2,4245	24	68,56	608,51	2,4231
22	77,21	607,64	2,4386	24	73,11	609,98	2,4372	26	69,28	612,31	2,4358
24	77,99	611,37	2,4512	26	73,86	613,75	2,4498	28	69,99	616,11	2,4485
26	78,76	615,1	2,4637	28	74,6	617,51	2,4624	30	70,7	619,92	2,4611
28	79,53	618,84	2,4762	30	75,33	621,29	2,4748	32	71,4	623,72	2,4736
30	80,29	622,58	2,4885	32	76,06	625,06	2,4873	34	72,09	627,53	2,4861
32	81,05	626,33	2,5009	34	76,78	628,84	2,4996	36	72,79	631,35	2,4984
34	81,8	630,08	2,5131	36	77,5	632,63	2,5119	38	73,47	635,17	2,5108
36	82,55	633,84	2,5253	38	78,21	636,42	2,5241	40	74,15	638,99	2,523
38	83,3	637,6	2,5375	40	78,92	640,22	2,5363	42	74,83	642,82	2,5352
40	84,03	641,38	2,5495	42	79,63	644,02	2,5484	44	75,5	646,66	2,5473
42	84,77	645,16	2,5616	44	80,33	647,84	2,5605	46	76,17	650,5	2,5594
44	85,5	648,95	2,5736	46	81,03	651,66	2,5725	48	76,84	654,36	2,5715
46	86,23	652,75	2,5855	48	81,72	655,49	2,5844	50	77,5	658,22	2,5835
48	86,95	656,56	2,5974	50	82,41	659,33	2,5964	52	78,16	662,09	2,5954
50	87,67	660,38	2,6093	52	83,1	663,17	2,6082	54	78,81	665,97	2,6073
52	88,39	664,2	2,6211	54	83,78	667,03	2,6201	56	79,46	669,85	2,6191
54	89,1	668,04	2,6328	56	84,46	670,9	2,6318	58	80,11	673,75	2,6309
56	89,81	671,89	2,6446	58	85,13	674,78	2,6436	60	80,76	677,66	2,6427
58	90,52	675,75	2,6563	60	85,81	678,67	2,6553	62	81,4	681,58	2,6544

Dampftafel R290 überhitzt (Daikin Ref 11 Berechnungsprogramm)

$\vartheta_s = 15{,}00\,°C$		$p_s = 7{,}32$ bar	
ϑ	v	h	s
°C	dm³/kg	kJ/kg	kJ/(kg K)
15	63,11	590,52	2,3572
17	63,85	594,35	2,3704
19	64,59	598,18	2,3836
21	65,31	602	2,3966
23	66,03	605,83	2,4096
25	66,74	609,65	2,4224
27	67,44	613,47	2,4352
29	68,14	617,29	2,4479
31	68,83	621,11	2,4605
33	69,52	624,93	2,473
35	70,2	628,76	2,4855
37	70,88	632,59	2,4979
39	71,55	636,43	2,5102
41	72,22	640,27	2,5225
43	72,88	644,12	2,5347
45	73,54	647,97	2,5468
47	74,19	651,84	2,5589
49	74,84	655,7	2,571
51	75,49	659,58	2,583
53	76,13	663,47	2,5949
55	76,77	667,36	2,6068
57	77,4	671,26	2,6187
59	78,04	675,17	2,6305
61	78,67	679,1	2,6423
63	79,29	683,03	2,654

$\vartheta_s = 16{,}00\,°C$		$p_s = 7{,}517$ bar	
ϑ	v	h	s
°C	dm³/kg	kJ/kg	kJ/(kg K)
16	61,42	591,55	2,3564
18	62,15	595,4	2,3697
20	62,87	599,25	2,3828
22	63,58	603,1	2,3959
24	64,28	606,94	2,4089
26	64,98	610,78	2,4218
28	65,67	614,62	2,4346
30	66,35	618,46	2,4473
32	67,03	622,3	2,4599
34	67,7	626,14	2,4724
36	68,37	629,99	2,4849
38	69,03	633,84	2,4973
40	69,69	637,69	2,5097
42	70,34	641,55	2,522
44	70,98	645,42	2,5342
46	71,63	649,29	2,5464
48	72,27	653,16	2,5585
50	72,9	657,05	2,5705
52	73,53	660,94	2,5825
54	74,16	664,84	2,5945
56	74,79	668,75	2,6064
58	75,41	672,67	2,6183
60	76,03	676,59	2,6301
62	76,64	680,53	2,6419
64	77,26	684,48	2,6536

$\vartheta_s = 18{,}00\,°C$		$p_s = 7{,}93$ bar	
ϑ	v	h	s
°C	dm³/kg	kJ/kg	kJ/(kg K)
18	58,22	593,59	2,3549
20	58,92	597,49	2,3682
22	59,61	601,39	2,3815
24	60,29	605,27	2,3946
26	60,97	609,16	2,4076
28	61,64	613,04	2,4205
30	62,3	616,92	2,4334
32	62,95	620,8	2,4461
34	63,6	624,68	2,4588
36	64,25	628,56	2,4714
38	64,88	632,44	2,4839
40	65,52	636,32	2,4964
42	66,15	640,21	2,5087
44	66,77	644,1	2,5211
46	67,39	648	2,5333
48	68,01	651,91	2,5455
50	68,62	655,82	2,5576
52	69,22	659,73	2,5697
54	69,83	663,66	2,5817
56	70,43	667,59	2,5937
58	71,03	671,53	2,6057
60	71,62	675,48	2,6176
62	72,21	679,43	2,6294
64	72,8	683,4	2,6412
66	73,38	687,38	2,653

Dampftafel R290 überhitzt (Daikin Ref 11 Berechnungsprogramm)

$\vartheta_s = 20{,}00\,°C$		$p_s = 8{,}37$ bar		$\vartheta_s = 22{,}00\,°C$		$p_s = 8{,}814$ bar		$\vartheta_s = 24{,}00\,°C$		$p_s = 9{,}28$ bar	
ϑ	v	h	s	ϑ	v	h	s	ϑ	v	h	s
°C	dm³/kg	kJ/kg	kJ/(kg K)	°C	dm³/kg	kJ/kg	kJ/(kg K)	°C	dm³/kg	kJ/kg	kJ/(kg K)
20	55,2	595,61	2,3534	22	52,37	597,6	2,352	24	49,7	599,57	2,3506
22	55,87	599,56	2,3668	24	53,01	601,6	2,3654	26	50,32	603,62	2,3641
24	56,54	603,49	2,3801	26	53,66	605,59	2,3788	28	50,94	607,65	2,3776
26	57,19	607,43	2,3933	28	54,29	609,56	2,3921	30	51,55	611,68	2,3909
28	57,84	611,35	2,4064	30	54,91	613,53	2,4052	32	52,15	615,69	2,4041
30	58,48	615,28	2,4193	32	55,53	617,5	2,4182	34	52,75	619,7	2,4172
32	59,12	619,2	2,4322	34	56,14	621,46	2,4312	36	53,34	623,71	2,4302
34	59,75	623,11	2,445	36	56,75	625,42	2,444	38	53,92	627,71	2,4431
36	60,37	627,03	2,4577	38	57,35	629,38	2,4568	40	54,5	631,7	2,4559
38	60,99	630,95	2,4704	40	57,94	633,33	2,4695	42	55,07	635,7	2,4686
40	61,6	634,87	2,4829	42	58,53	637,29	2,4821	44	55,63	639,7	2,4812
42	62,21	638,79	2,4954	44	59,11	641,25	2,4946	46	56,19	643,69	2,4938
44	62,81	642,72	2,5078	46	59,69	645,21	2,507	48	56,75	647,69	2,5063
46	63,41	646,64	2,5202	48	60,26	649,17	2,5194	50	57,3	651,69	2,5187
48	64	650,58	2,5325	50	60,83	653,14	2,5317	52	57,84	655,69	2,5311
50	64,59	654,51	2,5447	52	61,4	657,11	2,544	54	58,39	659,7	2,5433
52	65,18	658,46	2,5568	54	61,96	661,09	2,5562	56	58,92	663,71	2,5556
54	65,76	662,41	2,569	56	62,51	665,07	2,5683	58	59,46	667,73	2,5677
56	66,34	666,36	2,581	58	63,07	669,06	2,5804	60	59,99	671,75	2,5798
58	66,91	670,33	2,593	60	63,62	673,06	2,5924	62	60,52	675,78	2,5919
60	67,48	674,3	2,605	62	64,17	677,06	2,6044	64	61,04	679,82	2,6039
62	68,05	678,28	2,6169	64	64,71	681,07	2,6163	66	61,56	683,86	2,6159
64	68,62	682,27	2,6287	66	65,25	685,09	2,6282	68	62,08	687,91	2,6278
66	69,18	686,26	2,6406	68	65,79	689,12	2,6401	70	62,6	691,97	2,6396
68	69,74	690,27	2,6523	70	66,32	693,16	2,6519	72	63,11	696,04	2,6515

Dampftafel R290 überhitzt (Daikin Ref 11 Berechnungsprogramm)

$\vartheta_s = 25{,}00\,°C$		$p_s = 9{,}52$ bar		$\vartheta_s = 26{,}00\,°C$		$p_s = 9{,}767$ bar		$\vartheta_s = 28{,}00\,°C$		$p_s = 10{,}27$ bar	
ϑ	v	h	s	ϑ	v	h	s	ϑ	v	h	s
°C	dm³/kg	kJ/kg	kJ/(kg K)	°C	dm³/kg	kJ/kg	kJ/(kg K)	°C	dm³/kg	kJ/kg	kJ/(kg K)
25	48,43	600,55	2,3499	26	47,19	601,52	2,3492	28	44,82	603,43	2,3479
27	49,05	604,62	2,3635	28	47,8	605,62	2,3629	30	45,41	607,58	2,3616
29	49,65	608,68	2,377	30	48,39	609,7	2,3764	32	45,99	611,72	2,3752
31	50,25	612,73	2,3903	32	48,98	613,77	2,3898	34	46,56	615,84	2,3887
33	50,84	616,77	2,4036	34	49,56	617,83	2,403	36	47,12	619,95	2,402
35	51,43	620,8	2,4167	36	50,14	621,89	2,4162	38	47,67	624,05	2,4152
37	52,01	624,83	2,4297	38	50,7	625,94	2,4293	40	48,22	628,14	2,4284
39	52,58	628,85	2,4427	40	51,26	629,98	2,4422	42	48,76	632,23	2,4414
41	53,14	632,87	2,4555	42	51,82	634,02	2,4551	44	49,29	636,31	2,4543
43	53,7	636,88	2,4682	44	52,37	638,06	2,4678	46	49,82	640,39	2,4671
45	54,26	640,9	2,4809	46	52,91	642,09	2,4805	48	50,35	644,47	2,4798
47	54,81	644,91	2,4935	48	53,45	646,13	2,4931	50	50,87	648,54	2,4925
49	55,35	648,93	2,506	50	53,98	650,16	2,5056	52	51,38	652,61	2,505
51	55,89	652,95	2,5184	52	54,51	654,2	2,5181	54	51,89	656,69	2,5175
53	56,43	656,97	2,5308	54	55,04	658,24	2,5305	56	52,39	660,77	2,53
55	56,96	660,99	2,5431	56	55,56	662,28	2,5428	58	52,89	664,84	2,5423
57	57,48	665,02	2,5553	58	56,08	666,33	2,5551	60	53,39	668,93	2,5546
59	58,01	669,06	2,5675	60	56,59	670,38	2,5673	62	53,88	673,01	2,5668
61	58,53	673,1	2,5796	62	57,1	674,43	2,5794	64	54,37	677,1	2,579
63	59,05	677,14	2,5917	64	57,61	678,5	2,5915	66	54,86	681,2	2,5911
65	59,56	681,19	2,6037	66	58,11	682,56	2,6035	68	55,34	685,3	2,6032
67	60,07	685,25	2,6157	68	58,61	686,64	2,6155	70	55,82	689,41	2,6152
69	60,58	689,32	2,6276	70	59,11	690,72	2,6274	72	56,3	693,52	2,6271
71	61,08	693,39	2,6395	72	59,6	694,81	2,6393	74	56,77	697,64	2,639
73	61,58	697,48	2,6513	74	60,09	698,91	2,6511	76	57,25	701,77	2,6509

Dampftafel R290 überhitzt (Daikin Ref 11 Berechnungsprogramm)

$\vartheta_s = 30{,}00\,°C$		$p_s = 10{,}79$ bar	
ϑ	v	h	s
°C	dm^3/kg	kJ/kg	kJ/(kg K)
30	42,59	605,32	2,3466
32	43,16	609,52	2,3604
34	43,72	613,71	2,3741
36	44,27	617,89	2,3876
38	44,82	622,05	2,4011
40	45,35	626,19	2,4144
42	45,88	630,33	2,4275
44	46,4	634,46	2,4406
46	46,92	638,59	2,4536
48	47,43	642,71	2,4664
50	47,93	646,83	2,4792
52	48,43	650,94	2,4919
54	48,93	655,06	2,5045
56	49,42	659,17	2,5171
58	49,9	663,28	2,5295
60	50,39	667,4	2,5419
62	50,86	671,52	2,5542
64	51,34	675,64	2,5665
66	51,81	679,76	2,5787
68	52,28	683,89	2,5908
70	52,74	688,03	2,6029
72	53,2	692,17	2,615
74	53,66	696,32	2,6269
76	54,12	700,47	2,6389
78	54,57	704,63	2,6508

$\vartheta_s = 32{,}00\,°C$		$p_s = 11{,}33$ bar	
ϑ	v	h	s
°C	dm^3/kg	kJ/kg	kJ/(kg K)
32	40,49	607,17	2,3453
34	41,04	611,43	2,3592
36	41,58	615,68	2,373
38	42,11	619,9	2,3866
40	42,64	624,11	2,4001
42	43,16	628,31	2,4135
44	43,67	632,5	2,4267
46	44,17	636,67	2,4398
48	44,67	640,84	2,4529
50	45,16	645,01	2,4658
52	45,65	649,17	2,4786
54	46,13	653,32	2,4914
56	46,61	657,48	2,504
58	47,08	661,63	2,5166
60	47,55	665,78	2,5291
62	48,02	669,94	2,5415
64	48,48	674,09	2,5539
66	48,93	678,25	2,5662
68	49,39	682,41	2,5784
70	49,84	686,58	2,5906
72	50,28	690,75	2,6027
74	50,73	694,92	2,6148
76	51,17	699,1	2,6268
78	51,6	703,29	2,6387
80	52,04	707,48	2,6507

$\vartheta_s = 34{,}00\,°C$		$p_s = 11{,}89$ bar	
ϑ	v	h	s
°C	dm^3/kg	kJ/kg	kJ/(kg K)
34	38,5	608,99	2,344
36	39,04	613,31	2,3581
38	39,56	617,61	2,3719
40	40,08	621,9	2,3856
42	40,59	626,16	2,3992
44	41,09	630,41	2,4127
46	41,59	634,64	2,426
48	42,07	638,87	2,4392
50	42,56	643,08	2,4523
52	43,03	647,29	2,4652
54	43,5	651,5	2,4781
56	43,97	655,69	2,4909
58	44,43	659,89	2,5036
60	44,89	664,08	2,5162
62	45,34	668,27	2,5288
64	45,79	672,47	2,5413
66	46,23	676,66	2,5537
68	46,67	680,85	2,566
70	47,11	685,05	2,5783
72	47,54	689,25	2,5905
74	47,97	693,46	2,6026
76	48,4	697,66	2,6147
78	48,82	701,88	2,6267
80	49,24	706,1	2,6387
82	49,66	710,33	2,6507

Dampftafel R290 überhitzt (Daikin Ref 11 Berechnungsprogramm)

$\vartheta_s = 35{,}00\,°C$		$p_s = 12{,}18$ bar		$\vartheta_s = 36{,}00\,°C$		$p_s = 12{,}47$ bar		$\vartheta_s = 38{,}00\,°C$		$p_s = 13{,}07$ bar	
ϑ	v	h	s	ϑ	v	h	s	ϑ	v	h	s
°C	dm³/kg	kJ/kg	kJ/(kg K)	°C	dm³/kg	kJ/kg	kJ/(kg K)	°C	dm³/kg	kJ/kg	kJ/(kg K)
35	37,54	609,88	2,3433	36	36,62	610,77	2,3427	38	34,83	612,5	2,3414
37	38,07	614,23	2,3574	38	37,14	615,16	2,3569	40	35,34	616,96	2,3557
39	38,59	618,56	2,3714	40	37,65	619,52	2,3709	42	35,84	621,38	2,3698
41	39,1	622,87	2,3851	42	38,15	623,86	2,3847	44	36,33	625,78	2,3837
43	39,6	627,16	2,3987	44	38,65	628,17	2,3983	46	36,81	630,15	2,3974
45	40,09	631,44	2,4122	46	39,13	632,48	2,4118	48	37,28	634,51	2,411
47	40,58	635,7	2,4256	48	39,61	636,76	2,4252	50	37,74	638,85	2,4245
49	41,06	639,95	2,4388	50	40,09	641,04	2,4385	52	38,2	643,17	2,4378
51	41,53	644,19	2,4519	52	40,55	645,3	2,4517	54	38,65	647,49	2,4511
53	42	648,42	2,4649	54	41,01	649,55	2,4647	56	39,1	651,79	2,4642
55	42,47	652,65	2,4778	56	41,47	653,8	2,4776	58	39,54	656,08	2,4772
57	42,92	656,87	2,4907	58	41,92	658,04	2,4905	60	39,98	660,37	2,4901
59	43,38	661,08	2,5034	60	42,36	662,28	2,5032	62	40,41	664,65	2,5029
61	43,82	665,3	2,516	62	42,81	666,51	2,5159	64	40,83	668,92	2,5156
63	44,27	669,51	2,5286	64	43,24	670,75	2,5285	66	41,25	673,2	2,5282
65	44,71	673,72	2,5411	66	43,67	674,98	2,541	68	41,67	677,47	2,5408
67	45,14	677,93	2,5535	68	44,1	679,21	2,5535	70	42,09	681,74	2,5533
69	45,58	682,14	2,5659	70	44,53	683,44	2,5658	72	42,5	686,01	2,5657
71	46	686,36	2,5782	72	44,95	687,67	2,5781	74	42,9	690,28	2,578
73	46,43	690,58	2,5904	74	45,37	691,91	2,5904	76	43,3	694,55	2,5903
75	46,85	694,8	2,6025	76	45,78	696,15	2,6026	78	43,7	698,83	2,6025
77	47,27	699,03	2,6146	78	46,19	700,39	2,6147	80	44,1	703,11	2,6147
79	47,69	703,26	2,6267	80	46,6	704,64	2,6267	82	44,49	707,39	2,6268
81	48,1	707,5	2,6387	82	47,01	708,9	2,6387	84	44,89	711,68	2,6388
83	48,51	711,74	2,6506	84	47,41	713,16	2,6507	86	45,27	715,97	2,6508

Dampftafel R290 überhitzt (Daikin Ref 11 Berechnungsprogramm)

$\vartheta_s = 40{,}00\,°C$		$p_s = 13{,}69$ bar		$\vartheta_s = 42{,}00\,°C$		$p_s = 14{,}336$ bar		$\vartheta_s = 44{,}00\,°C$		$p_s = 15{,}00$ bar	
ϑ	v	h	s	ϑ	v	h	s	ϑ	v	h	s
°C	dm^3/kg	kJ/kg	kJ/(kg K)	°C	dm^3/kg	kJ/kg	kJ/(kg K)	°C	dm^3/kg	kJ/kg	kJ/(kg K)
40	33,14	614,2	2,3401	42	31,54	615,85	2,3387	44	30,02	617,45	2,3373
42	33,64	618,72	2,3545	44	32,03	620,45	2,3532	46	30,5	622,13	2,352
44	34,12	623,21	2,3687	46	32,5	625	2,3676	48	30,96	626,76	2,3665
46	34,6	627,67	2,3827	48	32,96	629,53	2,3817	50	31,41	631,35	2,3807
48	35,07	632,11	2,3965	50	33,42	634,03	2,3957	52	31,86	635,91	2,3948
50	35,52	636,52	2,4102	52	33,87	638,5	2,4095	54	32,29	640,44	2,4087
52	35,98	640,91	2,4238	54	34,31	642,95	2,4231	56	32,72	644,95	2,4224
54	36,42	645,29	2,4372	56	34,74	647,38	2,4366	58	33,14	649,44	2,436
56	36,86	649,65	2,4505	58	35,16	651,79	2,45	60	33,56	653,91	2,4495
58	37,29	654	2,4637	60	35,58	656,19	2,4632	62	33,96	658,36	2,4628
60	37,72	658,34	2,4767	62	36	660,58	2,4764	64	34,37	662,8	2,476
62	38,14	662,67	2,4897	64	36,41	664,96	2,4894	66	34,76	667,22	2,4891
64	38,56	667	2,5026	66	36,81	669,33	2,5023	68	35,15	671,64	2,5021
66	38,97	671,32	2,5153	68	37,21	673,69	2,5151	70	35,54	676,05	2,5149
68	39,38	675,63	2,528	70	37,6	678,05	2,5279	72	35,92	680,45	2,5277
70	39,78	679,94	2,5406	72	38	682,41	2,5405	74	36,3	684,85	2,5404
72	40,18	684,26	2,5532	74	38,38	686,76	2,5531	76	36,68	689,24	2,5531
74	40,58	688,57	2,5656	76	38,76	691,11	2,5656	78	37,05	693,63	2,5656
76	40,97	692,87	2,578	78	39,14	695,46	2,578	80	37,41	698,02	2,5781
78	41,36	697,19	2,5903	80	39,52	699,8	2,5904	82	37,78	702,41	2,5905
80	41,75	701,5	2,6025	82	39,89	704,16	2,6026	84	38,14	706,8	2,6028
82	42,13	705,81	2,6147	84	40,26	708,51	2,6149	86	38,49	711,19	2,615
84	42,51	710,13	2,6269	86	40,63	712,86	2,627	88	38,85	715,58	2,6272
86	42,89	714,46	2,6389	88	40,99	717,22	2,6391	90	39,2	719,97	2,6394
88	43,26	718,78	2,6509	90	41,35	721,58	2,6512	92	39,55	724,37	2,6514

Dampftafel R290 überhitzt (Daikin Ref 11 Berechnungsprogramm)

$\vartheta_s = 45{,}00\,°C$		$p_s = 15{,}35$ bar		$\vartheta_s = 46{,}00\,°C$		$p_s = 15{,}69$ bar		$\vartheta_s = 48{,}00\,°C$		$p_s = 16{,}40$ bar	
ϑ	v	h	s	ϑ	v	h	s	ϑ	v	h	s
°C	dm³/kg	kJ/kg	kJ/(kg K)	°C	dm³/kg	kJ/kg	kJ/(kg K)	°C	dm³/kg	kJ/kg	kJ/(kg K)
45	29,29	618,24	2,3366	46	28,58	619	2,3358	48	27,21	620,5	2,3343
47	29,76	622,95	2,3514	48	29,04	623,76	2,3507	50	27,66	625,34	2,3493
49	30,22	627,62	2,3659	50	29,5	628,46	2,3653	52	28,11	630,12	2,3641
51	30,67	632,25	2,3802	52	29,94	633,13	2,3797	54	28,54	634,86	2,3786
53	31,11	636,84	2,3944	54	30,37	637,75	2,3939	56	28,97	639,56	2,393
55	31,54	641,41	2,4083	56	30,8	642,35	2,4079	58	29,38	644,23	2,4071
57	31,96	645,94	2,4221	58	31,22	646,92	2,4217	60	29,79	648,86	2,421
59	32,38	650,46	2,4357	60	31,62	651,47	2,4354	62	30,19	653,46	2,4348
61	32,78	654,96	2,4492	62	32,03	655,99	2,4489	64	30,58	658,05	2,4484
63	33,19	659,43	2,4626	64	32,42	660,49	2,4623	66	30,97	662,61	2,4619
65	33,58	663,9	2,4758	66	32,82	664,99	2,4756	68	31,35	667,15	2,4753
67	33,97	668,35	2,489	68	33,2	669,46	2,4888	70	31,72	671,68	2,4885
69	34,36	672,79	2,502	70	33,58	673,93	2,5018	72	32,09	676,19	2,5016
71	34,74	677,22	2,5149	72	33,96	678,38	2,5148	74	32,46	680,69	2,5147
73	35,12	681,65	2,5277	74	34,33	682,83	2,5276	76	32,82	685,19	2,5276
75	35,49	686,07	2,5404	76	34,69	687,27	2,5404	78	33,17	689,67	2,5404
77	35,86	690,48	2,5531	78	35,06	691,71	2,5531	80	33,52	694,15	2,5531
79	36,22	694,89	2,5656	80	35,42	696,14	2,5656	82	33,87	698,63	2,5657
81	36,59	699,3	2,5781	82	35,77	700,57	2,5781	84	34,22	703,1	2,5783
83	36,94	703,71	2,5905	84	36,12	705	2,5906	86	34,56	707,57	2,5908
85	37,3	708,11	2,6029	86	36,47	709,42	2,6029	88	34,9	712,03	2,6032
87	37,65	712,52	2,6151	88	36,82	713,85	2,6152	90	35,23	716,5	2,6155
89	38	716,93	2,6274	90	37,16	718,28	2,6275	92	35,56	720,97	2,6278
91	38,34	721,35	2,6395	92	37,5	722,71	2,6396	94	35,89	725,44	2,64
93	38,69	725,76	2,6516	94	37,84	727,14	2,6517	96	36,22	729,9	2,6521

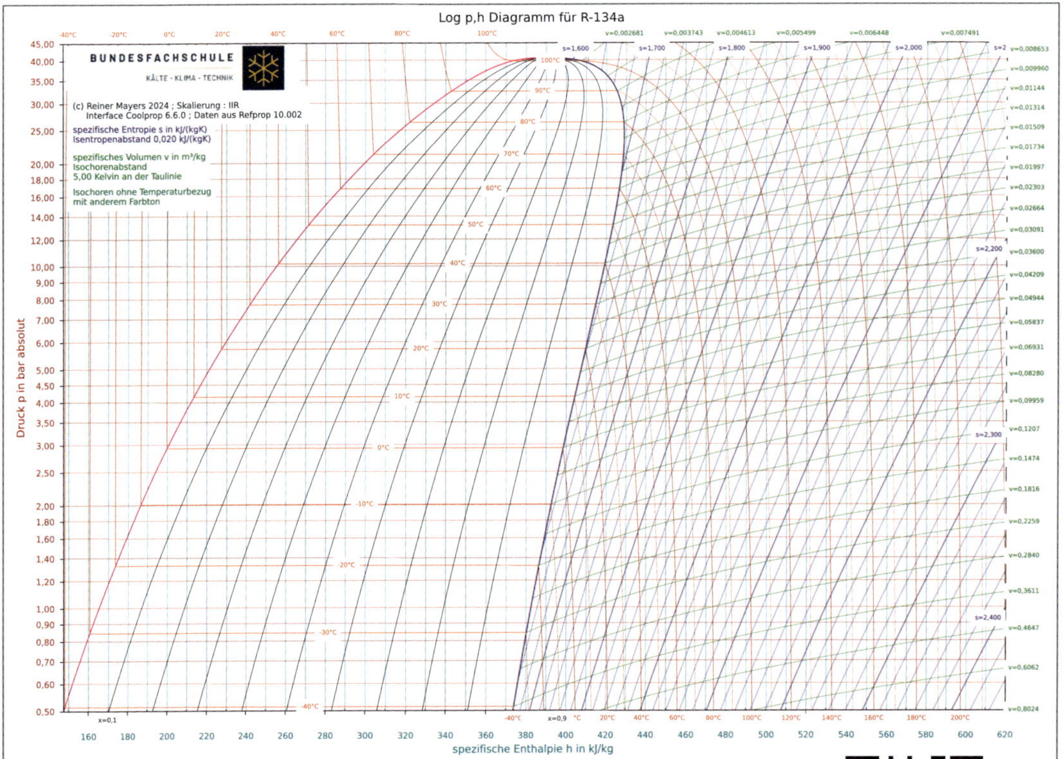

Log-p-h-Diagramm R134a

5

Dampftafel R134a Nassdampf (Daikin Ref 11 Berechnungsprogramm)

ϑ °C	p bar	v' dm³/kg	v'' dm³/kg	h' kJ/kg	h'' kJ/kg	Δh kJ/kg
–30	0,84	0,720	225,87	160,77	380,31	219,54
–29	0,88	0,721	216,04	162,04	380,93	218,89
–28	0,93	0,723	206,73	163,31	381,55	218,25
–27	0,97	0,725	197,89	164,58	382,18	217,60
–26	1,02	0,726	189,51	165,85	382,80	216,94
–25	1,06	0,728	181,55	167,13	383,42	216,29
–24	1,11	0,729	174,00	168,41	384,04	215,63
–23	1,16	0,731	166,82	169,69	384,66	214,96
–22	1,22	0,733	159,99	170,98	385,28	214,30
–21	1,27	0,734	153,50	172,27	385,89	213,62
–20	1,33	0,736	147,33	173,56	386,51	212,95
–19	1,39	0,738	141,46	174,85	387,12	212,27
–18	1,45	0,739	135,86	176,15	387,73	211,58
–17	1,51	0,741	130,53	177,45	388,34	210,90
–16	1,57	0,743	125,45	178,75	388,95	210,20
–15	1,64	0,744	120,61	180,06	389,56	209,51
–14	1,71	0,746	116,00	181,36	390,17	208,81
–13	1,78	0,748	111,59	182,68	390,77	208,10
–12	1,85	0,750	107,39	183,99	391,38	207,39
–11	1,93	0,752	103,38	185,31	391,98	206,67
–10	2,01	0,753	99,54	186,63	392,58	205,95
–9	2,09	0,755	95,88	187,95	393,18	205,23
–8	2,17	0,757	92,38	189,28	393,78	204,50
–7	2,25	0,759	89,03	190,61	394,37	203,77
–6	2,34	0,761	85,83	191,94	394,97	203,03
–5	2,43	0,763	82,76	193,27	395,56	202,29
–4	2,53	0,765	79,83	194,61	396,15	201,54
–3	2,62	0,766	77,02	195,95	396,74	200,79
–2	2,72	0,768	74,33	197,30	397,32	200,03
–1	2,82	0,770	71,75	198,64	397,91	199,26
0	2,93	0,772	69,28	200,00	398,49	198,49
1	3,04	0,774	66,91	201,35	399,07	197,72
2	3,15	0,776	64,64	202,70	399,65	196,95
3	3,26	0,778	62,45	204,06	400,22	196,16
4	3,38	0,780	60,36	205,42	400,80	195,38
5	3,50	0,782	58,35	206,79	401,37	194,58
6	3,62	0,785	56,42	208,15	401,94	193,78
7	3,75	0,787	54,57	209,52	402,50	192,98
8	3,88	0,789	52,79	210,90	403,07	192,17
9	4,01	0,791	51,07	212,27	403,63	191,36
10	4,15	0,793	49,43	213,65	404,19	190,54
11	4,29	0,795	47,84	215,03	404,74	189,71
12	4,43	0,798	46,32	216,42	405,30	188,88
13	4,58	0,800	44,85	217,80	405,85	188,04
14	4,73	0,802	43,44	219,19	406,39	187,20
15	4,88	0,804	42,08	220,58	406,94	186,35
16	5,04	0,807	40,77	221,98	407,48	185,50
17	5,21	0,809	39,51	223,38	408,02	184,64
18	5,37	0,811	38,30	224,78	408,55	183,77
19	5,54	0,814	37,12	226,18	409,08	182,90
20	5,72	0,816	35,99	227,59	409,61	182,02
21	5,90	0,819	34,90	229,00	410,14	181,14
22	6,08	0,821	33,85	230,41	410,66	180,24
23	6,27	0,824	32,84	231,83	411,18	179,35
24	6,46	0,826	31,86	233,25	411,69	178,44
25	6,65	0,829	30,91	234,67	412,20	177,53
26	6,85	0,832	30,00	236,09	412,71	176,61
27	7,06	0,834	29,12	237,52	413,21	175,69
28	7,27	0,837	28,27	238,96	413,71	174,75
29	7,48	0,840	27,44	240,39	414,20	173,81
30	7,70	0,842	26,65	241,83	414,69	172,86
31	7,93	0,845	25,88	243,27	415,18	171,91
32	8,15	0,848	25,13	244,72	415,66	170,94
33	8,39	0,851	24,41	246,17	416,13	169,97
34	8,63	0,854	23,72	247,62	416,61	168,99
35	8,87	0,857	23,04	249,08	417,07	168,00
36	9,12	0,860	22,39	250,54	417,54	167,00
37	9,37	0,863	21,76	252,01	417,99	165,99
38	9,63	0,866	21,14	253,48	418,44	164,97
39	9,90	0,869	20,55	254,95	418,89	163,94
40	10,17	0,872	19,98	256,43	419,33	162,90
41	10,44	0,876	19,42	257,91	419,76	161,85
42	10,72	0,879	18,88	259,40	420,19	160,79
43	11,01	0,882	18,36	260,90	420,61	159,72
44	11,30	0,886	17,85	262,40	421,03	158,63
45	11,60	0,889	17,36	263,90	421,44	157,54

Dampftafel R134a überhitzt (Daikin Ref 11 Berechnungsprogramm)

$\vartheta_s = -30{,}00\,°C$		$p_s = 0{,}8436$ bar		$\vartheta_s = -28{,}00\,°C$		$p_s = 0{,}927$ bar		$\vartheta_s = -26{,}00\,°C$		$p_s = 1{,}0168$ bar	
ϑ	v	h	s	ϑ	v	h	s	ϑ	v	h	s
°C	dm³/kg	kJ/kg	kJ/(kg K)	°C	dm³/kg	kJ/kg	kJ/(kg K)	°C	dm³/kg	kJ/kg	kJ/(kg K)
–30	225,92	380,31	1,7515	–28	206,73	381,55	1,7492	–26	208,70	383,11	1,7555
–28	228,07	381,85	1,7579	–26	208,70	383,11	1,7555	–24	210,67	384,67	1,7618
–26	230,21	383,40	1,7641	–24	210,67	384,67	1,7618	–22	212,62	386,23	1,7681
–24	232,34	384,95	1,7704	–22	212,62	386,23	1,7681	–20	214,57	387,80	1,7743
–22	234,47	386,50	1,7766	–20	214,57	387,80	1,7743	–18	216,52	389,37	1,7805
–20	236,59	388,07	1,7828	–18	216,52	389,37	1,7805	–16	218,45	390,95	1,7866
–18	238,71	389,63	1,7890	–16	218,45	390,95	1,7866	–14	220,38	392,54	1,7928
–16	240,82	391,21	1,7951	–14	220,38	392,54	1,7928	–12	222,31	394,13	1,7989
–14	242,92	392,79	1,8012	–12	222,31	394,13	1,7989	–10	224,23	395,73	1,8050
–12	245,02	394,37	1,8073	–10	224,23	395,73	1,8050	–8	226,14	397,33	1,8110
–10	247,11	395,96	1,8134	–8	226,14	397,33	1,8110	–6	228,05	398,93	1,8171
–8	249,20	397,56	1,8194	–6	228,05	398,93	1,8171	–4	229,96	400,55	1,8231
–6	251,28	399,16	1,8254	–4	229,96	400,55	1,8231	–2	231,86	402,17	1,8291
–4	253,36	400,77	1,8314	–2	231,86	402,17	1,8291	0	233,75	403,79	1,8351
–2	255,44	402,38	1,8374	0	233,75	403,79	1,8351	2	235,64	405,42	1,8410
0	257,50	404,00	1,8434	2	235,64	405,42	1,8410	4	237,53	407,06	1,8469
2	259,57	405,62	1,8493	4	237,53	407,06	1,8469	6	239,41	408,70	1,8528
4	261,63	407,25	1,8552	6	239,41	408,70	1,8528	8	241,29	410,34	1,8587
6	263,69	408,89	1,8611	8	241,29	410,34	1,8587	10	243,17	412,00	1,8646
8	265,74	410,53	1,8670	10	243,17	412,00	1,8646	12	245,04	413,66	1,8704
10	267,79	412,18	1,8728	12	245,04	413,66	1,8704	14	246,91	415,32	1,8762
12	269,83	413,84	1,8786	14	246,91	415,32	1,8762	16	248,78	416,99	1,8820
14	271,88	415,50	1,8844	16	248,78	416,99	1,8820	18	250,64	418,67	1,8878
16	273,92	417,17	1,8902	18	250,64	418,67	1,8878	20	252,50	420,35	1,8936
18	275,95	418,84	1,8960	20	252,50	420,35	1,8936	22	254,36	422,04	1,8993

Dampftafel R134a überhitzt (Daikin Ref 11 Berechnungsprogramm)

$\vartheta_s = -25\,°C$		$p_s = 1{,}064$ bar		$\vartheta_s = -24\,°C$		$p_s = 1{,}113$ bar		$\vartheta_s = -22\,°C$		$p_s = 1{,}2166$ bar	
ϑ	v	h	s	ϑ	v	h	s	ϑ	v	h	s
°C	dm^3/kg	kJ/kg	kJ/(kg K)	°C	dm^3/kg	kJ/kg	kJ/(kg K)	°C	dm^3/kg	kJ/kg	kJ/(kg K)
–25	181,55	383,42	1,7460	–24	174,00	384,04	1,7450	–22	159,98	385,28	1,7430
–24	182,42	384,21	1,7492	–22	175,67	385,62	1,7513	–20	161,51	386,87	1,7494
–22	184,15	385,78	1,7555	–20	177,33	387,20	1,7576	–18	163,04	388,47	1,7557
–20	185,88	387,36	1,7618	–18	178,98	388,79	1,7639	–16	164,57	390,07	1,7619
–18	187,60	388,95	1,7680	–16	180,63	390,39	1,7701	–14	166,08	391,68	1,7681
–16	189,31	390,54	1,7742	–14	182,27	391,99	1,7763	–12	167,59	393,29	1,7743
–14	191,02	392,13	1,7804	–12	183,90	393,59	1,7825	–10	169,10	394,91	1,7805
–12	192,72	393,73	1,7865	–10	185,53	395,20	1,7886	–8	170,60	396,53	1,7866
–10	194,41	395,34	1,7927	–8	187,15	396,82	1,7947	–6	172,09	398,16	1,7928
–8	196,10	396,95	1,7988	–6	188,77	398,44	1,8008	–4	173,58	399,79	1,7988
–6	197,79	398,57	1,8048	–4	190,38	400,06	1,8068	–2	175,07	401,42	1,8049
–4	199,47	400,19	1,8109	–2	191,99	401,69	1,8129	0	176,55	403,07	1,8109
–2	201,14	401,82	1,8169	0	193,59	403,33	1,8189	2	178,02	404,71	1,8169
0	202,81	403,45	1,8229	2	195,19	404,97	1,8249	4	179,50	406,36	1,8229
2	204,48	405,09	1,8289	4	196,79	406,61	1,8308	6	180,96	408,02	1,8289
4	206,14	406,73	1,8348	6	198,38	408,26	1,8368	8	182,43	409,69	1,8348
6	207,80	408,38	1,8407	8	199,97	409,92	1,8427	10	183,88	411,35	1,8407
8	209,45	410,03	1,8467	10	201,55	411,58	1,8486	12	185,34	413,03	1,8466
10	211,10	411,69	1,8525	12	203,13	413,25	1,8545	14	186,79	414,71	1,8525
12	212,75	413,36	1,8584	14	204,71	414,93	1,8603	16	188,24	416,39	1,8583
14	214,39	415,03	1,8642	16	206,28	416,61	1,8661	18	189,69	418,08	1,8642
16	216,03	416,71	1,8701	18	207,85	418,29	1,8719	20	191,13	419,78	1,8700
18	217,67	418,39	1,8759	20	209,42	419,98	1,8777	22	192,57	421,48	1,8757
20	219,31	420,08	1,8816	22	210,98	421,68	1,8835	24	194,01	423,19	1,8815
22	220,94	421,78	1,8874	24	212,54	423,38	1,8893	26	195,44	424,90	1,8873

Dampftafel R134a überhitzt (Daikin Ref 11 Berechnungsprogramm)

$\vartheta_s = -20\,°C$		$p_s = 1{,}3275$ bar		$\vartheta_s = -18\,°C$		$p_s = 1{,}446$ bar		$\vartheta_s = -16\,°C$		$p_s = 1{,}573$ bar	
ϑ	v	h	s	ϑ	v	h	s	ϑ	v	h	s
°C	dm^3/kg	kJ/kg	kJ/(kg K)	°C	dm^3/kg	kJ/kg	kJ/(kg K)	°C	dm^3/kg	kJ/kg	kJ/(kg K)
–20	147,31	386,51	1,7412	–18	135,86	387,73	1,7394	–16	125,44	388,96	1,7377
–18	148,73	388,12	1,7475	–16	137,18	389,35	1,7457	–14	126,66	390,59	1,7440
–16	150,15	389,73	1,7538	–14	138,48	390,98	1,7520	–12	127,87	392,23	1,7504
–14	151,55	391,34	1,7601	–12	139,79	392,61	1,7583	–10	129,08	393,88	1,7566
–12	152,95	392,97	1,7663	–10	141,08	394,24	1,7645	–8	130,28	395,52	1,7629
–10	154,35	394,59	1,7725	–8	142,37	395,88	1,7707	–6	131,48	397,18	1,7691
–8	155,74	396,22	1,7787	–6	143,66	397,53	1,7769	–4	132,67	398,83	1,7752
–6	157,12	397,85	1,7848	–4	144,94	399,17	1,7831	–2	133,85	400,49	1,7814
–4	158,50	399,49	1,7909	–2	146,21	400,82	1,7892	0	135,03	402,16	1,7875
–2	159,88	401,14	1,7970	0	147,48	402,48	1,7952	2	136,21	403,82	1,7936
0	161,25	402,78	1,8031	2	148,75	404,14	1,8013	4	137,38	405,50	1,7996
2	162,61	404,44	1,8091	4	150,01	405,81	1,8073	6	138,55	407,17	1,8057
4	163,97	406,10	1,8151	6	151,26	407,48	1,8133	8	139,71	408,86	1,8117
6	165,33	407,76	1,8211	8	152,52	409,15	1,8193	10	140,87	410,54	1,8177
8	166,68	409,43	1,8270	10	153,77	410,83	1,8253	12	142,02	412,24	1,8236
10	168,03	411,10	1,8330	12	155,01	412,52	1,8312	14	143,17	413,93	1,8295
12	169,37	412,78	1,8389	14	156,25	414,21	1,8371	16	144,32	415,64	1,8355
14	170,71	414,47	1,8448	16	157,49	415,90	1,8430	18	145,47	417,34	1,8413
16	172,05	416,16	1,8506	18	158,73	417,60	1,8489	20	146,61	419,05	1,8472
18	173,39	417,85	1,8565	20	159,96	419,31	1,8547	22	147,75	420,77	1,8530
20	174,72	419,55	1,8623	22	161,19	421,02	1,8605	24	148,88	422,49	1,8589
22	176,05	421,26	1,8681	24	162,41	422,74	1,8663	26	150,01	424,22	1,8646
24	177,37	422,97	1,8739	26	163,63	424,46	1,8721	28	151,14	425,95	1,8704
26	178,69	424,69	1,8796	28	164,85	426,19	1,8779	30	152,27	427,69	1,8762
28	180,01	426,41	1,8854	30	166,07	427,92	1,8836	32	153,39	429,44	1,8819

Dampftafel R134a überhitzt (Daikin Ref 11 Berechnungsprogramm)

$\vartheta_s = -15\,°C$		$p_s = 1{,}6395$ bar		$\vartheta_s = -14\,°C$		$p_s = 1{,}708$ bar		$\vartheta_s = -12\,°C$		$p_s = 1{,}8527$ bar	
ϑ	v	h	s	ϑ	v	h	s	ϑ	v	h	s
°C	dm³/kg	kJ/kg	kJ/(kg K)	°C	dm³/kg	kJ/kg	kJ/(kg K)	°C	dm³/kg	kJ/kg	kJ/(kg K)
−15	120,61	389,56	1,7369	−14	116,01	390,17	1,7361	−12	107,38	391,38	1,7346
−14	121,19	390,38	1,7401	−12	117,14	391,82	1,7425	−10	108,43	393,05	1,7409
−12	122,37	392,03	1,7464	−10	118,27	393,48	1,7488	−8	109,48	394,72	1,7472
−10	123,53	393,68	1,7527	−8	119,39	395,13	1,7550	−6	110,52	396,39	1,7535
−8	124,69	395,33	1,7589	−6	120,51	396,80	1,7613	−4	111,56	398,06	1,7598
−6	125,85	396,99	1,7652	−4	121,62	398,46	1,7675	−2	112,59	399,74	1,7660
−4	127,00	398,65	1,7714	−2	122,72	400,13	1,7737	0	113,62	401,43	1,7722
−2	128,14	400,31	1,7775	0	123,82	401,80	1,7798	2	114,64	403,11	1,7783
0	129,28	401,98	1,7836	2	124,92	403,48	1,7859	4	115,66	404,80	1,7844
2	130,41	403,65	1,7897	4	126,01	405,16	1,7920	6	116,67	406,50	1,7905
4	131,54	405,33	1,7958	6	127,09	406,85	1,7981	8	117,68	408,20	1,7966
6	132,67	407,01	1,8019	8	128,18	408,54	1,8041	10	118,68	409,90	1,8026
8	133,79	408,70	1,8079	10	129,25	410,23	1,8101	12	119,68	411,61	1,8086
10	134,91	410,39	1,8139	12	130,33	411,93	1,8161	14	120,68	413,32	1,8146
12	136,02	412,09	1,8198	14	131,40	413,63	1,8221	16	121,67	415,03	1,8206
14	137,13	413,79	1,8258	16	132,46	415,34	1,8280	18	122,66	416,75	1,8265
16	138,24	415,49	1,8317	18	133,53	417,06	1,8339	20	123,65	418,48	1,8324
18	139,34	417,20	1,8376	20	134,59	418,77	1,8398	22	124,63	420,21	1,8383
20	140,44	418,92	1,8435	22	135,65	420,50	1,8456	24	125,61	421,94	1,8441
22	141,54	420,64	1,8493	24	136,70	422,23	1,8515	26	126,59	423,68	1,8500
24	142,63	422,36	1,8551	26	137,75	423,96	1,8573	28	127,57	425,43	1,8558
26	143,72	424,09	1,8609	28	138,80	425,70	1,8631	30	128,54	427,18	1,8616
28	144,81	425,83	1,8667	30	139,84	427,44	1,8688	32	129,51	428,93	1,8673
30	145,89	427,57	1,8725	32	140,89	429,19	1,8746	34	130,47	430,69	1,8731
32	146,98	429,31	1,8782	34	141,93	430,94	1,8803	36	131,44	432,46	1,8788

Dampftafel R134a überhitzt (Daikin Ref 11 Berechnungsprogramm)

$\vartheta_s = -10\,°C$		$p_s = 2{,}0006$ bar		$\vartheta_s = -8\,°C$		$p_s = 2{,}169$ bar		$\vartheta_s = -6\,°C$		$p_s = 2{,}343$ bar	
ϑ	v	h	s	ϑ	v	h	s	ϑ	v	h	s
°C	dm³/kg	kJ/kg	kJ/(kg K)	°C	dm³/kg	kJ/kg	kJ/(kg K)	°C	dm³/kg	kJ/kg	kJ/(kg K)
–10	99,83	392,60	1,7334	–8	92,39	393,78	1,7317	–6	85,82	394,97	1,7304
–8	100,82	394,28	1,7397	–6	93,31	395,48	1,7381	–4	86,68	396,68	1,7367
–6	101,80	395,96	1,7461	–4	94,23	397,18	1,7444	–2	87,53	398,40	1,7431
–4	102,77	397,65	1,7523	–2	95,13	398,88	1,7507	0	88,38	400,12	1,7494
–2	103,74	399,34	1,7586	0	96,04	400,58	1,7570	2	89,23	401,84	1,7557
0	104,71	401,03	1,7648	2	96,93	402,29	1,7632	4	90,06	403,56	1,7619
2	105,67	402,73	1,7710	4	97,83	404,00	1,7694	6	90,90	405,28	1,7681
4	106,62	404,43	1,7772	6	98,71	405,72	1,7756	8	91,73	407,01	1,7743
6	107,57	406,13	1,7833	8	99,60	407,43	1,7817	10	92,55	408,74	1,7804
8	108,51	407,84	1,7894	10	100,48	409,15	1,7878	12	93,37	410,48	1,7865
10	109,45	409,55	1,7954	12	101,35	410,88	1,7939	14	94,19	412,22	1,7926
12	110,39	411,27	1,8015	14	102,22	412,61	1,7999	16	95,00	413,96	1,7987
14	111,32	412,99	1,8075	16	103,09	414,34	1,8059	18	95,81	415,70	1,8047
16	112,25	414,71	1,8135	18	103,95	416,08	1,8119	20	96,62	417,45	1,8107
18	113,18	416,44	1,8194	20	104,81	417,82	1,8179	22	97,42	419,20	1,8166
20	114,10	418,17	1,8254	22	105,67	419,56	1,8238	24	98,22	420,96	1,8225
22	115,02	419,91	1,8313	24	106,52	421,31	1,8297	26	99,01	422,72	1,8285
24	115,94	421,65	1,8371	26	107,37	423,06	1,8356	28	99,80	424,49	1,8343
26	116,85	423,39	1,8430	28	108,22	424,82	1,8414	30	100,59	426,26	1,8402
28	117,76	425,14	1,8488	30	109,07	426,58	1,8473	32	101,38	428,03	1,8460
30	118,67	426,90	1,8546	32	109,91	428,35	1,8531	34	102,17	429,81	1,8518
32	119,57	428,66	1,8604	34	110,75	430,12	1,8589	36	102,95	431,59	1,8576
34	120,47	430,42	1,8662	36	111,59	431,90	1,8646	38	103,73	433,38	1,8634
36	121,37	432,19	1,8719	38	112,42	433,68	1,8704	40	104,51	435,17	1,8691
38	122,27	433,97	1,8777	40	113,25	435,47	1,8761	42	105,28	436,97	1,8748

Dampftafel R134a überhitzt (Daikin Ref 11 Berechnungsprogramm)

$\vartheta_s = -5\,°C$		$p_s = 2{,}433$ bar		$\vartheta_s = -4\,°C$		$p_s = 2{,}527$ bar		$\vartheta_s = -2\,°C$		$p_s = 2{,}722$ bar	
ϑ	v	h	s	ϑ	v	h	s	ϑ	v	h	s
°C	dm³/kg	kJ/kg	kJ/(kg K)	°C	dm³/kg	kJ/kg	kJ/(kg K)	°C	dm³/kg	kJ/kg	kJ/(kg K)
–5	82,78	395,56	1,7297	–4	79,82	396,15	1,7291	–2	74,32	397,33	1,7279
–4	83,20	396,42	1,7329	–2	80,63	397,88	1,7355	0	75,08	399,07	1,7343
–2	84,03	398,14	1,7393	0	81,43	399,61	1,7419	2	75,83	400,82	1,7407
0	84,85	399,87	1,7457	2	82,22	401,35	1,7482	4	76,58	402,57	1,7470
2	85,67	401,59	1,7519	4	83,01	403,08	1,7545	6	77,32	404,32	1,7533
4	86,48	403,32	1,7582	6	83,80	404,82	1,7607	8	78,05	406,07	1,7596
6	87,29	405,05	1,7644	8	84,58	406,56	1,7669	10	78,78	407,83	1,7658
8	88,09	406,79	1,7706	10	85,35	408,30	1,7731	12	79,51	409,59	1,7720
10	88,89	408,53	1,7768	12	86,12	410,05	1,7792	14	80,23	411,34	1,7781
12	89,69	410,27	1,7829	14	86,89	411,79	1,7853	16	80,95	413,11	1,7842
14	90,48	412,01	1,7890	16	87,66	413,55	1,7914	18	81,67	414,87	1,7903
16	91,27	413,75	1,7951	18	88,41	415,30	1,7975	20	82,38	416,64	1,7964
18	92,05	415,50	1,8011	20	89,17	417,06	1,8035	22	83,08	418,41	1,8024
20	92,83	417,26	1,8071	22	89,92	418,82	1,8095	24	83,79	420,19	1,8084
22	93,61	419,02	1,8131	24	90,67	420,59	1,8154	26	84,49	421,97	1,8143
24	94,38	420,78	1,8190	26	91,42	422,36	1,8214	28	85,19	423,75	1,8203
26	95,15	422,54	1,8249	28	92,16	424,13	1,8273	30	85,88	425,53	1,8262
28	95,92	424,31	1,8308	30	92,90	425,91	1,8332	32	86,57	427,32	1,8321
30	96,69	426,08	1,8367	32	93,64	427,69	1,8390	34	87,26	429,12	1,8379
32	97,45	427,86	1,8425	34	94,37	429,47	1,8449	36	87,95	430,92	1,8438
34	98,21	429,64	1,8484	36	95,11	431,26	1,8507	38	88,63	432,72	1,8496
36	98,96	431,43	1,8542	38	95,84	433,06	1,8565	40	89,32	434,52	1,8554
38	99,72	433,22	1,8599	40	96,56	434,86	1,8622	42	89,99	436,33	1,8611
40	100,47	435,02	1,8657	42	97,29	436,66	1,8680	44	90,67	438,15	1,8669
42	101,22	436,82	1,8714	44	98,01	438,47	1,8737	46	91,35	439,97	1,8726

Dampftafel R134a überhitzt (Daikin Ref 11 Berechnungsprogramm)

$\vartheta_s = 0\,°C$		$p_s = 2{,}928\,bar$		$\vartheta_s = 2\,°C$		$p_s = 3{,}146\,bar$		$\vartheta_s = 4\,°C$		$p_s = 3{,}377\,bar$	
ϑ	v	h	s	ϑ	v	h	s	ϑ	v	h	s
°C	dm^3/kg	kJ/kg	kJ/(kg K)	°C	dm^3/kg	kJ/kg	kJ/(kg K)	°C	dm^3/kg	kJ/kg	kJ/(kg K)
0	69,28	398,49	1,7267	2	64,64	399,65	1,7256	4	60,36	400,80	1,7246
2	69,99	400,25	1,7332	4	65,31	401,43	1,7321	6	60,99	402,60	1,7310
4	70,70	402,02	1,7396	6	65,98	403,21	1,7385	8	61,61	404,40	1,7375
6	71,40	403,78	1,7459	8	66,64	404,99	1,7448	10	62,24	406,20	1,7438
8	72,09	405,55	1,7522	10	67,29	406,78	1,7512	12	62,85	408,00	1,7502
10	72,79	407,32	1,7585	12	67,94	408,56	1,7574	14	63,47	409,80	1,7565
12	73,47	409,09	1,7647	14	68,59	410,35	1,7637	16	64,07	411,60	1,7627
14	74,15	410,86	1,7709	16	69,23	412,13	1,7699	18	64,68	413,40	1,7689
16	74,83	412,64	1,7771	18	69,86	413,92	1,7761	20	65,28	415,20	1,7751
18	75,51	414,41	1,7832	20	70,50	415,71	1,7822	22	65,87	417,01	1,7812
20	76,18	416,19	1,7893	22	71,13	417,51	1,7883	24	66,46	418,82	1,7874
22	76,84	417,97	1,7953	24	71,75	419,30	1,7944	26	67,05	420,63	1,7934
24	77,51	419,76	1,8014	26	72,38	421,10	1,8004	28	67,64	422,44	1,7995
26	78,17	421,55	1,8074	28	73,00	422,90	1,8064	30	68,22	424,26	1,8055
28	78,82	423,34	1,8133	30	73,61	424,71	1,8124	32	68,80	426,08	1,8115
30	79,48	425,13	1,8193	32	74,22	426,52	1,8183	34	69,38	427,90	1,8174
32	80,13	426,93	1,8252	34	74,84	428,33	1,8242	36	69,95	429,72	1,8233
34	80,78	428,73	1,8311	36	75,44	430,14	1,8301	38	70,52	431,55	1,8292
36	81,42	430,54	1,8369	38	76,05	431,96	1,8360	40	71,09	433,38	1,8351
38	82,06	432,35	1,8428	40	76,65	433,78	1,8418	42	71,65	435,22	1,8409
40	82,70	434,16	1,8486	42	77,25	435,61	1,8476	44	72,22	437,05	1,8467
42	83,34	435,98	1,8544	44	77,85	437,44	1,8534	46	72,78	438,90	1,8525
44	83,98	437,80	1,8601	46	78,44	439,27	1,8592	48	73,34	440,74	1,8583
46	84,61	439,63	1,8659	48	79,04	441,11	1,8649	50	73,89	442,59	1,8640
48	85,24	441,46	1,8716	50	79,63	442,95	1,8706	52	74,45	444,44	1,8697

Dampftafel R134a überhitzt (Daikin Ref 11 Berechnungsprogramm)

$\vartheta_s = 5\,°C$		$p_s = 3{,}497$ bar		$\vartheta_s = 6\,°C$		$p_s = 3{,}62$ bar		$\vartheta_s = 8\,°C$		$p_s = 3{,}876$ bar	
ϑ	v	h	s	ϑ	v	h	s	ϑ	v	h	s
°C	dm³/kg	kJ/kg	kJ/(kg K)	°C	dm³/kg	kJ/kg	kJ/(kg K)	°C	dm³/kg	kJ/kg	kJ/(kg K)
5	58,35	401,37	1,7241	6	56,42	401,94	1,7236	8	52,79	403,07	1,7226
6	58,65	402,27	1,7273	8	57,02	403,76	1,7301	10	53,35	404,90	1,7291
8	59,26	404,08	1,7338	10	57,61	405,57	1,7365	12	53,91	406,74	1,7356
10	59,87	405,89	1,7402	12	58,20	407,39	1,7429	14	54,47	408,57	1,7420
12	60,47	407,69	1,7465	14	58,78	409,20	1,7492	16	55,02	410,41	1,7484
14	61,07	409,50	1,7528	16	59,36	411,02	1,7555	18	55,56	412,24	1,7547
16	61,66	411,31	1,7591	18	59,93	412,84	1,7618	20	56,11	414,07	1,7609
18	62,25	413,12	1,7654	20	60,50	414,66	1,7680	22	56,64	415,91	1,7672
20	62,83	414,93	1,7716	22	61,06	416,48	1,7742	24	57,18	417,74	1,7734
22	63,41	416,75	1,7777	24	61,62	418,30	1,7804	26	57,71	419,58	1,7795
24	63,99	418,56	1,7838	26	62,18	420,12	1,7865	28	58,23	421,42	1,7857
26	64,56	420,38	1,7899	28	62,74	421,95	1,7926	30	58,75	423,26	1,7918
28	65,13	422,20	1,7960	30	63,29	423,77	1,7986	32	59,27	425,10	1,7978
30	65,70	424,02	1,8020	32	63,83	425,60	1,8046	34	59,79	426,94	1,8038
32	66,26	425,84	1,8080	34	64,38	427,44	1,8106	36	60,30	428,79	1,8098
34	66,82	427,67	1,8140	36	64,92	429,27	1,8166	38	60,81	430,64	1,8158
36	67,38	429,50	1,8199	38	65,46	431,11	1,8225	40	61,32	432,49	1,8217
38	67,93	431,33	1,8258	40	66,00	432,95	1,8284	42	61,83	434,34	1,8276
40	68,48	433,17	1,8317	42	66,53	434,79	1,8343	44	62,33	436,20	1,8335
42	69,03	435,01	1,8376	44	67,06	436,64	1,8401	46	62,83	438,06	1,8393
44	69,58	436,85	1,8434	46	67,59	438,49	1,8459	48	63,33	439,92	1,8452
46	70,13	438,69	1,8492	48	68,12	440,34	1,8517	50	63,82	441,79	1,8509
48	70,67	440,54	1,8550	50	68,64	442,20	1,8575	52	64,32	443,66	1,8567
50	71,21	442,40	1,8607	52	69,17	444,06	1,8632	54	64,81	445,53	1,8625
52	71,75	444,25	1,8665	54	69,69	445,93	1,8689	56	65,30	447,41	1,8682

Dampftafel R134a überhitzt (Daikin Ref 11 Berechnungsprogramm)

$\vartheta_s = 10\,°C$		$p_s = 4{,}146\,bar$		$\vartheta_s = 12\,°C$		$p_s = 4{,}43\,bar$		$\vartheta_s = 14\,°C$		$p_s = 4{,}729\,bar$	
ϑ	v	h	s	ϑ	v	h	s	ϑ	v	h	s
°C	dm^3/kg	kJ/kg	kJ/(kg K)	°C	dm^3/kg	kJ/kg	kJ/(kg K)	°C	dm^3/kg	kJ/kg	kJ/(kg K)
10	49,43	404,19	1,7217	12	46,32	405,30	1,7208	14	43,44	406,39	1,7200
12	49,96	406,04	1,7282	14	46,83	407,17	1,7274	16	43,92	408,29	1,7265
14	50,49	407,90	1,7347	16	47,33	409,04	1,7339	18	44,40	410,18	1,7331
16	51,02	409,75	1,7411	18	47,83	410,91	1,7403	20	44,87	412,07	1,7395
18	51,54	411,60	1,7475	20	48,32	412,78	1,7467	22	45,34	413,96	1,7460
20	52,06	413,45	1,7538	22	48,81	414,65	1,7531	24	45,81	415,84	1,7523
22	52,57	415,30	1,7601	24	49,30	416,52	1,7594	26	46,27	417,73	1,7586
24	53,08	417,15	1,7664	26	49,78	418,39	1,7656	28	46,72	419,61	1,7649
26	53,58	419,00	1,7726	28	50,26	420,25	1,7719	30	47,17	421,50	1,7712
28	54,08	420,86	1,7788	30	50,73	422,12	1,7780	32	47,62	423,38	1,7774
30	54,58	422,71	1,7849	32	51,20	423,99	1,7842	34	48,07	425,27	1,7835
32	55,07	424,56	1,7910	34	51,67	425,86	1,7903	36	48,51	427,15	1,7896
34	55,56	426,42	1,7971	36	52,13	427,73	1,7964	38	48,95	429,04	1,7957
36	56,05	428,28	1,8031	38	52,59	429,61	1,8024	40	49,38	430,93	1,8018
38	56,53	430,14	1,8091	40	53,05	431,48	1,8084	42	49,82	432,82	1,8078
40	57,01	432,00	1,8151	42	53,50	433,36	1,8144	44	50,25	434,71	1,8138
42	57,49	433,87	1,8210	44	53,95	435,24	1,8203	46	50,67	436,60	1,8197
44	57,97	435,73	1,8269	46	54,40	437,12	1,8262	48	51,10	438,50	1,8256
46	58,44	437,60	1,8328	48	54,85	439,00	1,8321	50	51,52	440,39	1,8315
48	58,92	439,48	1,8386	50	55,30	440,89	1,8380	52	51,94	442,29	1,8374
50	59,39	441,35	1,8445	52	55,74	442,78	1,8438	54	52,36	444,19	1,8432
52	59,85	443,23	1,8502	54	56,18	444,67	1,8496	56	52,78	446,10	1,8490
54	60,32	445,11	1,8560	56	56,62	446,56	1,8554	58	53,19	448,01	1,8548
56	60,78	447,00	1,8618	58	57,06	448,46	1,8611	60	53,60	449,92	1,8605
58	61,24	448,89	1,8675	60	57,49	450,36	1,8669	62	54,01	451,83	1,8663

Dampftafel R134a überhitzt (Daikin Ref 11 Berechnungsprogramm)

$\vartheta_s = 15\,°C$		$p_s = 4{,}883$ bar		$\vartheta_s = 16\,°C$		$p_s = 5{,}042$ bar		$\vartheta_s = 18\,°C$		$p_s = 5{,}372$ bar	
ϑ	v	h	s	ϑ	v	h	s	ϑ	v	h	s
°C	dm³/kg	kJ/kg	kJ/(kg K)	°C	dm³/kg	kJ/kg	kJ/(kg K)	°C	dm³/kg	kJ/kg	kJ/(kg K)
15	42,09	406,94	1,7196	16	40,78	407,48	1,7192	18	38,29	408,55	1,7184
16	42,33	407,89	1,7229	18	41,24	409,40	1,7258	20	38,73	410,49	1,7250
18	42,79	409,80	1,7294	20	41,69	411,31	1,7323	22	39,17	412,42	1,7316
20	43,26	411,70	1,7359	22	42,14	413,22	1,7388	24	39,59	414,35	1,7381
22	43,72	413,59	1,7424	24	42,59	415,12	1,7452	26	40,02	416,28	1,7445
24	44,17	415,49	1,7488	26	43,03	417,03	1,7516	28	40,44	418,20	1,7510
26	44,62	417,39	1,7552	28	43,46	418,93	1,7580	30	40,85	420,12	1,7573
28	45,07	419,28	1,7615	30	43,90	420,83	1,7643	32	41,26	422,04	1,7636
30	45,51	421,17	1,7677	32	44,33	422,74	1,7705	34	41,67	423,96	1,7699
32	45,95	423,07	1,7740	34	44,75	424,64	1,7767	36	42,07	425,88	1,7761
34	46,38	424,96	1,7801	36	45,17	426,54	1,7829	38	42,47	427,80	1,7823
36	46,81	426,85	1,7863	38	45,59	428,44	1,7890	40	42,87	429,72	1,7884
38	47,24	428,75	1,7924	40	46,01	430,34	1,7951	42	43,27	431,63	1,7946
40	47,67	430,64	1,7985	42	46,42	432,24	1,8012	44	43,66	433,55	1,8006
42	48,09	432,54	1,8045	44	46,83	434,15	1,8072	46	44,05	435,47	1,8067
44	48,51	434,43	1,8105	46	47,24	436,05	1,8132	48	44,43	437,39	1,8127
46	48,93	436,33	1,8165	48	47,64	437,96	1,8191	50	44,82	439,31	1,8186
48	49,34	438,23	1,8224	50	48,05	439,87	1,8251	52	45,20	441,24	1,8245
50	49,76	440,14	1,8283	52	48,45	441,78	1,8310	54	45,58	443,16	1,8304
52	50,17	442,04	1,8342	54	48,84	443,69	1,8368	56	45,95	445,09	1,8363
54	50,57	443,95	1,8400	56	49,24	445,61	1,8427	58	46,33	447,02	1,8422
56	50,98	445,86	1,8458	58	49,63	447,53	1,8485	60	46,70	448,95	1,8480
58	51,38	447,77	1,8516	60	50,03	449,45	1,8543	62	47,07	450,88	1,8538
60	51,79	449,69	1,8574	62	50,41	451,37	1,8600	64	47,44	452,82	1,8595
62	52,19	451,60	1,8631	64	50,80	453,29	1,8657	66	47,81	454,75	1,8653

Dampftafel R134a überhitzt (Daikin Ref 11 Berechnungsprogramm)

$\vartheta_s = 20\,°C$		$p_s = 5{,}717\,bar$	
ϑ	v	h	s
°C	dm³/kg	kJ/kg	kJ/(kg K)
20	35,99	409,61	1,7176
22	36,41	411,57	1,7243
24	36,83	413,52	1,7309
26	37,23	415,47	1,7374
28	37,64	417,42	1,7439
30	38,04	419,36	1,7503
32	38,43	421,30	1,7567
34	38,82	423,24	1,7630
36	39,21	425,18	1,7693
38	39,60	427,12	1,7756
40	39,98	429,05	1,7818
42	40,35	430,98	1,7879
44	40,73	432,92	1,7940
46	41,10	434,85	1,8001
48	41,47	436,79	1,8062
50	41,84	438,72	1,8122
52	42,20	440,66	1,8181
54	42,56	442,60	1,8241
56	42,92	444,53	1,8300
58	43,28	446,47	1,8359
60	43,64	448,42	1,8417
62	43,99	450,36	1,8475
64	44,34	452,31	1,8533
66	44,69	454,26	1,8591
68	45,04	456,21	1,8648

$\vartheta_s = 22\,°C$		$p_s = 6{,}079\,bar$	
ϑ	v	h	s
°C	dm³/kg	kJ/kg	kJ/(kg K)
22	33,85	410,66	1,7169
24	34,25	412,64	1,7236
26	34,65	414,62	1,7302
28	35,04	416,59	1,7368
30	35,42	418,55	1,7433
32	35,80	420,52	1,7497
34	36,18	422,48	1,7561
36	36,55	424,43	1,7625
38	36,92	426,39	1,7688
40	37,29	428,34	1,7750
42	37,65	430,29	1,7812
44	38,01	432,24	1,7874
46	38,37	434,19	1,7936
48	38,72	436,15	1,7996
50	39,07	438,10	1,8057
52	39,42	440,05	1,8117
54	39,77	442,00	1,8177
56	40,11	443,95	1,8236
58	40,45	445,90	1,8296
60	40,79	447,86	1,8354
62	41,13	449,81	1,8413
64	41,46	451,77	1,8471
66	41,80	453,73	1,8529
68	42,13	455,69	1,8587
70	42,46	457,66	1,8644

$\vartheta_s = 24\,°C$		$p_s = 6{,}457\,bar$	
ϑ	v	h	s
°C	dm³/kg	kJ/kg	kJ/(kg K)
24	31,86	411,69	1,7162
26	32,25	413,70	1,7229
28	32,62	415,70	1,7296
30	33,00	417,69	1,7362
32	33,37	419,68	1,7427
34	33,73	421,66	1,7492
36	34,09	423,64	1,7556
38	34,44	425,61	1,7620
40	34,80	427,59	1,7683
42	35,15	429,56	1,7746
44	35,49	431,53	1,7808
46	35,83	433,50	1,7870
48	36,17	435,46	1,7931
50	36,51	437,43	1,7992
52	36,84	439,40	1,8053
54	37,18	441,36	1,8113
56	37,51	443,33	1,8173
58	37,83	445,30	1,8233
60	38,16	447,26	1,8292
62	38,48	449,23	1,8351
64	38,80	451,20	1,8409
66	39,12	453,18	1,8468
68	39,44	455,15	1,8526
70	39,75	457,12	1,8584
72	40,06	459,10	1,8641

Dampftafel R134a überhitzt (Daikin Ref 11 Berechnungsprogramm)

$\vartheta_s = 25\,°C$		$p_s = 6{,}653\,bar$		$\vartheta_s = 26\,°C$		$p_s = 6{,}855\,bar$		$\vartheta_s = 28\,°C$		$p_s = 7{,}268\,bar$	
ϑ	v	h	s	ϑ	v	h	s	ϑ	v	h	s
°C	dm^3/kg	kJ/kg	kJ/(kg K)	°C	dm^3/kg	kJ/kg	kJ/(kg K)	°C	dm^3/kg	kJ/kg	kJ/(kg K)
25	30,92	412,20	1,7158	26	30,00	412,71	1,7155	28	28,27	413,71	1,7148
26	31,11	413,21	1,7192	28	30,36	414,74	1,7222	30	28,62	415,76	1,7216
28	31,48	415,23	1,7259	30	30,73	416,76	1,7289	32	28,97	417,81	1,7283
30	31,85	417,23	1,7326	32	31,08	418,78	1,7355	34	29,31	419,85	1,7350
32	32,21	419,23	1,7391	34	31,43	420,78	1,7421	36	29,65	421,88	1,7416
34	32,57	421,23	1,7457	36	31,78	422,79	1,7486	38	29,98	423,91	1,7481
36	32,92	423,22	1,7521	38	32,13	424,79	1,7551	40	30,31	425,93	1,7546
38	33,27	425,21	1,7585	40	32,47	426,78	1,7614	42	30,64	427,94	1,7610
40	33,61	427,19	1,7649	42	32,80	428,78	1,7678	44	30,96	429,95	1,7673
42	33,96	429,17	1,7712	44	33,14	430,77	1,7741	46	31,28	431,96	1,7737
44	34,30	431,15	1,7774	46	33,47	432,75	1,7803	48	31,59	433,97	1,7799
46	34,63	433,13	1,7837	48	33,79	434,74	1,7865	50	31,90	435,97	1,7861
48	34,97	435,11	1,7898	50	34,12	436,72	1,7927	52	32,21	437,97	1,7923
50	35,30	437,08	1,7960	52	34,44	438,71	1,7988	54	32,52	439,97	1,7985
52	35,62	439,06	1,8021	54	34,76	440,69	1,8049	56	32,82	441,97	1,8045
54	35,95	441,03	1,8081	56	35,07	442,67	1,8109	58	33,12	443,97	1,8106
56	36,27	443,01	1,8141	58	35,39	444,65	1,8169	60	33,42	445,97	1,8166
58	36,59	444,98	1,8201	60	35,70	446,64	1,8229	62	33,72	447,97	1,8226
60	36,91	446,95	1,8261	62	36,01	448,62	1,8288	64	34,02	449,97	1,8285
62	37,22	448,93	1,8320	64	36,31	450,60	1,8347	66	34,31	451,96	1,8344
64	37,54	450,91	1,8378	66	36,62	452,59	1,8406	68	34,60	453,96	1,8403
66	37,85	452,89	1,8437	68	36,92	454,57	1,8464	70	34,89	455,96	1,8462
68	38,16	454,87	1,8495	70	37,22	456,56	1,8523	72	35,17	457,96	1,8520
70	38,47	456,85	1,8553	72	37,52	458,55	1,8580	74	35,46	459,97	1,8578
72	38,77	458,83	1,8611	74	37,82	460,54	1,8638	76	35,74	461,97	1,8635

Dampftafel R134a überhitzt (Daikin Ref 11 Berechnungsprogramm)

$\vartheta_s = 30\,°C$		$p_s = 7{,}703$ bar		$\vartheta_s = 32\,°C$		$p_s = 8{,}155$ bar		$\vartheta_s = 34\,°C$		$p_s = 8{,}626$ bar	
ϑ	v	h	s	ϑ	v	h	s	ϑ	v	h	s
°C	dm³/kg	kJ/kg	kJ/(kg K)	°C	dm³/kg	kJ/kg	kJ/(kg K)	°C	dm³/kg	kJ/kg	kJ/(kg K)
30	26,64	414,69	1,7141	32	25,13	415,66	1,7134	34	23,72	416,61	1,7128
32	26,98	416,77	1,7209	34	25,46	417,77	1,7203	36	24,03	418,74	1,7197
34	27,32	418,85	1,7277	36	25,78	419,86	1,7271	38	24,34	420,87	1,7265
36	27,64	420,91	1,7344	38	26,09	421,95	1,7338	40	24,64	422,98	1,7333
38	27,97	422,96	1,7410	40	26,40	424,03	1,7405	42	24,94	425,08	1,7400
40	28,29	425,01	1,7476	42	26,71	426,10	1,7471	44	25,24	427,18	1,7466
42	28,60	427,05	1,7541	44	27,01	428,16	1,7536	46	25,53	429,26	1,7532
44	28,91	429,09	1,7605	46	27,31	430,22	1,7601	48	25,82	431,34	1,7597
46	29,22	431,12	1,7669	48	27,61	432,28	1,7665	50	26,10	433,42	1,7661
48	29,53	433,15	1,7732	50	27,90	434,32	1,7729	52	26,38	435,48	1,7725
50	29,83	435,17	1,7795	52	28,19	436,37	1,7792	54	26,66	437,55	1,7788
52	30,13	437,20	1,7858	54	28,47	438,41	1,7854	56	26,93	439,61	1,7851
54	30,42	439,22	1,7920	56	28,76	440,45	1,7916	58	27,20	441,67	1,7913
56	30,71	441,23	1,7981	58	29,04	442,48	1,7978	60	27,47	443,72	1,7975
58	31,00	443,25	1,8042	60	29,31	444,51	1,8039	62	27,73	445,77	1,8037
60	31,29	445,27	1,8103	62	29,59	446,55	1,8100	64	28,00	447,82	1,8097
62	31,58	447,28	1,8163	64	29,86	448,58	1,8160	66	28,26	449,87	1,8158
64	31,86	449,29	1,8223	66	30,13	450,61	1,8220	68	28,52	451,91	1,8218
66	32,14	451,31	1,8282	68	30,40	452,64	1,8280	70	28,77	453,96	1,8278
68	32,42	453,32	1,8342	70	30,67	454,67	1,8339	72	29,03	456,00	1,8337
70	32,70	455,33	1,8401	72	30,93	456,69	1,8398	74	29,28	458,05	1,8396
72	32,97	457,35	1,8459	74	31,19	458,72	1,8457	76	29,53	460,09	1,8455
74	33,25	459,36	1,8517	76	31,45	460,75	1,8515	78	29,78	462,14	1,8514
76	33,52	461,38	1,8575	78	31,71	462,78	1,8573	80	30,03	464,18	1,8572
78	33,79	463,40	1,8633	80	31,97	464,82	1,8631	82	30,27	466,23	1,8629

Dampftafel R134a überhitzt (Daikin Ref 11 Berechnungsprogramm)

$\vartheta_s = 35\,°C$		$p_s = 8{,}87$ bar		$\vartheta_s = 36\,°C$		$p_s = 9{,}118$ bar		$\vartheta_s = 38\,°C$		$p_s = 9{,}632$ bar	
ϑ	v	h	s	ϑ	v	h	s	ϑ	v	h	s
°C	dm³/kg	kJ/kg	kJ/(kg K)	°C	dm³/kg	kJ/kg	kJ/(kg K)	°C	dm³/kg	kJ/kg	kJ/(kg K)
35	23,04	417,07	1,7124	36	22,39	417,54	1,7121	38	21,14	418,44	1,7114
36	23,20	418,15	1,7159	38	22,69	419,70	1,7191	40	21,44	420,64	1,7185
38	23,50	420,29	1,7228	40	22,99	421,85	1,7260	42	21,72	422,82	1,7254
40	23,80	422,42	1,7296	42	23,28	423,99	1,7328	44	22,01	424,99	1,7322
42	24,10	424,54	1,7364	44	23,57	426,12	1,7395	46	22,29	427,14	1,7390
44	24,39	426,66	1,7431	46	23,86	428,24	1,7462	48	22,56	429,28	1,7457
46	24,68	428,76	1,7497	48	24,14	430,35	1,7528	50	22,83	431,42	1,7523
48	24,96	430,85	1,7562	50	24,41	432,45	1,7593	52	23,09	433,54	1,7589
50	25,24	432,94	1,7627	52	24,68	434,55	1,7657	54	23,36	435,66	1,7654
52	25,52	435,02	1,7691	54	24,95	436,64	1,7722	56	23,61	437,77	1,7718
54	25,79	437,10	1,7755	56	25,22	438,72	1,7785	58	23,87	439,88	1,7782
56	26,06	439,17	1,7818	58	25,48	440,80	1,7848	60	24,12	441,98	1,7845
58	26,32	441,24	1,7881	60	25,74	442,87	1,7911	62	24,37	444,07	1,7908
60	26,59	443,30	1,7943	62	26,00	444,95	1,7973	64	24,62	446,16	1,7970
62	26,85	445,36	1,8005	64	26,25	447,02	1,8034	66	24,86	448,25	1,8032
64	27,11	447,42	1,8066	66	26,51	449,08	1,8095	68	25,10	450,34	1,8093
66	27,36	449,48	1,8127	68	26,75	451,15	1,8156	70	25,34	452,42	1,8154
68	27,62	451,53	1,8187	70	27,00	453,21	1,8216	72	25,58	454,50	1,8214
70	27,87	453,59	1,8247	72	27,25	455,27	1,8276	74	25,82	456,58	1,8274
72	28,12	455,64	1,8307	74	27,49	457,33	1,8336	76	26,05	458,65	1,8334
74	28,37	457,69	1,8366	76	27,73	459,39	1,8395	78	26,28	460,73	1,8393
76	28,62	459,75	1,8425	78	27,97	461,45	1,8454	80	26,51	462,80	1,8452
78	28,86	461,80	1,8484	80	28,21	463,51	1,8512	82	26,74	464,88	1,8511
80	29,10	463,85	1,8542	82	28,45	465,57	1,8570	84	26,96	466,95	1,8569
82	29,34	465,90	1,8600	84	28,68	467,63	1,8628	86	27,19	469,03	1,8627

5

Dampftafel R134a überhitzt (Daikin Ref 11 Berechnungsprogramm)

$\vartheta_s = 40\,°C$		$p_s = 10{,}166$ bar		$\vartheta_s = 42\,°C$		$p_s = 10{,}722$ bar		$\vartheta_s = 44\,°C$		$p_s = 11{,}3$ bar	
ϑ	v	h	s	ϑ	v	h	s	ϑ	v	h	s
°C	dm³/kg	kJ/kg	kJ/(kg K)	°C	dm³/kg	kJ/kg	kJ/(kg K)	°C	dm³/kg	kJ/kg	kJ/(kg K)
40	19,98	419,33	1,7107	42	18,88	420,19	1,7100	44	17,85	421,03	1,7094
42	20,26	421,56	1,7178	44	19,16	422,45	1,7172	46	18,12	423,33	1,7166
44	20,54	423,77	1,7248	46	19,43	424,69	1,7242	48	18,38	425,60	1,7237
46	20,81	425,96	1,7317	48	19,69	426,92	1,7312	50	18,64	427,86	1,7307
48	21,08	428,14	1,7385	50	19,95	429,13	1,7381	52	18,89	430,10	1,7376
50	21,34	430,31	1,7453	52	20,20	431,33	1,7448	54	19,14	432,32	1,7444
52	21,60	432,47	1,7519	54	20,46	433,51	1,7515	56	19,38	434,53	1,7511
54	21,86	434,62	1,7585	56	20,70	435,69	1,7582	58	19,62	436,73	1,7578
56	22,11	436,76	1,7650	58	20,95	437,85	1,7647	60	19,85	438,92	1,7644
58	22,36	438,90	1,7715	60	21,19	440,01	1,7712	62	20,08	441,10	1,7709
60	22,61	441,02	1,7779	62	21,42	442,16	1,7776	64	20,31	443,28	1,7774
62	22,85	443,14	1,7843	64	21,66	444,30	1,7840	66	20,54	445,44	1,7838
64	23,09	445,26	1,7905	66	21,89	446,43	1,7903	68	20,76	447,60	1,7901
66	23,33	447,37	1,7968	68	22,11	448,56	1,7966	70	20,98	449,75	1,7964
68	23,56	449,48	1,8030	70	22,34	450,69	1,8028	72	21,19	451,89	1,8026
70	23,79	451,58	1,8091	72	22,56	452,81	1,8090	74	21,41	454,03	1,8088
72	24,02	453,68	1,8152	74	22,78	454,93	1,8151	76	21,62	456,17	1,8150
74	24,25	455,78	1,8213	76	23,00	457,04	1,8212	78	21,83	458,30	1,8211
76	24,48	457,87	1,8273	78	23,22	459,16	1,8272	80	22,04	460,43	1,8271
78	24,70	459,96	1,8333	80	23,43	461,27	1,8332	82	22,25	462,56	1,8331
80	24,92	462,06	1,8392	82	23,65	463,38	1,8391	84	22,45	464,69	1,8391
82	25,14	464,15	1,8451	84	23,86	465,48	1,8451	86	22,65	466,81	1,8450
84	25,36	466,24	1,8510	86	24,07	467,59	1,8509	88	22,85	468,93	1,8509
86	25,58	468,33	1,8568	88	24,27	469,69	1,8568	90	23,05	471,05	1,8568
88	25,79	470,42	1,8626	90	24,48	471,80	1,8626	92	23,25	473,17	1,8626

Dampftafel R134a überhitzt (Daikin Ref 11 Berechnungsprogramm)

$\vartheta_s = 45\,°C$		$p_s = 11{,}6$ bar		$\vartheta_s = 46\,°C$		$p_s = 11{,}902$ bar		$\vartheta_s = 48\,°C$		$p_s = 12{,}53$ bar	
ϑ	v	h	s	ϑ	v	h	s	ϑ	v	h	s
°C	dm³/kg	kJ/kg	kJ/(kg K)	°C	dm³/kg	kJ/kg	kJ/(kg K)	°C	dm³/kg	kJ/kg	kJ/(kg K)
45	17,35	421,44	1,7090	46	16,88	421,84	1,7086	48	15,96	422,63	1,7078
46	17,49	422,60	1,7126	48	17,14	424,18	1,7159	50	16,22	425,00	1,7152
48	17,75	424,90	1,7198	50	17,40	426,49	1,7231	52	16,46	427,34	1,7224
50	18,00	427,18	1,7269	52	17,64	428,77	1,7301	54	16,71	429,67	1,7296
52	18,25	429,44	1,7339	54	17,89	431,05	1,7371	56	16,94	431,97	1,7366
54	18,50	431,69	1,7407	56	18,13	433,30	1,7440	58	17,17	434,25	1,7435
56	18,74	433,92	1,7476	58	18,36	435,54	1,7507	60	17,40	436,52	1,7503
58	18,98	436,14	1,7543	60	18,59	437,77	1,7575	62	17,63	438,78	1,7571
60	19,21	438,35	1,7609	62	18,82	439,98	1,7641	64	17,85	441,02	1,7637
62	19,44	440,55	1,7675	64	19,04	442,18	1,7706	66	18,06	443,25	1,7703
64	19,66	442,74	1,7740	66	19,26	444,38	1,7771	68	18,27	445,47	1,7769
66	19,89	444,91	1,7804	68	19,48	446,57	1,7836	70	18,48	447,68	1,7833
68	20,11	447,09	1,7868	70	19,69	448,74	1,7899	72	18,69	449,88	1,7897
70	20,32	449,25	1,7932	72	19,91	450,92	1,7962	74	18,90	452,07	1,7961
72	20,54	451,41	1,7994	74	20,12	453,08	1,8025	76	19,10	454,26	1,8023
74	20,75	453,56	1,8056	76	20,32	455,24	1,8087	78	19,30	456,44	1,8086
76	20,96	455,71	1,8118	78	20,53	457,40	1,8149	80	19,49	458,62	1,8147
78	21,16	457,85	1,8179	80	20,73	459,55	1,8210	82	19,69	460,79	1,8209
80	21,37	460,00	1,8240	82	20,93	461,70	1,8270	84	19,88	462,95	1,8270
82	21,57	462,13	1,8301	84	21,13	463,84	1,8331	86	20,07	465,12	1,8330
84	21,77	464,27	1,8361	86	21,32	465,99	1,8390	88	20,26	467,28	1,8390
86	21,97	466,40	1,8420	88	21,52	468,13	1,8450	90	20,45	469,43	1,8449
88	22,17	468,53	1,8479	90	21,71	470,26	1,8509	92	20,63	471,59	1,8509
90	22,37	470,66	1,8538	92	21,90	472,40	1,8568	94	20,82	473,74	1,8567
92	22,56	472,79	1,8597	94	22,09	474,54	1,8626	96	21,00	475,89	1,8626

Index

A
Abgegebene Leistung 23, 102
Abkühlen 31
Absolute Feuchte 79, 84, 85
Abtauung 76
Adiabatenexponent 46
Adiabate Zustandsänderung 46
Allgemeines Gasgesetz 44
Allgemeine Zustandsgleichung 47
Ansaugvolumen 54
Anschlussbezeichnung
  Schaltgerät 159
Antriebsleistung 57
Arbeit 21, 131
  elektrisch 100
Augenblickswert 104
Auslösekennlinie
  Überstrom-Schutzeinrichtung 136, 139, 148
Außenleiter 128, 141
Außenluftvolumenstrom 80

B
Barometrische Höhenformel 43
Bemessungswert 143, 145, 147
Betriebsmittelkennzeichnung 160
Betriebsstunde 101
Bewegung 19, 131
Blindfaktor 109, 114
Blindleistung
  Sternschaltung 150, 158
Blindwiderstand
  induktiv 111
  kapazitiv 106
Boyle Mariotte 45

C
CO_2-Konzentration 81
COP (Coefficient of Performance) 59

D
Dampftafel R134a 195
Dampftafel R290 177
Dichte 18
Drehfelddrehzahl 130
Drehmoment 24, 131
Drehstrom 126, 144
Drehzahl 131
Dreieckschaltung 123, 129, 150
Dreiphasenwechselstrom 126
Drosselorgan 67
Druck 42
Druckschalter 162

E
EER (Energy efficient Ratio) 58
Effektivwert 104, 134
Einheit 1
Eintrittstemperaturdifferenz 62
Elastische Arbeit 22
Elektrische Arbeit 100
Elektrische Leistung 99
Energie 21
Ersatzkapazität 107
Erwärmen 31
Erwärmungsdiagramm
  Wasser 32
ESEER (European Seasonal Energy Efficiency Ratio) 58
Ethanderivat 71

F
Fallbeschleunigung 20, 43, 50
Festigkeitslehre 24
Filter 90
  Abscheidegrad 90
Fläche
  Dreieck 12
  Kreis 13
  Kreisring 13
  Quadrat 10
  Rechteck 10
Fließbildsymbol
  Luftbehandlung 169
  RLT Anlage 169
Formelzeichen 1
Frequenz 104

G
Gay-Lussac 45
Gemischte Schaltung 96
Gesamtdruckverlust
  Rohrleitung 50
Gesamtwirkungsgrad 102
Gesetz
  Amontons 45
  Boyle Mariotte 45
  Gay Lussac 45
Gestreckte Länge 17
Gewichtskraft 20
Griechisches Alphabet 3
Gruppenschaltung 96

H
Heizregister
  Leistung 82
Hochdruckschalter 154, 162
Hochspannung 124
Höchstwert 104
Hubkolbenverdichter 54, 167
h-x-Diagramm 78
Hydraulischer Durchmesser 86
Hydrostatischer Druck 43
Hydrostatisches Paradoxon 43

I
Induktiver Blindwiderstand 111
Induktivität 111
Installationszone 140
Interner Wärmeübertrager 66
Interpolieren 7
IP-Angabe 132
Isentropenexponent 46

K

Kabel
- Leiterkennzeichnung 128

Kältebedarf
- Kälteleistung 61, 77

Kältekreislauf 68
- Indizes 69

Kälteleistung 63, 64
- Kältebedarf 77

Kälteleistungszahl 58

Kältemittel
- Einteilung 175

Kältetechnik
- Fließbildsymbol 165

Kanalnetzberechnung 86

Kapazität 106

Kapazitiver Blindwiderstand 106

Kinetische Arbeit 22

Kirchhoffsche Regel 97

Klemmbrett
- Drehstrommotor 129, 157

Knotenregel 97

Kondensator 106
- Parallelschaltung 108
- Reihenschaltung 107

Kostenberechnung 101

Kraft 20, 42

Kreisfrequenz 106

Kühlgut 72
- Atmungswärme 74
- Lagerung 172
- Wärmestrom 73

Kühlgutmasse 72

Kühlregister
- Leistung 82

L

Ladestrom 103

Lagerung
- Kühlgut 172

Längenänderung 49

Leistung 23
- abgegeben 102
- Drehbewegung 131
- elektrisch 99
- Wechselstrommotor 121
- zugeführt 102

Leistungspreis 101

Leiterkennzeichnung 128
- Kabel 128
- Leitung 128

Leiterspannung 127

Leiterwiderstand 92

Leitung 134

Leitungsschutzschalter 136

Leitungsverlust
- Leitung 144

Leitwert 92

Liefergrad 55

Luft
- Massenstrom 84

Luftmassenstrom 80

Luftvolumenstrom 80

M

Maschenregel 97

Massenbilanz
- Luft 84
- Wasserdampf 84

Massenstrom 28, 61

Methanderivat 71

Mischen
- Stoff 34

Mittelspannung 124

Motorschutzschalter 150

N

Nennquerschnitt 147

Netzspannungsbereich 124

Neutralleiter 128

Niederdruckschalter 162

Niederspannung 124

Niederspannungssicherung 136

O

Ohmsche Last
- Wechselspannung 120

Ohmsches Gesetz 92

Öldruckdifferenzbegrenzer 163

P

Parallelschaltung 95
- Induktivität 115
- Wirkwiderstand 115

PE 128

Periodendauer 104

Periodensystem der Elemente 9

Phasenverschiebungswinkel 109, 114

Polpaarzahl 130

Potenzial 141

Promillerechnung 5

Propanderivat 71

Prozentrechnung 5

Pythagoras 12

R

Register
- Leistung 82

Reihenschaltung 94
- Induktivität 114
- Kapazität 116
- Wirkwiderstand 114

Relative Feuchte 79, 172

Riemenantrieb 60

Rohrleitung
- Druckverlust 50

Rückfeuchtezahl 85

Rückwärmezahl 85

S

Saugdampf-Flüssigkeitswärmeübertrager 66

Schallleistungspegel
- Kanal 91

Scheinleistung 1, 121, 122

Scheinwiderstand 109

Scheitelwert 104
Schlupf
    Drehstromasynchronmotor 130
Schmelzen 33
Schraubenfestigkeit 24
Schutzart 132
Schutzisolierung 133
Schutzklasse 133
Schutzkleinspannung 133
Schutzleiter 125, 128, 133
Sicherheitsregel 137
Sinusspannung 104
Spannungsabfall
    Leitung 142, 144
Spannungs-Dehnungs-Kurve 24
Spannungsverlust
    Leitung 142
Spezifische Gaskonstante 47, 175
Spezifisches Volumen 18
Spezifische Wärmekapazität 173
Spule 111, 158
Statischer Druckverlust 50
Sternschaltung 123, 129, 150
Strahlungskonstante C 174
Strombelastbarkeit 147
    Leitung 147
Stromkosten 101
Strömungsgeschwindigkeit 26, 86
Strömungslehre 26, 48, 70
Stromversorgungsnetz 125
Stromzähler 100
Symbol
    Messen 170
    Regeln 170
    Steuern 170

T

Tatsächliches Druckgefälle 87
Temperatur 98
Temperaturdifferenz
    Verdampfer 62
TEWI (gesamte äquivalente Erwärmungsbeitrag) 70
Thermodynamik 42
Transformator 118, 158
Transmissionwärmestrom 75

U

Überschlagswert 174
Übersetzungsverhältnis 60, 118
Überstromrelais 151

V

Ventilator 88
    Proportionalität 89
Ventilatorleistung 88
Verbindung
    ungesättigt-organisch 71
Verdampfen 33
Verdampfer
    Kälteleistung 64
    Leistungsberechnung 63
Verdichter 54
    Antriebsleistung 57
    Kälteleistungszahl 58
    Verdichterleistung 56
    Wärmeleistungszahl 59
    Wirkungsgrad 56
Verdichterkälteleistung 56
Verflüssigerleistung 65
Verlegeart 146
Volumen
    Hohlzylinder 15
    Kegel 14
    Kugel 15
    Quader 14
    Würfel 14
    Zylinder 15
Volumenänderung 49
Volumenstrom 26, 89
Volumetrischer Kältegewinn 56

W

Wächter 162
Wärmedurchgang 38
Wärmelehre 30
Wärmeleistungszahl 59
Wärmeleitkoeffizient 173
Wärmeleitung 36
Wärmestrahlung 40
Wärmestrom 30
    Abtauung 76
    Beleuchtung 76
    Kühlwand 75
    Ventilator 76
Wärmestromdichte 30
Wärmeübergang 35
Wärmeübergangskoeffizient 41
Wärmeübertrager 62
Wassermassenstrom 83
Wechselspannung 104, 120
Wechselstrommotor 121, 150
Werkstoffwert
    Metall 164
Widerstand 98, 158
Widerstandsbeiwert
    Formstück 171
Widerstandstemperaturkoeffizient 164
Windungszahl 118
Winkelfunktion 16
Wirkfaktor 1, 109, 110, 114, 115, 116, 117, 121, 122, 142, 144
Wirkungsgrad 23, 102

Z

Zähler 100
Zählerkonstante 100
Zeitkonstante 103
Zugbeanspruchung 25
Zugeführte Leistung 23, 102

Weitere Titel aus unserem Programm

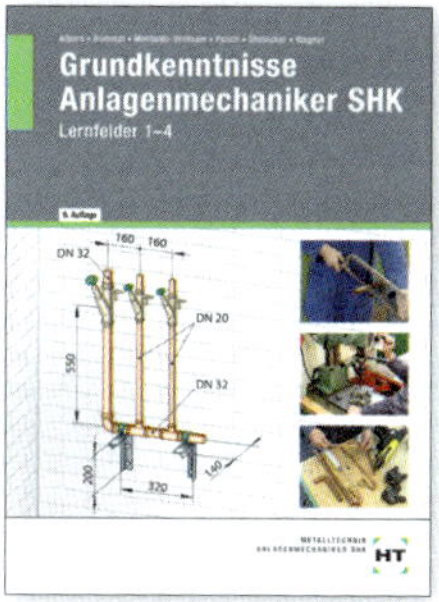

Grundkenntnisse
Anlagenmechaniker SHK
Lernfelder 1–4
von J. Albers, R. Dommel,
H. Montaldo-Ventsam, P. Pusch,
E. Übelacker, J. Wagner
Bestell-Nr. **3135**

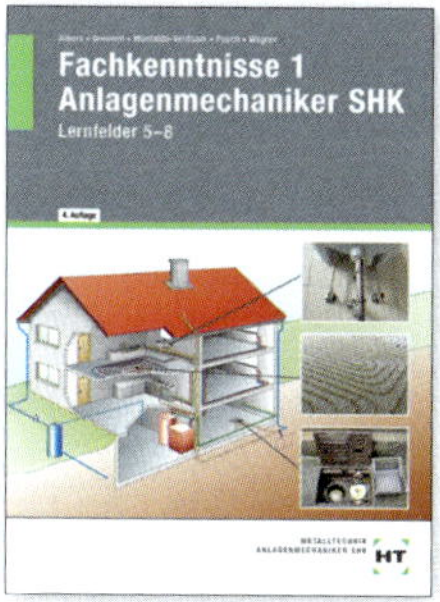

Fachkenntnisse 1
Anlagenmechaniker SHK
Lernfelder 5–8
von J. Albers, R. Dommel,
H. Montaldo-Ventsam, P. Pusch,
J. Wagner
Bestell-Nr. **3136**

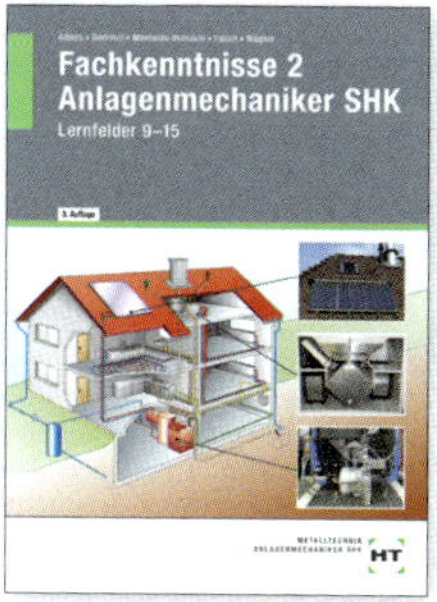

Fachkenntnisse 2
Anlagenmechaniker SHK
Lernfelder 9–15
von J. Albers, R. Dommel,
H. Montaldo-Ventsam, P. Pusch,
J. Wagner
Bestell-Nr. **3137**

Weitere Informationen finden Sie
unter www.handwerk-technik.de

HT

Weitere Titel aus unserem Programm